钢液镁锆处理应用基础

闵 义 刘承军 姜茂发 著

科学出版社

北 京

内 容 简 介

本书系统研究了典型含镁锆钢液体系中镁锆系非金属夹杂物的相平衡及其转变条件、含镁锆钢液体系中非金属夹杂物的演变行为与影响机制，并以船板钢为依托，系统研究了镁锆处理条件下凝固组织、轧制组织和焊接热影响区组织的转变行为，探讨了镁锆系非金属夹杂物对组织转变行为的影响与控制机制。

本书可作为钢铁冶金专业本科生、研究生以及从事冶金与材料科技工作者的参考书。

图书在版编目(CIP)数据

钢液镁锆处理应用基础 / 闵义，刘承军，姜茂发著. —北京：科学出版社，2018.1

ISBN 978-7-03-055810-7

Ⅰ.①钢⋯ Ⅱ.①闵⋯ ②刘⋯ ③姜⋯ Ⅲ.①熔融金属-非金属夹杂物检验-研究 Ⅳ.①TG111.4

中国版本图书馆 CIP 数据核字（2017）第 301017 号

责任编辑：王喜军 / 责任校对：郭瑞芝
责任印制：吴兆东 / 封面设计：壹选文化

科学出版社 出版
北京东黄城根北街 16 号
邮政编码：100717
http://www.sciencep.com
北京厚诚则铭印刷科技有限公司 印刷
科学出版社发行　各地新华书店经销
*
2018 年 1 月第 一 版　开本：720×1000　1/16
2018 年 1 月第一次印刷　印张：15 1/2
字数：310 000

定价：98.00 元
（如有印装质量问题，我社负责调换）

前　　言

作为重要的基础材料，钢铁材料在建筑、机械制造、石油等行业领域被广泛应用。随着社会的发展，对钢材性能的要求越来越高、越来越严格。钢材的性能在本质上取决于其化学成分，并受到钢液洁净度的影响。钢液化学成分和洁净度是钢材质量控制的核心内容。目前钢中杂质元素控制技术趋于成熟，洁净钢冶炼的重点主要集中在钢中非金属夹杂物的控制。

成分、形态、粒度及其分布是钢中非金属夹杂物控制的核心内容，主要可分为两个方向：一是以无害化为目标，尽量减少夹杂物数量，降低夹杂物尺寸，使其不影响钢材的性能；二是以功能化为目标，控制钢中微细夹杂物作为异质形核核心，在凝固与相变过程中控制钢材的微观组织，进而提高其性能，即"氧化物冶金"技术。针对上述控制目标，钢中非金属夹杂物控制技术主要包括钙处理技术、稀土处理技术、镁处理技术、锆处理技术，其中镁处理技术、锆处理技术及其复合处理技术受到广泛关注。

本书是作者在整理总结近十年团队研究成果的基础上写作而成的。本书结合工业生产中主要应用的钢液体系，通过热力学研究，构建了典型含镁锆钢液体系中非金属夹杂物的相平衡关系；在热力学研究的基础上，通过高温模拟实验，系统解析了含镁锆钢液体系中非金属夹杂物的演变行为及其影响机制；并以船板钢为依托，系统研究了镁锆处理条件下凝固组织、轧制组织和焊接热影响区组织的转变行为，探讨了镁锆系非金属夹杂物对组织转变行为的影响与控制机制。

本书包含了镁锆钢液体系中非金属夹杂物生成热力学，转变行为以及对钢材组织转变的影响等内容，研究结果对于镁锆系氧化物冶金理论的充实与完善具有一定科学意义，对于微合金钢镁锆处理工艺技术的开发具有一定指导意义。

本书所涉及的研究成果是由东北大学冶金学院钢冶金与资源循环研究所洁净钢理论与工艺研究团队集体完成的，在此向团队成员张同生博士、李小兵博士、张庆松博士、陈东硕士、温喜雨硕士、华瑶硕士、陈海生硕士所做的工作表示诚挚的感谢！另外，本书引用了一些国内外科研人员的研究成果，一并表示感谢！

本书研究成果是在国家自然科学基金项目（项目编号：51674069，51374060，51374059）和国家重点研发计划项目（项目编号：2017YFC0805100）的资助下获得的。

由于笔者水平有限，本书难免存在疏漏，敬请读者批评指正。

闵 义

2017 年 8 月

目　　录

1 钢中非金属夹杂物与钢液镁锆处理

钢液镁锆处理技术是通过控制钢中非金属夹杂物的成分、形态、数量、粒度及其分布等属性，以减轻或消除非金属夹杂物对钢材性能的影响，并在此基础上，发挥特定非金属夹杂物对钢材组织的控制功能，以提高钢材的力学与加工性能。鉴于此，本章内容从洁净钢与非金属夹杂物说起，继而总结了氧化物冶金的研究现状以及钢液镁锆处理技术在洁净钢和氧化物冶金领域的研究发展现状。

1.1 洁净钢与非金属夹杂物

洁净钢的概念是 20 世纪 60 年代由英国学者 Kiessling[1]首先提出的。一般认为，洁净钢是指钢中五大杂质元素 S、P、H、N、O 含量较低，并且对钢中非金属夹杂物（主要是氧化物、硫化物）进行严格控制的钢种。但洁净钢是相对的，并没有一个明确的界定，这是因为各个钢种所要达到的洁净度是与该钢种的用途直接相关的。

关于洁净钢，国际钢铁协会定义为：当钢中的非金属夹杂物直接或间接地影响产品的生产性能或使用性能时，这种钢就不是洁净钢；如果非金属夹杂物的数量、尺寸或分布对产品的性能都没有影响，那么这种钢就可以被认为是洁净钢。也就是说，洁净钢不但与钢液的洁净度有关，而且与夹杂物的成分、形态、尺寸、分布等因素密切相关[2]。针对特定的钢种及其服役条件，常见钢种洁净度及夹杂物的控制要求存在着差异，如表 1.1 所示[3-4]。

由洁净钢的定义可知，冶炼洁净钢，一方面是杂质元素的控制，另一方面是非金属夹杂物的控制。对于钢中杂质元素的控制，国内外大型钢铁企业在洁净钢的生产工艺流程（包括铁水预处理、转炉炼钢、炉外精炼等工艺环节）采用了许多先进技术[5]，杂质元素的含量控制已经非常成熟。目前洁净钢的冶炼重点和研究热点主要集中在非金属夹杂物的控制方面[6]。

非金属夹杂物的控制目前主要分为夹杂物的成分、形态控制和夹杂物的粒度、分布控制两个方面。非金属夹杂物的成分、形态不仅对钢铁生产连铸顺行具有重大意义，而且还是钢材产生各类缺陷的主要诱因。例如铝镇静钢、含钛钢等钢中 Al_2O_3 和铝钛复合夹杂物具有容易聚合成簇的性质，加剧连铸过程浸入式水口结瘤倾向，最终影响连铸顺行和连铸坯内部质量[7]。而对于一些非金属夹杂物特别是硬质、不变形夹杂，如 Al_2O_3 和（Mg,Mn）O·Al_2O_3 等，严重影响钢的抗强度、抗疲劳、耐冲击等性能。非金属夹杂物对降低钢材抗疲劳破坏性能的作用程度，从强到弱大体上可以排成以下顺序：Al_2O_3 夹杂物、尖晶石类夹杂物、$CaO \cdot Al_2O_3$ 系或 $MgO \cdot Al_2O_3$ 系球状不变形夹杂物、大尺寸 TiN、半塑性硅酸盐、塑性硅酸盐、硫化锰[8]。

表 1.1 典型钢种的洁净度及夹杂物要求

产品	成分（质量分数/×10⁻⁶）	夹杂粒径极值/μm	常见缺陷
汽车板	[C]<30，[N]<30	100	超深冲、非时效性表面线状缺陷
IF 钢	[C]<10，[N]<40，T[O]<40	—	
DI 罐	[C]<30，[N]<30，[P]<70，T[O]<20	20	飞边缺陷
合金钢棒材	[H]<2，[N]<10，T[O]<10	—	
高压容器合金钢	[P]<70		
抗 HIC 钢	[P]<50，[S]<10		
IC 用引线枢	—	5	冲压成型裂纹
显像管阴罩用钢	—	5	防止图像侵蚀缺陷
轮胎子午线	[H]<2，[N]<40，T[O]<15	非塑性夹杂 D<20	冷拔断裂
滚珠轴承钢	T[O]<10	15	疲劳寿命
连续退火板	[N]<20	—	
宽厚板	[H]<2，[N]<30，T[O]<20	单个 D<13，链状 D<200	—
无取向硅钢	[N]<30	—	
焊接板	[H]<1.5	—	
管线钢	[S]<30，[N]<35，T[O]<30，[N]<50	100	酸性介质输送，抗氢致裂纹
线材	[N]<60，T[O]<30	20	断裂

非金属夹杂物的粒度、分布对钢铁材料的性能同样有着重要的影响。近年来，钢中非金属夹杂物粒度、尺寸控制的研究大致可分为两大方向：一是以夹杂物无害化为目的，研究目标是尽力减小夹杂物的尺寸，使其不会对钢铁性能造成影响[9]；二是为开始于 20 世纪 90 年代的"氧化物冶金"，该研究方向致力于将钢中微细夹杂物用作异质形核剂，在凝固、相变过程以及焊接过程中控制钢铁材料的微观组织，从而达到提高性能的目的[10]。

1.2 氧化物冶金

1.2.1 氧化物冶金概念

1990 年，日本学者 Mizoguchi 和 Takamura[11-13]在世界钢铁大会上首次提出了"氧化物冶金"概念，即充分发挥微小氧化物粒子在钢中作为有益相的作用。一方面，利用氧化物异质形核核心的作用，诱导硫化物、氮化物、碳化物的异质形核，形成相应的复合相，在热轧和其他热机械处理过程中，发挥抑制晶粒长大的作用，达到细化晶粒的目的；另一方面，利用该类复合相诱导铁素体的晶内形核，使钢材组织即使不经历热轧和其他热机械处理也能得到细化。

截至目前，高强度、厚板钢的大线能量焊接过程是氧化物冶金技术应用的主要领域，如日本 JFE 和新日铁等钢铁公司开发的 JFE EWEL 技术和 HTUFF 技术[14]。为充分发挥氧化物冶金技术在钢组织和性能方面的控制优势，人们也在不断寻求氧化物冶金技术在其他冶金过程如凝固、厚板、压力加工等过程中的应用。

文献[12]指出，氧化物冶金研究的重点是利用氧化物夹杂诱导晶内铁素体（intragranular ferrite，IGF）的形核。因此，对能诱导 IGF 形核的新种夹杂物的探寻，以及 IGF 形核条件的探究成为了氧化物冶金技术的研究关键[14]。

1.2.2 晶内铁素体分类

氧化物冶金中与夹杂物相关的铁素体主要包括两类：①晶内多边形铁素体（intragranular polygonal ferrite，IPF）。②晶内针状铁素体（intragranular acicular ferrite，IAF）。以上分类已被不同学者证实。如 Jin 等[15]通过研究含 Ti 低碳钢中铁素体形核指出，夹杂物诱导铁素体形核的典型方式包括两种，如图 1.1 所示，其中图 1.1（a）是多边形铁素体包裹夹杂物，夹杂物成分为 TiN；图 1.1（b）是 IAF 以夹杂物为核心交错长大，夹杂物成分为 Ti_2O_3。再如 Yang 等[16]在对含 Ti 非调质中碳钢中研究时也认为两类与夹杂物有关的铁素体，分别是多边形和针状形貌。此外，Wu 等[17-21]采用连续截面和计算机辅助重建方法表征出了与夹杂物相关的多边形和针状铁素体三维形貌，结果如图 1.2 和图 1.3 所示。

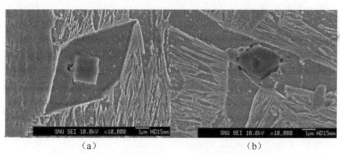

图 1.1　夹杂物诱导铁素体形核 SEM 形貌

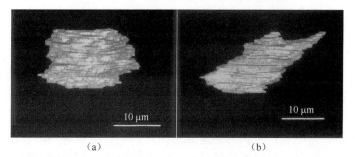

图 1.2　采用计算机辅助重建后得到的块状铁素体三维形貌

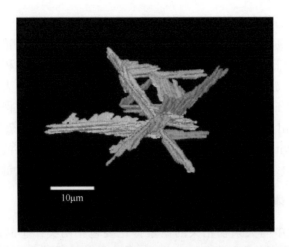

图 1.3　采用计算机辅助重建后得到的针状铁素体三维形貌

　　总的来看，晶内铁素体的分类已达成共识，然而，对于夹杂物位于多边形铁素体内部的情况是否是因夹杂物诱导产生仍存在不同观点。Jin 等[15]、Yang 等[16]、Wu 等[17-22]和 Mu 等[23]均认为，如果多边形铁素体中存在夹杂物的话，则该类铁素体是由夹杂物诱发形核产生的，并认为该类夹杂物是有效的铁素体形核核心。相反，Shim 等[24]和 Lee 等[25]认为，存在于多边形铁素体中的夹杂物并不具有诱导铁素体形核作用，如图 1.4 和图 1.5 所示。Sarma 等[26]进一步指出，晶内铁素体的形貌直接受 800～500℃ 范围内的冷却时间（$t_{8/5}$）影响，当 $t_{8/5}$ 较高时，晶内铁素体以多边形为主；当 $t_{8/5}$ 位于中等范围时，以针状为主。

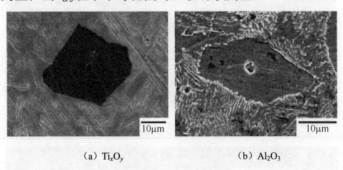

(a) Ti_xO_y　　　　　　　　　　　(b) Al_2O_3

图 1.4　钢中对晶内铁素体形核无效的夹杂物

　　综合以上研究成果可以看出，针状铁素体和多边形铁素体中存在夹杂物时，均可认为是以夹杂物为核心长大的，由于二者形核温度不同导致铁素体最终形貌和各自对钢材韧性的贡献存在显著差异。多边形铁素体形核温度偏高，元素扩散充分，铁素体较为粗大，可认为属于先共析产物。针状铁素体形核温度偏低，铁素体交错分布，能有效分割奥氏体晶粒。Badu[27]认为，夹杂物是针状铁素体形核的必要条件，如果晶粒内没有有效的夹杂物，将不会形成针状铁素体。氧化物冶金中对改善钢材韧性发挥显著作用的晶内铁素体形貌更倾向于针状。

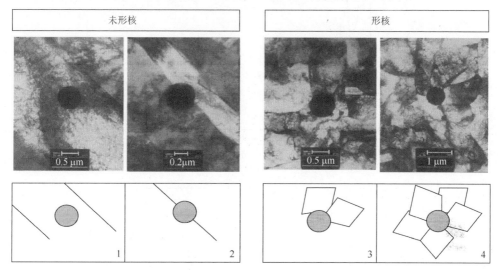

图 1.5 针状铁素体形核无效和有效形核核心透射电镜形貌对比

1.2.3 晶内针状铁素体形貌和生长特征

晶内针状铁素体中"针状"是就其在金相观察中的截面形态而言的，在三维空间中它本为片状[18-19,21]。它是近年来针对低合金高强度钢新提出的一种特殊组织形态，因此有必要对 IAF 的形貌和生长特征进行综述。一般地，评价 IAF 的重要参数有长宽比和铁素体条间的方位差。

（1）长宽比。IAF 的长宽比是指铁素体条的长度和最大宽度的比值。常见的 IAF 宽度约为 2μm 左右，长宽比多在（3:1）~（10:1）[28]。微观组织中 IAF 的长宽比是决定其数量的一个重要因素，可以用来衡量夹杂物对 IAF 的形核潜能[29]。

（2）铁素体条间的方位差。铁素体条间的方位差是相邻铁素体条间的夹角。IAF 是呈放射状生长，相邻的两 IAF 之间的方位差呈大倾角，一般在 20°以上[28]。Byun 等[30]采用 EBSD/SEM 分析手段对比了上贝氏体和 IAF 的方位差，结果如图 1.6 所示，其中图 1.6（a）对应钢以上贝氏体组织为主，图 1.6（b）对应钢以 IAF 为主。可见，平行条状上贝氏体组织的铁素体条的方位差远小于 IAF 条间方位差。研究指出，交错的 IAF 组织钢的低温韧性高于传统的贝氏体钢。因此，IAF 组织良好的韧性与其大角度晶界数量有很大的关系，大角度晶界能使钢具有良好的强韧性；相反，小角度晶界对裂纹的传播阻碍作用不强，最终对钢的韧性改善作用不明显，同时它容易产生铁素体晶粒间的合并现象，减少铁素体数量，使晶粒粗化。

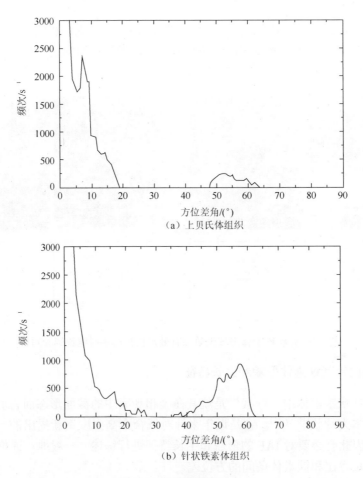

（a）上贝氏体组织

（b）针状铁素体组织

图 1.6 钢晶粒取向分布

基于 IAF 典型形貌，不同学者采用不同研究手段研究了 IAF 的形核长大行为，目前关于 IAF 的长大过程存在两种观点：观点一[31]认为，IAF 形核长大分为两个步骤，首先是铁素体在晶内夹杂物上形核形成较大尺寸的一次铁素体条，然后是在一次铁素体上感生形核产生细小的铁素体组织。观点二[32]认为，IAF 长大过程可以分为 3 个步骤。其一，铁素体在夹杂物上首先形核；其二，在一次铁素体宽条上的感生形核，形成二次铁素体条；其三，随着残余奥氏体的减少晶内铁素体条间会发生相互的撞击，最终成为交叉互锁状、具有大角晶界和高位错密度的针状组织。可见无论哪种观点都认为 IAF 首先形核于夹杂物表面。但也有部分学者对夹杂物唯一诱导 IAF 形核的理论并不十分赞同，如 Kim 等[33]在夹杂物含量较少的管线钢中仍然发现了 IAF 的存在，他们认为，IAF 除了依附于夹杂物形核外，奥氏体晶粒内存在的位错等缺陷也会成为诱导 IAF 形核的一个重要因素。

1.2.4 夹杂物诱导针状铁素体形核机理

尽管夹杂物不是促进 IAF 形核的唯一因素，但由于氧化物冶金研究中主要涉及强脱氧元素，因此在此前提下更多是讨论夹杂物诱导 IAF 的问题。即是说为获得大量 IAF，首要条件是获得足够数量的适宜夹杂物粒子。文献[34]从理论上讨论了夹杂物诱导 IAF 形核过程（图 1.7），并将 γ-Fe 中依附夹杂物形成新相 α-Fe 晶胞过程的吉布斯自由能变化定义为式（1.1）和式（1.2）：

$$\Delta G = V \Delta G_V f(\theta) + \sum_{i}^{n} A_i \gamma_i f(\theta) + V \Delta G_\varepsilon \tag{1.1}$$

$$f(\theta) = (1 - \cos\theta)(2 + \cos\theta) / 4 \tag{1.2}$$

式（1.1）和式（1.2）中，V 为晶胞的体积；ΔG_V 为 γ/α 相变体积自由能变化；θ 为夹杂物和晶胞之间的接触角；A_i 为晶胞和夹杂物或原 γ-Fe 之间的界面面积；γ_i 为晶胞和夹杂物或原 γ-Fe 之间的界面能；ΔG_ε 为体积应变能的变化。

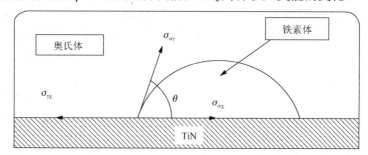

图 1.7 铁素体形核于夹杂物表面示意图

$\sigma_{\gamma\chi}$—奥氏体与 TiN 间界面张力；$\sigma_{\alpha\gamma}$—铁素体与奥氏体间界面张力；$\sigma_{\alpha\chi}$—铁素体与 TiN 间界面张力

式（1.1）中含 ΔG_V 部分可看作相变驱动项，过冷度对其有较大影响，而过冷度与成分和冷却速度则密切相关；含 γ_i（可分解为化学界面能和结构界面能两项）和 ΔG_ε 的部分可看作相变的阻力项，两相间的结构和体积差异对应变能有较大影响。一般的冶金相变过程的很多因素都与以上 3 项密切相关，但测定或准确计算以上 3 项存在诸多困难，导致无法完全肯定或否定以及估算各项在 IAF 形核中的作用。

为了提高夹杂物诱导 IAF 的作用，研究夹杂物诱导 IAF 机制显得尤为重要。然而，关于夹杂物粒子诱导铁素体异质形核的机理仍然不能够清楚解释[26,34-39]，到目前为止，有以下几种建议。

1.2.4.1 惰性基底机理

惰性基底机理是最早由 Ricks 等[40]提出的，他们认为，夹杂物作为钢液中的惰性介质表面，能为铁素体形核提供一个低能界面，降低铁素体形核所需要越过的形核能垒,促进 IAF 形核。Dowling 等[41]对比了 $Al_2O_3 \cdot MnO$、TiO、CuS、MnS、SiO_2 和富 Al_2O_3 等夹杂物在 HSLA 钢埋弧焊过程中对 IAF 形核的作用后指出,IAF 数量和夹杂物成分并不存在联系,最终认为惰性基底机理能解释夹杂物诱导铁素体形核。Zhang 和 Farrar[42]通过研究低合金 C-Mn-Ni 焊缝中 IAF 也赞同某些非金属夹杂能为铁素体形核提供一个惰性基底,降低铁素体在其上形核所需要克服的能障。不仅如此,Grong 等[43]和 Lee 等[25]后期在研究不同夹杂物对 IAF 诱导时也同意惰性基底机理。余圣甫等[44]认为,夹杂物作为一种惰性介质所具有的较高惰性界面能对诱导铁素体的形核和长大会起着决定性作用。他们指出,夹杂物的粒径为 $0.5 \sim 2.0 \mu m$ 时,Ti_2O_3、Al_2O_3、MnS 的惰性界面能约为 10^6 J/mol,接近夹杂物具有诱导铁素体形核所需的能量 $10^6 \sim 10^7$ J/mol。但也有学者[45]通过半定量计算指出,无论 Ti_2O_3 还是 ZrO_2,它们的夹杂物与奥氏体和铁素体的界面能差都比较接近,都约为 1.2 J/m^2,转换成体积应变能约 10^6 J/m^3 数量级,认为这个能量不足以提供 IAF 的形核功。

　　Ricks 等提出的惰性基底机理中忽略了夹杂物成分的影响,认为夹杂物诱导铁素体形核能力只与夹杂物尺寸有关。事实上即使夹杂物尺寸保持相同的条件下,夹杂物化学成分不同会导致夹杂物表面特征存在显著区别,进而影响夹杂物对铁素体诱导能力。另一方面,传统的惰性基底机理认为,在忽略夹杂物尺寸时,适宜铁素体形核的位置可能性顺序为:奥氏体晶界>夹杂物表面>铁素体均匀形核。即是说尽管钢中存在惰性介质夹杂物,铁素体仍优先在奥氏体晶界形核。然而,事实上并非完全如此,Madariaga 等[46]对中碳钢中 CuS-MnS 夹杂物诱导 IAF 行为中指出,当夹杂物与奥氏体间的界面能高于夹杂物与铁素体间的界面能时,铁素体将会优先在夹杂物表面形核而非奥氏体晶界。由此表明,影响惰性基底机理并未适用所有夹杂物,因此未被普遍接受。

1.2.4.2　应力-应变能机理

　　Brooksbank 和 Andrews[47]指出,由于奥氏体基体与夹杂物的热膨胀系数不同,可在钢中非金属夹杂物周围引起应力集中,使夹杂物周围形成复杂的应力或负荷应力场。Stephen[48]首次提出了应力-应变能机理,该理论认为夹杂物与基体的热膨胀系数不同,冷却过程中会在夹杂物与钢基体之间产生应变,进而产生应变能,这部分应变能可为 IAF 在夹杂物上形核提供额外的能量,使铁素体形核更容易在其上形核。

　　图 1.8 是一些常见夹杂物与奥氏体热膨胀系数间的相对大小,由图 1.8 可知,锰铝硅酸盐和富含铝夹杂物的热膨胀系数会比奥氏体的小很多,较大的热膨胀系数差给铁素体在该类夹杂物表面形核提供了部分应变能。因此,基于应力-应变能机理,锰铝硅酸盐和富含铝夹杂物能诱导 IAF 形核。然而,Wen 等[49]在实验中发现 Si-Mn-Al 系氧化物并不能诱导 IAF 形核,因此他们对应力-应变能机理并不赞同。

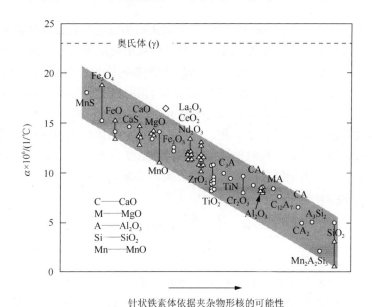

图 1.8　常见夹杂物粒子与奥氏体间的热膨胀系数相对大小

　　Zhang 等[50]计算了冷却过程中 TiN、TiC、AlN 和 Al$_2$O$_3$ 夹杂物在奥氏体中产生的应变能普遍位于 $10^4 \sim 10^5$ J/m^3 数量级，远小于铁素体形核所需应变能 $10^7 \sim 10^8$ J/m^3，因此认为因膨胀系数差导致的应变能不能显著影响铁素体形核。不仅如此，潘涛等[51]对 1μm 的 MnS、TiN 和刚性夹杂物在奥氏体中产生的热应力和应变能进行了计算，他们也发现，即使是可能与奥氏体产生最大热应力的刚性夹杂物，其所产生的应变能也只在 10^6 J/m^3 数量级。因此，他们也认为夹杂物与奥氏体之间热膨胀系数的差异难以解释夹杂物对 IAF 的形核作用。此外，周家祥等[52]指出，IAF 形核的驱动力，主要还是来自冷却过程中 γ→α 转变的相变能。热膨胀导致的应变能以及 γ/α 与 γ/夹杂物之间的界面能差，虽然不能完全提供 IAF 形核所需能量，但这两部分能量的存在使得铁素体在夹杂物周围析出时系统能量下降得最多，这样铁素体更容易在夹杂物周围形成，即夹杂物为铁素体提供了很好的形核并析出长大的位置。综上所述，应力-应变能机理很难用来完全解释夹杂物对 IAF 的诱导作用，夹杂物诱导铁素体形核必然存在其他可能机制。

1.2.4.3　最低错配度机理

　　在相转变过程中，新相与母相形成共格或半共格时，应变能较高，新相所需形核功降低，促进新相的异质形核。不仅如此，它们间往往也存在一定的晶体学位向关系，常以低指数、原子密度大且匹配较好的晶面和晶向互相平行，并且新相往往在母相某一特定晶面上形成[45]。因此依附于夹杂物形核的 IAF 应与夹杂物具有共格或半共格关系。Bramfitt[53]研究了碳化物和氮化物对过冷铁液相转变过程中的异质形核作用，结果发现，TiN 和 TiC（与新相间错配度分别为 3.1%和 3.3%）对新相的异质形核作用最佳，SiC 和 ZrN（与新相间错配度分别为 7.5%和 12.6%）对新相的异质形核作用适中，ZrC 和 WC（与新相间错配度分别为 24.5%和 29.0%）对新相的异质形核作用最次。因此，Bramfitt 首次提出了最低错配度机理来解释夹杂物基底对新相的异质形核作用。他指出，对于晶体结构相同的两相间错配度采用式（1.3）进行计算。同时他还指出，当错配度小于 6.0%，该夹杂物对铁素体形核非常有效；当错配度在 6.0%～12%之间，夹杂物对铁素体形核作用中等；当错配度大于 12%，夹杂物对铁素体形核无效。

$$\delta = \frac{|d_1 - d_2|}{d_1} \times 100\% \qquad (1.3)$$

式中，d_1 为母相的原子间距；d_2 为新相的原子间距。

　　基于最低错配度机理，TiN 粒子应对 IAF 形核非常有效。然而，关于 TiN 是诱导铁素体形核能力却存在不同看法。Gregg 等[54-55]研究了 Ti 系夹杂物粒子对 IAF 形核作用，结果发现 Ti_2O_3 和 TiO 均比 TiN 对 IAF 的形核作用强，且认为 TiN 不具有诱导铁素体形核能力。此外，Shim 等[24]研究了中碳钢中不同夹杂物对 IGF 形核的影响，认为 TiN 粒子不具有诱导铁素体形核的能力。进一步地，Lee 等[56]根据 Bramfitt 提出的公式计算了 TiO、TiO_2 和 Ti_2O_3 等与铁素体的晶格错配度。计算结果证实，上述氧化物与铁素体的晶格错配度分别为 3.1%、13.3%和 26.8%。因此，仅依据最低错配度机理很难解释 Ti_2O_3 夹杂物对铁素体形核的诱导作用。相反，Lee 等认为，由于 TiO 与铁素体的晶格匹配度最低，因此在它们周围易生成先共析铁素体，不能成为 IAF 形核核心。综上所述，如果夹杂物和新相 α-Fe 之间的晶格结构存在较小的晶格错配度时，那么夹杂物更有可能为 α-Fe 的形核提供一个低能界面，从而倾向于降低 α-Fe 形核所需要越过的界面能和应力能能障。尽管如此，最低错配度机理也不能完全用来解释不同类型夹杂物对铁素体形核的作用效果。

1.2.4.4　溶质元素浓度变化区机理

　　从目前关于夹杂物周围溶质元素浓度骤变影响铁素体形核研究来看，主要存在贫锰区、贫碳区、富硅区、富磷区等几种理论。

　　（1）贫锰区。

　　贫锰区机制首先由 Gregg 等[55]认为，Ti_2O_3 能促进 IAF 形核可能是因为该类夹杂物中容易附着 Mn 元素，进而在夹杂物周围出现 Mn 元素浓度的降低区域。由于 Mn 属于奥氏体稳定元素，若夹杂物周围 Mn 浓度骤降将会降低此处奥氏体相的稳定性，从而确保夹杂物优先成为铁素体形核核心。不仅如此，Shim 等[24]

研究发现 Ti_2O_3 粒子在无 Mn 元素钢中不利于 IAF 形核，同时，由于 Mn 和 Ni 均为无限扩大奥氏体区元素，Shim 等[57]采用 Ni 元素替代 Mn 后发现，并没有形成 IAF 组织。可见，贫锰区机制能很好地解释 Ti_2O_3 对铁素体形核的促进作用。然而，Gregg 等[55]也指出，TiO 夹杂物并不能附着 Mn 元素，然而研究发现 TiO 能成为铁素体形核核心。上述研究表明，贫锰区机制也只能用来解释某些特定夹杂物对铁素体形核的作用。

关于 Ti_2O_3 粒子周围出现贫锰区的原因大致存在两种解释：其一，钢中硫含量相对较高时，冷却过程中 MnS 在 Ti_2O_3 上析出导致其周围出现局部的锰贫乏区[58]。不仅如此，Tomita 等[59]、Deng 等[60]和 Song 等[61]分别证实 $TiN \cdot MnS$，$(Ti,Si,Mn,Al,La,Ce) O \cdot MnS$ 和 $(Ti,Mg) O \cdot MnS$ 夹杂物能促进 IAF 形核，同时也认为对应夹杂物表面析出的 MnS 周围会出现局部的贫锰区。其二，钢中硫含量相对较低时（20×10^{-6} 以下），Ti_2O_3 本身具有许多阳离子空缺，会从 Fe 基中吸收与 Ti^{3+} 离子半径大小类似的 Mn^{3+}，由于 Mn 不及时扩散，在其周围将会出现锰元素贫乏的区域[36-37,62]。此外，Sutio 等[63]对于这种情况提出也可能是由于在含 Ti_2O_3 粒子表面析出的 TiN 粒子的缘故，TiN 粒子与铁素体间具有良好的共格关系，能成为有效的形核质点。TiN 的析出导致钢中溶解 Ti 量有所减少，从而使基体中局部由 Ti/Ti_2O_3 平衡决定的氧势增加，有利于形成 $Ti_2O_3 \cdot MnO$ 固溶粒子。

（2）贫碳区。

大野恭秀等[64]研究发现，Ti-B 处理钢 HAZ 中 $TiN \cdot MnS \cdot Fe_{23}(CB)_6$ 析出相有助于诱导铁素体形核。同时发现在 $Fe_{23}(CB)_6$ 周围存在一个几微米宽的贫碳区，由于碳也是奥氏体形成元素，因此夹杂周围出现的贫碳区有助于铁素体的形核。此外，文献[65]指出，在 γ 晶粒内的 TiN 处，α 相成核并长大，EPMA 成分分析表明，TiN 粒子周边区域在冷却过程中，α 相成核之前再次析出了 Ti（C,N）。Ti（C,N）和基体界面处的 C 的浓度低于平均浓度，促使了 α 相的形核。

在后续的研究中，Liu 等[66]指出，某些铁素体稳定元素，如 Si、P 等，在某些夹杂物处偏聚时，形成相应元素的富集区，可降低过冷奥氏体的稳定性，促进铁素体的形核。

（3）富硅区。

Wen 等[49]在 $MgO \cdot Al_2O_3$ 夹杂物中发现常常存在 Si 的富集现象，他们指出，该富 Si 区将有助于提高夹杂物对铁素体形核能力。张莉芹等[67]在分析 Ti_2O_3 粒子周围产生的贫锰区的同时指出，Ti_2O_3 粒子中存在的大量阳离子空位也可对周围 Si 产生吸附作用。实验中 EDX 检测结果表明，Si 在某些复合粒子中存在一定的偏聚，最高偏聚量高达 11.47%，接近母材含量的 50 倍。因此他认为，小范围如此高的 Si 含量将会极大地提高 α 铁素体的形核驱动力，促进铁素体的形核。他最终指出，在贫 Mn 区内靠近复合粒子处一旦有 IAF 形核生成，复合粒子中高的 Si

含量将对生成的 IAF 起到稳定生长的促进作用，并建议适当提高 HSLA 钢中 Si 的含量将有助于 IAF 的生成，尽管如此，对于一些富 Si 夹杂物能否促进 IAF 形核仍存在分歧。Zhang 等[42]指出，SiO_2、$MnO \cdot SiO_2$、TiO（或 Al_2O_3）$\cdot MnO \cdot SiO_2$ 等夹杂物有助于促进 IAF 形核。相反，Shim 等[24]认为，SiO_2 和 $MnO \cdot SiO_2$ 并不能成为 IAF 形核核心。

（4）富磷区。

Liu 等[66]认为，P 的析出导致夹杂物粒子与铁素体间的界面能比夹杂物粒子与奥氏体间界面能更低，利于铁素体在夹杂物上的形核。

图 1.9 是本书作者在实验中检测到与 IAF 有关的含磷夹杂物，由图 1.9 可知，在 Fe_xS 和 Cu_xS 等硫化物中都检测到了少量 P，但并未在氧化物中检测到 P 的存在。分析认为，这是 P 在硫化物和氧化物中的偏聚行为不同导致的。从图 1.9（a）中 P 在夹杂物中的分布看，P 不仅位于夹杂物边缘，而且在夹杂物核心也有微弱的含量。由此推断出 P 在高温时首先溶解在硫化物中，随着温度的下降 P 逐渐扩散到夹杂物周围。Umezawa 等[68]和 Yoshida 等[69]也报道了类似结果，他们也认为，由于 P 对钢相转变过程中局部转变温度的影响，因此富 P 质点能成为 α 铁素体形核的良好核心。由于钢中夹杂物很少含 P，因此富 P 区机制研究相对较少。

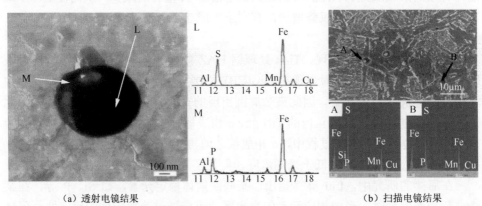

（a）透射电镜结果　　　　　　　　　　　　　　（b）扫描电镜结果

图 1.9　实验中检测到的与针状铁素体有关的含磷夹杂物

M、L、A、B 为打点分析位置

1.2.5　针状铁素体形核影响因素

基于以上分析，IAF 形核机理并未得到完全解释，甚至存在诸多分歧。由于 IAF 的形核是氧化物冶金研究的关键，因此探究影响 IAF 形核的因素显得尤为重要。总的来看，影响 IAF 形核的因素有以下方面[32]：①夹杂物特征，包括粒径、成分、形貌、数密度等；②冷却速度，主要指 800~500℃间的冷却速度；③原奥氏体晶粒尺寸；④钢液化学成分，如 C、Si、S、Al 等元素。

1.2.5.1 夹杂物特征

IAF 的形核位置为奥氏体晶内的夹杂物，因此，夹杂物的粒径、成分、数量、形貌、分布等均会对其诱导铁素体形核潜能造成影响。以下针对以上因素对 IAF 形核的影响进行具体分析。

（1）夹杂物最佳粒径。

关于诱导 IAF 形核作用最有效的夹杂物粒径，不同学者给出了不同看法，截至目前，仍然没有统一的结论。表 1.2 是近年来国内外学者认为的适宜 IAF 形核的夹杂物最佳粒径。

表 1.2　对针状铁素体形核最有效的夹杂物粒径研究结果

年份	特征夹杂物	研究结果（夹杂物尺寸/μm）	文献
1989	（Ti,Zr,Mn,Si,Al）O·MnS	0.4～0.6	[37]
1989	AlN,MnS,Ti（C,N）	0.2～1.0	[70]
1991	TiN,Ti$_2$O$_3$	1.2～5.8	[71]
1992	TiO	0.45 以上	[72]
1994	TiO,TiN	0.25～0.8	[73]
1994	TiN·MnS	0.1～0.3	[59]
1995	MnS·VN,V（C,N）	0.2～0.8	[74]
1995	（Ca,Si）O,Ti$_2$O$_3$,MnS,Ti（O,S）	2.0～2.9	[56]
1996	MnS·CuS, TiN	0.3～0.9	[42]
1997	MnS·CuS, TiN	0.5～2.0	[75]
1997	—	约 0.5	[76]
1998	MnS·CuS	0.5～2.0	[77]
1999	MnS	0.5～2.0	[46]
1999	—	0.4～3.0	[57]
2000	Al$_2$O$_3$,SiO$_2$,Ti（O,N）	约 1.0	[25]
2001	MnS	0.2～5.0	[78]
2005	—	小于 2.0	[79]
2006	—	约 1.0	[80]、[81]
2006	CeS, Ce$_3$S$_4$,Ce$_2$O$_2$S	0.63～1.70	[82]
2006	ZrO$_2$, ZrO$_2$·MnS	1.0～3.0	[52]
2008	（Si,Mg,Al,Cu）O	0.35～2.2	[83]
2008	Ti$_2$O$_3$·Al$_2$O$_3$·MnS	1.0～3.0	[16]
2009	—	0.25～0.8	[26]
2009	CaO,MgO	0.5～3.0	[84]
2009	MnS,TiO	1.3～8.9	[85]
2010	TiO$_x$·Al$_2$O$_3$·MnS	小于 3.0	[86]
2010	（Al,Ti,Mg）O	0.5～3.0	[87]
2011	（Ti,Si,Mn,Al）O·MnS	0.6～0.8	[88]、[89]
2015	Ti$_2$O$_3$·Al$_2$O$_3$·MnO	1.5～4.0	[90]
2015	（Ti,Mg）O·MnS	1.0～4.0	[61]

从大量研究结果可以看出，钢中能诱发 IAF 形核的夹杂物粒径分布在 0.1～8.9μm。从早期的研究结果来看，夹杂物粒径范围多数在 1μm 以下。随着研究的不断深入，这种观点并未得到普遍认可。

Lee 等[25]研究了不同尺寸的非金属夹杂物对 IAF 形核的影响发现，夹杂物过小（小于 0.4μm）时诱导铁素体能力十分弱小，当夹杂物直径在 0.4～0.8μm 范围内，IAF 形核可能性迅速提高，直到直径约为 1.0μm 时形核可能性达到 1.0，如果进一步提高夹杂物尺寸 IAF 形核可能性实际上并没发生变化。

Huang 等[90]在后续的研究中进一步指出，小于 1μm 的夹杂物容易在晶界处聚集，不利于 IAF 形核，反而促进晶界铁素体的生成。当夹杂物尺寸超过某一临界值时（4μm），随着夹杂物尺寸的不断增大，夹杂物诱导 IAF 形核的能力会逐渐降低，最后为 0（大于 6.5μm）。不仅如此，Capdevila 等[91]也指出，非常小的夹杂物并不适宜 IAF 形核，且过冷度能显著影响诱导铁素体形核夹杂物的最佳尺寸。随着过冷度的降低，有效尺寸降低，尤其在焊接过程中，迅速的加热和冷却使过冷度增加，最后显著促进 IAF 形核。王巍等[92]从相变形核热力学和动力学机理出发，分析了夹杂物/析出相的尺寸、界面性质等因素对 IGF 相变的影响。结果认为，当夹杂物与基体界面性质一定时，铁素体在夹杂物上形核的难易程度主要取决于夹杂物的尺寸，尺寸过小不利于铁素体形核，尺寸过大对形核贡献也较小。此外，Grong 等[80-81]也指出，小于 1μm 的夹杂物粒子具有弯曲的界面，增加了铁素体形核的能势，降低了它们形核潜能。综上所述，尽管适宜于 IAF 形核的夹杂物最佳粒径会随着夹杂物成分的变化而变化，但是可以确定的是夹杂物粒径过小、过大均可能不利于 IAF 形核。

（2）夹杂物成分。

表 1.3 给出了部分有效和无效 IAF 形核夹杂物成分特征。可以看出，具有诱导 IAF 形核作用的夹杂物成分存在如下特点：其一，简单氧、硫化物和复合氧化物相能否促进 IAF 形核仍存在较大分歧。其二，截至目前，Ti 系粒子研究最多。日本开发的第一代、第二代氧化物冶金技术中涉及的核心元素也是 Ti 元素[14,34]。其三，绝大多数复合氧/硫化物+MnS（TiN）均具有促进 IAF 形核作用。文献[26]、[80]、[121]中也明确指出，大多数具有诱导 IAF 形核的夹杂物均属于复合氧硫化物相。一方面该类夹杂物形貌上是具有凹穴曲面，这种特征更有利于奥氏体-铁素体转变过程中铁素体异质形核。另一方面，表面附着的 TiN 与 α 铁素体间晶格错配度低，能显著降低铁素体形核表面能[53]。表面附着的 MnS 同时能在氧化物夹杂周围形成局部的锰元素贫乏区，使夹杂物更有利于铁素体的形核[58-59]。

表 1.3　具有或不具有氧化物冶金效果的夹杂物粒子

夹杂物种类	有效夹杂物	无效夹杂物
简单氧化物	$TiO_2^{[41,55]}$ · $Ti_2O_3^{[12,30,55,93]}$ · $TiO^{[12,29,42,55,94]}$ $ZrO_2^{[52]}$ · $MgO^{[34]}$ · $Al_2O_3^{[41-42,50,95]}$ · $SiO_2^{[41-42]}$	$Al_2O_3^{[14,24,54,118-119]}$ · $SiO_2^{[14,24,66]}$ $Ti_2O_3^{[24]}$ · $TiO^{[50]}$ · $MgO^{[107]}$ · $ZrO_2^{[14,120]}$
复合氧化物	$(Ti,Mn)_2O_3^{[12,36,57,24]}$ · $MnZr_3O_8^{[24,36,62]}$ $MnO \cdot SiO_2^{[12,36,42]}$ · $MnO \cdot Al_2O_3^{[12,41]}$ $TiO \cdot MnO \cdot SiO_2^{[42]}$ · $Al_2O_3 \cdot MnO \cdot SiO_2^{[42]}$ $MgO \cdot Al_2O_3 \cdot SiO_2^{[49]}$ · $(Al,Ti,Mg)O^{[87]}$	$MnO \cdot SiO_2^{[24,36,66,119]}$ $MnO \cdot Al_2O_3^{[54]}$ $MgO \cdot Al_2O_3^{[26]}$
简单氮化物	$TiN^{[15,50,53,95,97]}$ · $VN^{[50]}$ · $AlN^{[50]}$	$TiN^{[24,54-55]}$
简单硫化物	$MnS^{[41,46,98,99]}$ · $CuS^{[41]}$ · $MgS^{[14]}$ · $CeS^{[82]}$ · $Ce_3S_4^{[82]}$	$MnS^{[24,54,100-102]}$ · $CuS^{[66]}$
简单碳化物	$TiC^{[50]}$	—
复合硫化物	$(Mn,Cu)S^{[42,46]}$ · $(Fe,Cu,Mn)S^{[66]}$ · $FeS \cdot P^{[66]}$	—
复合碳/硫/氮化物	$V(C,N)^{[99]}$ · $MnS \cdot VC^{[100]}$ · $MnS \cdot VN^{[74]}$ $MnS \cdot V(C,N)^{[99-102]}$ · $TiN \cdot MnS^{[15,59]}$	—
复合氧硫化物	$Ti(O,S)^{[56]}$ · $(Ti,Ca)(O,S)^{[56]}$ · $Ce_2O_2S^{[82]}$	—
复合氧/硫化物 +MnS(TiN)	$Ti_2O_3 \cdot MnS^{[16]}$ · $TiO_x \cdot MnS^{[54,56]}$ $Al_2O_3 \cdot MnS^{[16]}$ · $ZrO_2 \cdot MnS^{[52,103-105]}$ $(Ti,Ca)(O,S) \cdot MnS^{[56]}$ · $(Ti,Mg)O \cdot MnS^{[61,106,107]}$ $(Ti,Zr)O \cdot MnS^{[108,109]}$ · $(Ti,Al)O \cdot MnS^{[16]}$ $(Ti,Si,Al)O \cdot MnS^{[40]}$ $(Ti,Si,Mn,Al)O \cdot MnS^{[88-89]}$ $(Ti,Mn,Zr)O \cdot MnS^{[110]}$ $(Ti,Al,Zr)O \cdot MnS^{[111]}$ $(Ti,Si,Mn,Zr)O \cdot MnS^{[113-114]}$ $(Ti,Si,Mn,Al,Zr)O \cdot MnS^{[31]}$ $(Ti,Si,Mn,Al,La,Ce)O \cdot MnS^{[60]}$ $(Ti,Mn)O \cdot (Mn,Cu)S^{[115]}$ · $Ca(O,S) \cdot MnS^{[84]}$ $Mg(O,S) \cdot MnS^{[84]}$ · $(Ti,Ca)(O,S) \cdot MnS^{[84]}$ $(Ca,Mg)(O,S) \cdot MnS^{[84]}$ · $(Ti,Mg)(O,S) \cdot MnS^{[84]}$ $(Ti,Ca,Mg)(O,S) \cdot MnS^{[84]}$ $(Mg,Al,Mn,Si)O \cdot MnS^{[116]}$ $Ti_2O_3 \cdot TiN \cdot MnS^{[58,97]}$ · $Ti_2O_3 \cdot TiN^{[15]}$ $Ti_2O_3 \cdot TiN \cdot MnS \cdot BN^{[58]}$ $Fe_{23}(CB)_6 \cdot TiN \cdot MnS^{[64]}$ $Al_2O_3 \cdot TiN \cdot MnS^{[116]}$ $Al_2O_3 \cdot MnS \cdot VN^{[24]}$ $(Ti,Si,Mn,Al)O \cdot TiN \cdot MnS^{[23]}$	$Al_2O_3 \cdot MnS^{[24]}$ $ZrO_2 \cdot MnS^{[108-113]}$

（3）夹杂物数密度。

氧化物冶金中 IAF 形核初始位置均为夹杂物核心，因此除了夹杂物粒径和成分外，钢中夹杂物数量也会影响 IAF 的形核量。如前所述，夹杂物最佳粒径范围存在较大争议，因此夹杂物的合理数量也存在不同观点。Kim 等[79]认为，IAF 数量与钢中粒径小于 2μm 的夹杂物数量成正比。Yamamoto 等[58]认为，夹杂物粒径

为 $0.2 \sim 2\mu m$，分布密度为 $50 \sim 60$ 个$/mm^2$。Thewlis[82]研究了 CeS、Ce_3S_4 和 Ce_2O_2S 对针状铁素体形核影响后指出，夹杂物粒径为 $0.63 \sim 1.70\mu m$，夹杂物数量为 $0.68 \times 10^6 \sim 1.3 \times 10^6/mm^3$，组织以 IAF 为主。Sarma 等[26]指出，当钢中夹杂物尺寸为 $0.25 \sim 0.8\mu m$，数量为 $1.0 \times 10^6 \sim 1.3 \times 10^7/mm^3$，夹杂物粒子对 IAF 形核最为有效。

1.2.5.2 冷却速度

钢从奥氏体状态的冷却速率在获得 IAF 方面是另一个重要的因素[31]。不仅如此，不同成分钢也将对应不同的冷却速度范围[16]。Madariaga 等[38]研究了中碳钢中 IAF 连续冷却过程中的转变行为，他们发现，当连续冷却速度在 $1 \sim 10℃/s$ 时才能获得较高体积分数的 IAF。但是在该冷速范围内也同时存在珠光体和多边形铁素体转变。当冷速提高至 $7℃/s$ 时，珠光体转变得到了完全抑制，当冷速提高至 $30℃/s$ 时，多边形铁素体转变才能得以避免。由于后者冷速在工业上很难实现，因此最后得出 IAF 最佳形核冷速为 $10℃/s$，此时 93%的组织均以 IAF 为主。Yang 等[16]探究了中碳钢中 IAF 连续冷却转变行为指出，在 $0.5 \sim 2.5℃/s$ 冷速范围均能获得大量 IAF，当冷速在 $2℃/s$ 时，组织基本以 IAF 为主。Ishikawa 等[101]对比了中碳高氮钢、中碳含钒低氮钢和中碳含钒高氮钢在 $0.1℃/s$ 冷速条件下的相转变行为。他们指出，前两个钢样均未检测到 IAF，而只有第三个钢样才检测到大量 IAF。由此表明，即使对于碳含量相当的钢中 IAF 转变最适宜冷速范围也会有所不同，可见 IAF 转变行为还受其他化学成分的影响。对于低碳钢，研究冷速对 IAF 转变的影响相对较少，从报道的文献来看，Byun 等[30]和 Shim 等[57]研究了 Ti 系夹杂物诱导 IAF 指出，在 $5℃/s$ 冷速条件下均获得了大量 IAF，但是他们并未对其他冷速条件进行探究。

1.2.5.3 原奥氏体晶粒尺寸

一般地，在 γ-α 相转变过程中，形成晶界铁素体还是 IAF 根本上是奥氏体晶界与奥氏体晶粒内夹杂物粒子间的形核能力的竞争[26]。通常来说，晶界铁素体形核率决定于晶界总表面积（A_{GB}）；针状铁素体形核率决定于晶粒内夹杂物粒子总表面积（A_P）。随着夹杂物粒子与晶界表面积之比（A_P/A_{GB}）的增加，钢微观组织中 IAF 形核率及其最终体积分数也随之增加。基于此，为了获得更多 IAF，可以考虑提高晶粒内夹杂物的总表面积，同时降低晶界总表面积。因此，增加奥氏体晶粒尺寸（降低了晶界表面积）在一定程度上能够限制晶界铁素体形核，从而促进了 IAF 的形核。

Barbaro 等[31]首次指出，IAF 形核与原奥氏体晶粒尺寸有显著关系。之后国内外学者大量报道了 IAF 形核与原奥氏体晶粒尺寸的关系。Farrar 等[122]指出，增加原奥氏体晶粒尺寸会降低晶界铁素体转变温度，相反增加 IAF 转变温度。Capdevila

等[91]研究了中碳钢中 IAF 形核情况，也同意增加奥氏体晶粒尺寸有助于提高 IAF 形核能力。Suito 等[63]研究认为，针对不同成分的钢种而言，为了获得最高体积分数的 IAF，必然存在一个最佳的奥氏体临界尺寸，该临界尺寸受晶内夹杂物的形核能力和晶界处第二相粒子、溶质元素的偏析程度影响。当奥氏体晶粒尺寸大于临界尺寸后，不仅不能增加 IAF，反而会使其体积分数有所降低。但是不同钢成分下奥氏体的临界尺寸并不相同。如 Lee[73]通过建立数学模型研究了不同因素对 IAF 形核的影响指出，适宜于 IAF 形核的奥氏体晶粒尺寸为 100μm 左右。与此同时，Lee 采用热模拟手段对比了 Ti 脱氧钢中加 Ca 和不加 Ca 时适宜于 IAF 形核的奥氏体晶粒尺寸，最后得出二者最佳奥氏体晶粒尺寸均为 180~185μm[56]。不仅如此，胡志勇等[123]采用原位观察手段得出 Ti 脱氧钢中 IAF 形核的奥氏体临界尺寸为 174μm。Wen 等[124]同样采用原位观察手段研究了含 Ce 夹杂物对 IAF 转变行为的影响，他们发现，最佳的原奥氏体晶粒尺寸在 120μm。此外，Wen 等[125]采用原位观察研究了含 Mg 夹杂物对 IAF 形核的影响，发现最佳的原奥氏体晶粒尺寸在 130μm。以上实验结果与 Lee[56]得出的结果类似。然而，也有学者报道临界奥氏体晶粒尺寸与上述结果存在较大差异，如 Thewlis[119]研究了低 Ti-B 钢中 IAF 形核情况指出，临界奥氏体晶粒尺寸仅为 60μm 左右。Zhang 等[32]采用原位观察手段研究了含 Ti 夹杂物对 IAF 转变行为的影响，他们指出适宜于 IAF 转变的最佳奥氏体晶粒尺寸大于 250μm。

值得强调的是，钢中某些细小夹杂物具有钉扎奥氏体晶界作用，会严重限制奥氏体晶粒尺寸的长大。实际操作中提高 A_P/A_{GB} 比值采取的增加奥氏体晶粒尺寸的方法，仅仅在钢中夹杂物数量降低的情况下才能实现。因此，单纯地从增大奥氏体晶粒尺寸方面分析，氧化物冶金手段获得更高体积分数的 IAF 可能会存在某些矛盾之处。

1.2.5.4 钢液化学成分

除了以上因素外，钢中其他化学成分也会在不同程度上影响 IAF 的形核。基于一些研究者的报道结果，主要探究 C、Si、S、Al 等元素对 IAF 形核的影响。

Mu 等[126]研究了 Fe-0.2%C 和 Fe-0.4%C 试样中 IAF 形核的形核情况。他们发现，IAF 形核潜能随着 C 含量的增加而降低，其主要原因是 C 含量增加会促进珠光体转变，进而降低 IAF 形核潜能。

Lee 等[127]研究了 0.12%、0.23%和 0.34%Si 含量对 Ti 脱氧钢 HAZ 组织中 IAF 形核的影响。他们发现，随着 Si 量的增加，钢中溶解氧含量显著减少，从而降低了钢中 Ti 与氧的结合机会，使钢中主要夹杂物相由 TiO_x 转变为 TiN，最终使奥氏体晶粒尺寸减小，同时 IAF 含量降低。由于 IAF 量的减少，HAZ 冲击韧性随之降低。此外，Shim 等[118]认为，随着 Si 量由 0.03%增加至 0.95%，溶解进入 Ti_2O_3

粒子中的 Mn 量下降，因此高 Si 时似乎使 Ti_2O_3 粒子周围的贫锰区形成变弱了，由于贫锰区是 Ti_2O_3 粒子诱导 IAF 形核过程中主要的驱动力，最终导致 IAF 量减少。关于在高 Si 时，Ti_2O_3 粒子吸收 Mn 量减少的原因作者给出了两个可能解释：其一，Forsberg 等[128]建立的热力学模型显示，Mn 和 Si 间具有强烈的相互吸引力，随着 Si 量的增加，二者间的相互吸引力增强。因此，高 Si 时，由于 Mn 和 Si 间的相互吸引力增强，阻止了 Ti_2O_3 粒子吸收 Mn。不仅如此，Liu 等[129]研究已经得出，Mn 和 Si 间的相互作用足够强以至于显著影响 Mn 在奥氏体晶界处的偏析。其二，C 和 Mn 间也具有强烈的相互吸引作用，常常称之为 C-Mn 偶极。张明星等[130]指出，Si 可提高的钢液中 C 的活度。因此，当 Si 量很高时可能会使 C 和 Mn 间的相互作用变强，阻止 Mn 被 Ti_2O_3 粒子吸收。

　　S 与晶界间具有强烈的结合能，在钢液凝固过程中很容易在晶界偏析[131-132]。Lee 等[29]研究了 $5×10^{-6}$～$124×10^{-6}$ S 对 Ti 脱氧钢 HAZ 中 IAF 形核的影响。基于实验结果，关于 S 对铁素体的形核 Lee 等做出了如下总结：①当硫不在晶界处偏析时（$5×10^{-6}$S），晶界很容易成为铁素体形核点；②随着硫含量的增加（$102×10^{-6}$S），硫扩散至晶界，以溶解态在晶界处偏析，该层硫薄膜会抑制铁素体在晶界处形核，促进 IAF 形核；③随着硫量的进一步增加（$124×10^{-6}$S），导致硫以 MnS 或 $Ti(O,S)_x$ 形式聚集在晶界处，使晶界恢复了对铁素体的形核潜能，导致 IAF 显著降低。原因是随着硫量的增加，MnS 逐渐粗化，成为长条形。致使原来附着在某些氧化物表面的 MnS 倾向于脱离基体，由于 MnS 对 IAF 形核潜能弱于 $Ti(O,S)_x$，因此脱离的 MnS 失去了 IAF 形核能力。综上，Lee 等认为钢中加入 $102×10^{-6}$ S 时 IAF 含量最高。此外，Tomita 等[59]也指出钢中硫含量在 $50×10^{-6}$ 左右对贫锰区形成最为有利，最终最有益于 IAF 的形核。另一方面，Mu 等[133]研究了人为向钢中添加 Ti_2O_3 和 TiO_2 时不同硫含量对钢中 IAF 含量的影响。他们发现，分别添加 Ti_2O_3 和 TiO_2 时，随着 S 含量由 0.009%增加至 0.030%后，IAF 含量均降低，这与 Lee 等[29]研究结果保持一致。

　　Babu 等[134]认为，Al 浓度增加会使钢中形成不利的结构，如多边形铁素体和魏氏体铁素体组织等，降低钢的韧性。分析认为 Al 浓度增加后，会导致钢中 TiO_x 减少，由于 TiO_x 的存在能显著促进 IAF 的形核，因此 Al 浓度的提高将不利于产生 IAF。不仅如此，Shim 等[118]也研究了 $8×10^{-6}$～$95×10^{-6}$Al 添加对 C-Mn 钢中 IAF 形核的影响，他们指出，即使添加微量 Al 也能显著降低 IAF 含量。其主要原因是随着 Al 的添加，钢中主要夹杂物由 Ti_2O_3 变质为 Al_2O_3 夹杂物，由于与 Ti_2O_3 相比，Al_2O_3 是阴离子空缺型氧化物，因此不能吸收周围的 Mn 原子，所以 Al_2O_3 粒子不能为 IAF 形核提供形核质点，最终致使 IAF 含量减少。而且 Shim 等指出，当铝含量（质量分数）超过 0.004%时，无论钢液冷却速率多少，主要微观结构为上贝氏体或板条状魏氏铁素体。

1.3 钢液镁锆处理研究进展

1.3.1 镁的物理化学性质

镁的资源丰富，在地壳中的丰度为 2.35%。镁在构成地壳的元素中列为第 8 位（O、Si、Al、Fe、Ca、Na、K、Mg），可开采的矿物相有很多种，主要为白云石（$MgCO_3 \cdot CaCO_3$）、菱镁石（$MgCO_3$）、光卤石矿（$MgCl_2 \cdot KCl \cdot 6H_2O$）、橄榄石矿[$(MgFe)_2 \cdot SiO_4$]、蛇纹石（$3MgO \cdot 2SiO_2 \cdot 2H_2O$）。

镁是位于元素周期表第 IIA 族的碱土元素，原子序数为 12，其外层电子结构为 $3s^2$，相对原子量为 24.3050，原子半径为 0.160nm。常温下，镁是密排六方结构，晶格常数为：a=2.3092Å，c=5.2105Å。纯镁在室温（25℃）时的密度为 1.738g/cm³（镁的密度约为钢的 22%），液态镁密度是 1.58g/cm³。在标准大气压下，镁的熔点为（650±1）℃，沸点为 1090℃[135]。

镁在炼钢温度下会很快气化，加入钢液后形成气泡，在上浮的过程中溶于钢液，反应如式（1.4）和式（1.5）[136]：

$$Mg(g) = [Mg] \quad \Delta G^\circ = 18\,649 + 13.86T \tag{1.4}$$

$$\log K = \log \frac{f_{Mg}[Mg]}{P_{Mg}} = -\frac{974}{T} - 0.724 \tag{1.5}$$

式中，ΔG° 为标准吉布斯自由能；T 为温度；K 为反应平衡常数；f_{Mg} 为镁的活度系数；P_{Mg} 为镁的蒸气压。1823K 时，假定纯物质的活度为 1，得到不同温度条件下蒸气压随镁含量的变化关系：

$$[Mg] / P_{Mg} = 10^{\frac{974}{T} - 0.254} \tag{1.6}$$

由式（1.6）可知[137]，设定温度为定值，钢中镁含量与镁的蒸气压成正比关系，镁的蒸气压随钢中镁含量的增加而提高。当蒸气压为定值时，钢中镁含量（溶解度）随温度的升高而增加。镁的部分蒸气压值如表 1.4 所示。由表 1.4 可知，镁的蒸气压会随温度的升高而升高，温度越高，蒸气压上升的速度越快，在炼钢温度 1600℃时，镁的蒸气压高达 2238kPa。

表 1.4 镁的部分蒸气压值

温度/℃	蒸气压/kPa
620	0.13
727	1.10
827	4.5
877	8.8

续表

温度/℃	蒸气压/kPa
900	13
1027	51
1190	203
1330	507
1600	2238

由于镁在炼钢温度下蒸气压很高,镁在钢液中的溶解度等热力学参数的测定较少。闫占辉[138]总结了不同研究者采用不同坩埚材料使用不同研究方法所测定的镁在炼钢温度下溶解度的研究成果,如表 1.5 所示。由表 1.5 可知,当外界压力为标准大气压(101 325Pa)时,镁在钢液中的溶解度为 0.05%左右。此外,镁在钢液中饱和溶解度与温度以及压力有关,即随着温度的降低和压力的增大,镁在钢液中的溶解度增大。所以镁在低温下进行脱氧可以提高镁的利用率。

表 1.5　镁在钢液(1873K)中的溶解度

研究者	坩埚材料	实验方法	$P_{Mg}/$ $(10^5\,Pa)$	[Mg]/%
Ю. А.Агеев	MgO 或 TiN	气液平衡法	1.00	0.053
张晓东	TiN	气液平衡法	0.76~1.02	0.056
韩其勇	MgO 或 TiN	气液平衡法	1.00	0.032~0.066
Бурыше	—	热力学计算	1.00	0.030
R. Moser	—	外推估计值	1.00	0.020~0.095

1.3.2　含镁钢液体系热力学研究现状

1.3.2.1　Fe-Mg-O-S 钢液体系

由 Fe-Mg-O 系相图可知,镁在钢液中只存在简单氧化物[139]。镁在炼钢温度下与氧和硫都有很大的亲和力,具有脱氧能力强、脱氧效率高、反应速度快等特点。镁加入钢液后通常认为经历了气态溶解 Mg(l)→Mg(g)→[Mg] 和液态溶解 Mg(l)→[Mg] 过程,在加入的过程中将会部分烧损。由于蒸气压过高,镁大多以气体的形式上浮,同时发生着镁蒸气在钢液中的脱氧反应[140-143],其反应如下:

$$2Mg(g) + O_2(g) = 2MgO(s) \qquad \Delta G^\ominus = -615\,550 + 208.88T \qquad (1.7)$$

$$[Mg] + [O] = MgO(s) \qquad \Delta G^\ominus = -316\,763 + 103.1T \qquad (1.8)$$

若认为溶解镁与氧之间的反应是主要的,同时忽略相互作用系数的影响,可以得到

$$\log[Mg][O] = -\frac{38\,100}{T} + 12.47 \qquad (1.9)$$

通过式(1.9)可以计算出在不同冶炼温度下镁和氧反应的平衡关系,如

图 1.10（a）所示。由图 1.10（a）可知，随着钢液中镁含量的升高，钢液中氧含量由于脱氧作用而显著降低。当钢液中镁含量升高到 10×10^{-6} 后，这种作用明显减弱。而伊东裕恭等[143]考虑到钢液中元素相互作用系数的影响，通过热力学分析计算出镁与氧的反应平衡关系，如图 1.10（b）所示。国内外学者这方面达成共识，镁能将钢液中氧含量降低到很低的水平，当钢中溶解镁含量在 10×10^{-6} 时，与之平衡的钢中溶解氧含量不到 3×10^{-6}。

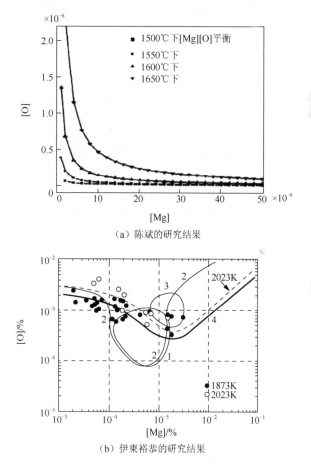

（a）陈斌的研究结果

（b）伊東裕恭的研究结果

图 1.10 不同温度下镁和氧的平衡关系

陈斌等[140]通过热力学计算得出 1873K 下钢液中 Mg-O 或 Al-O 反应平衡关系如图 1.11 所示。由图 1.11 可知，镁的脱氧能力要比铝强，尤其是在脱氧元素含量较低的情况下。由文献资料可知[144]，1873K 下，镁的脱氧常数 K_{MgO} 为 1.29×10^{-8}，钡的脱氧常数 K_{BaO} 为 8.204×10^{-8}，钙脱氧常数 K_{CaO} 为 5.21×10^{-11}，故镁的脱氧能力介于钙和钡之间（图 1.11）。

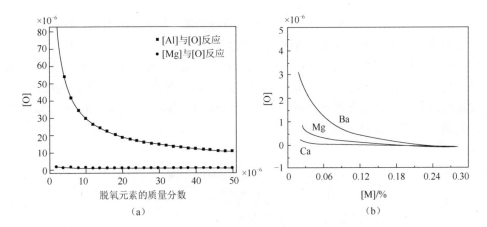

（a）　　　　　　　　　　　　　　（b）

图 1.11　　1600℃下钢液中脱氧元素脱氧能力比较

镁元素具有很强的脱硫能力，Yang 等[145-147]对于镁在钢液中的脱硫作用做了大量的研究，并在实验基础上得出了钢液中镁蒸气分压和溶解硫的平衡关系式。根据式（1.10），做出钢液中镁分压与溶解硫含量的平衡曲线[图 1.12（a）]。在随后的工作中，对镁在钢液中的脱硫作用做了进一步的实验验证，如图 1.12（b）所示。由图可知，镁脱硫效率会随着温度升高受到抑制。

$$P_{\text{Mg}}[\text{S}] = 10^{4-0.11[\text{C}]} \cdot \exp\left(\frac{-404\,070 + 169.21T}{8.31T}\right) \qquad (1.10)$$

理论计算得到（[Mg]·[S]）平衡值的数量级是 10^{-6}，但实验值比理论计算值高得多，约为 10^{-4}。这是因为镁与硫活度相互间的负作用很强，镁在脱硫前期阶段（硫含量为 0.050%时）的溶解损失很小，其后随着硫含量的降低，溶解损失成倍地增加[148-149]。当钢液中硫含量降到 0.005%以下时，镁主要消耗在溶解上而非化学反应上[120,150]。

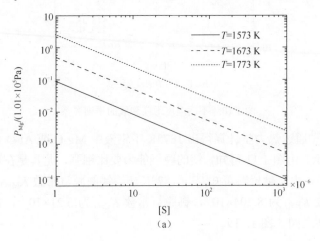

（a）

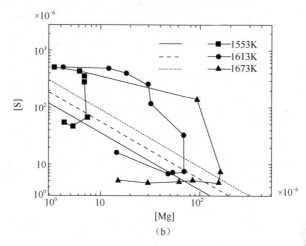

（b）

图 1.12 钢液中镁分压与硫含量的平衡关系

1.3.2.2 Fe-Mg-Al-O 钢液体系

由 $Al_2O_3 \cdot MgO$ 相图可知[151]，Al_2O_3 和 MgO 的中间产物只有镁铝尖晶石（$MgO \cdot Al_2O_3$），而且生成区域比较大。李太全等[152]以 X120 管线钢为例，计算得到钢中镁、铝含量与脱氧产物之间的关系图，如图 1.13（a）所示。可以看出，X120 管线钢中溶解铝为 0.025% 时，溶解镁含量满足 0.000 46% < [Mg] < 0.0033% 钢中会稳定生成 $MgO \cdot Al_2O_3$；而只有当溶解镁含量达到 0.0033% 以上时，钢中才有可能稳定存在 MgO 夹杂物。李双江等[153]基于 409L 不锈钢 VOD 生产实际，分析了铝脱氧条件下 MgO、$MgO \cdot Al_2O_3$ 和 Al_2O_3 的生成与转变的热力学条件。计算结果表明，钢液中的尖晶石复合夹杂物中的 $MgO \cdot Al_2O_3$ 相呈非晶态结构。在不锈钢实际生产过程中，当钢液中铝质量分数控制在 0.04%，$[Mg] \geqslant 1.3 \times 10^{-8}$ 时，钢液中即可生成 $MgO \cdot Al_2O_3$ 夹杂物；$[Mg] \geqslant 9.7 \times 10^{-7}$ 时，$MgO \cdot Al_2O_3$ 开始转变成 MgO，如图 1.13（b）所示。

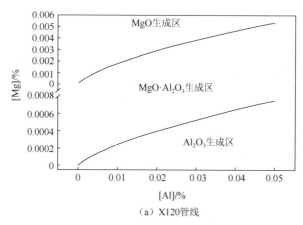

（a）X120 管线

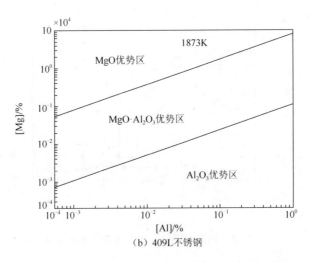

（b）409L不锈钢

图 1.13   1873K 时钢中镁、铝含量与脱氧产物之间的关系

沈龙飞等[154]和龚伟等[155]以炉渣分子离子共存理论为基础，通过热力学计算分别分析了冷镦钢和轴承钢中铝脱氧后镁在钢中的行为，对镁铝合金复合脱氧的可行性进行了理论探讨，计算结果如图 1.14 所示。结果均显示在炼钢温度下，在常用溶解铝含量范围内，钢液中只要有微量镁就可以稳定生成镁铝尖晶石夹杂物。

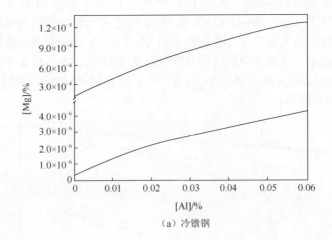

（a）冷镦钢

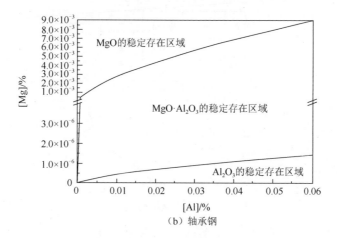

（b）轴承钢

图 1.14 1873K 时钢中镁铝含量与脱氧产物的关系

国外对于铝镁复合脱氧热力学也做了一些研究，Itoh 等[156]运用吉布斯自由能最低原理对 Mg-Al-O 系统的夹杂物的热力学优势区域图进行了估算[图 1.15（a）]，由于在计算过程中采用了钢液中元素间的相互作用系数，有效降低了实验结果与计算的偏差。Fujii 等[157]则通过实验研究了 MgO、MgO·Al₂O₃ 的生成吉布斯自由能以及利用化学平衡技术直接测量了镁铝尖晶石（MgO·Al₂O₃）的活度，得出 MgO·Al₂O₃ 活度与理想状态呈现负偏离的结论，并修正了先前伊東裕恭的计算结果，如图 1.15（b）所示。

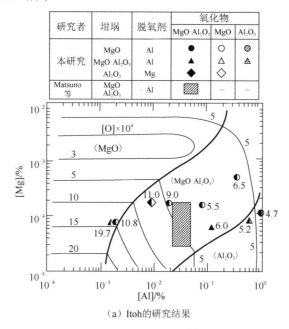

（a）Itoh的研究结果

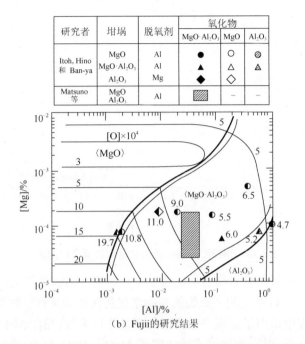

研究者	坩埚	脱氧剂	氧化物		
			MgO·Al₂O₃	MgO	Al₂O₃
Itoh, Hino 和 Ban-ya	MgO	Al	●	○	⊘
	MgO·Al₂O₃	Al	▲	△	◺
	Al₂O₃	Mg	◆	◇	
Matsuno 等	MgO Al₂O₃	Al	▨	—	—

（b）Fujii的研究结果

图 1.15　1873K 钢中 MgO, MgO·Al₂O₃, Al₂O₃ 相稳定区域

Seo 等[151]研究了 Mg-Al-O 在钢液中的平衡, 得到了脱氧产物的热力学优势区域图, 如图 1.16 所示。在 1873K 温度下, 当钢液中铝含量大于 0.0015%, 氧含量

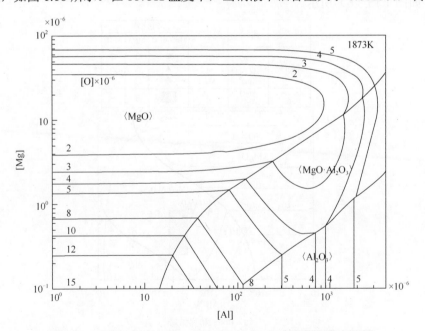

图 1.16　1873K 钢中 MgO, MgO·Al₂O₃, Al₂O₃ 夹杂物相稳定区域

为 0.0015%、镁含量 10^{-7} 时出现 $MgO \cdot Al_2O_3$ 夹杂物；随着钢液中溶解铝含量的增加，在溶解氧含量一定的情况下，需要更多的镁才可以稳定生成 $MgO \cdot Al_2O_3$ 相。

Jo 等[158]和 Ohta 等[159]研究了 Mg-Al-O 在 40%Ni 和 20%Cr 钢液中的平衡，得到脱氧产物的热力学优势区域图。由图 1.17 可以看出，添加铬镍元素使得 MgO、$MgO \cdot Al_2O_3$ 夹杂物相稳定区域下移，即镁在含铬镍铁基熔体中变质 Al_2O_3 的难度降低，更容易生成 MgO、$MgO \cdot Al_2O_3$ 夹杂物。

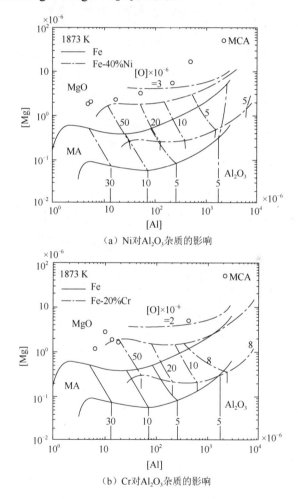

（a）Ni对Al_2O_3杂质的影响

（b）Cr对Al_2O_3杂质的影响

图 1.17　1873K 时 Fe-40%Ni/20%Cr-Al-Mg-O 体系中相稳定区域

1.3.2.3　Fe-Mg-Al-Ca-O 钢液体系

Park 等[160]利用热力学软件Factsage 计算得出了不锈钢中镁铝钙复合脱氧的热力学优势区域图，同时指出向钢液加入少量钙，可以明显缩小镁铝尖晶石区域，如图 1.18 所示。

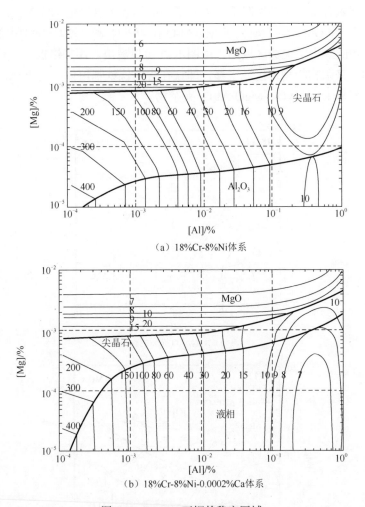

（a）18%Cr-8%Ni体系

（b）18%Cr-8%Ni-0.0002%Ca体系

图 1.18　1873K 下钢的稳定区域

Ohta 等[141]分别使用 MgO、Al_2O_3 和 CaO 坩埚来研究 $CaO \cdot MgO \cdot Al_2O_3 \cdot SiO_2$ 渣系下钙镁氧平衡实验，得到了大量 Mg-Ca-Al-O 熔体体系的热力学数据，并绘制出夹杂物相稳定区域图。Itoh 等[156]通过对 $CaO \cdot Al_2O_3 \cdot MgO$ 的液相夹杂物去进行估算，得出少量钙即可将镁铝尖晶石（$MgO \cdot Al_2O_3$）变质成 $CaO \cdot Al_2O_3 \cdot MgO$ 系中的液相区域，从而减少了镁铝尖晶石夹杂物对水口结瘤的危害，如图 1.19 所示。

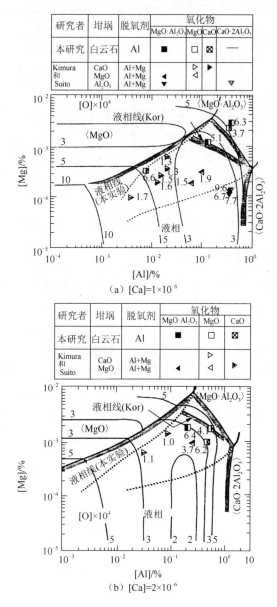

图 1.19　1873K 时 Mg-Al-Ca-O 体系中夹杂物相稳定区域

　　Park 等[161-162]研究钛稳定化 11Cr 铁素体不锈钢中 $MgO \cdot Al_2O_3 \cdot TiO_x$ 形成热力学时，利用 Factsage 计算得到尖晶石相的稳定区域图，并通过实验进行了验证。由计算结果可知，当溶解铝含量大于 0.002%，溶解钛含量大于 0.01% 时，钢中可以稳定生成液相夹杂物，如图 1.20 所示。

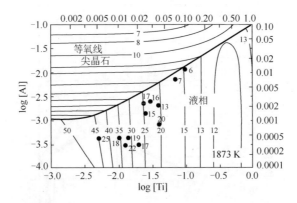

图 1.20　1873K 温度下 Fe-11%Cr-0.5%Si-0.3%Mn-0.0005%Mg-Al-Ti 熔体相稳定区域

1.3.2.4　镁在其他体系中的热力学研究

由于 Ti 的氧化物作为晶内铁素体形核（IGF）场所已经被大家所公认，故 Mg-Al-Ti 复合脱氧除了研究镁在含钛铝镇静钢中的作用，更是基于研究镁系夹杂物与氧化物冶金的相关性。钛系脱氧产物价态较多，如 Ti_xO_{2x-1}（$x \geqslant 3$）型、TiO_2 及 TiO 等，但高价钛的氧化物一般只形成于钢液中氧活度较高的情况。文献[163]证明，在单独 Ti 脱氧时，当[Ti]在 0.25%～4.75%范围内，脱氧产物以 Ti_2O_3 为主，如图 1.21 所示。

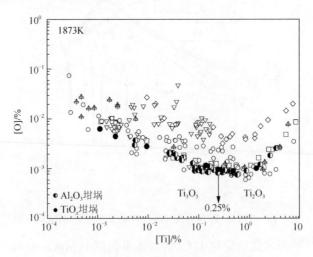

图 1.21　1873K 温度下钛氧的平衡关系

Ono 等[164-165]通过坩埚-钢液平衡实验得出 $MgTi_2O_4$ 是 $MgO \cdot Al_2O_3 \cdot Ti_2O_3$ 系中的稳定存在相，得出了并在随后的研究中分别用热力学计算和实验验证了 $MgTi_2O_4$ 和 $MgAl_2O_4$ 的热力学稳定存在区域，如图 1.22 所示。Ono 和 Ibuta[166]通过热力学计算软件 Factsage 6.1 计算得到了在钢液凝固过程中，$MgO \cdot Al_2O_3 \cdot Ti_2O_3$ 系复合夹杂物稳定存在相的演变过程。Ren 等[167]研究了镁铝钛复合脱氧熔体中夹杂物的热力学形成条件，发现钢中稳定存在夹杂物相有 MgO、Al_2O_3、TiO_x、$MgTi_2O_4$、$MgAl_2O_4$、Al_2TiO_5 和液相夹杂物，并做出了相应的稳定区域图。

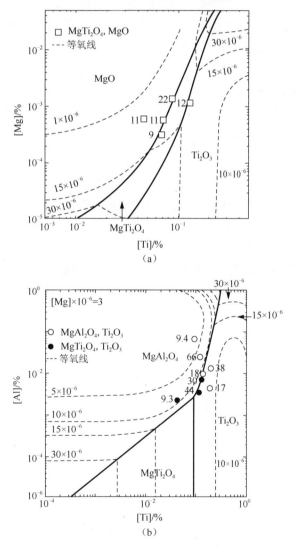

图 1.22　1873K 温度下 Mg-Ti-O（a）和 Mg-Al-Ti-O（b）体系相稳定区域

Bi 等[168]对 Mg-Al-Si-O 体系中夹杂物的相稳定区域进行了估算。由图 1.23 可知，MgO·Al₂O₃ 的稳定存在区域很大，而这与 Jiang 等[169]通过对 430 不锈钢成分条件的热力学研究结果有很大区别，后者认为尖晶石在钢液平衡状态下是无法稳定存在的。

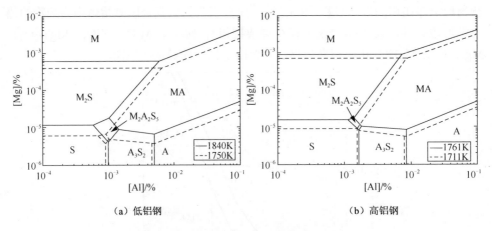

（a）低铝钢　　　　　　　　　　　（b）高铝钢

图 1.23　Mg-Al-Si-O 体系相稳定区域图

1.3.3　镁在不同铁基熔体体系中夹杂物控制研究现状

1.3.3.1　Fe-Mg-O-S 体系

王博等[170]认为，镁脱氧过程如图 1.24 所示。钢液添加镁铝合金后，镁以气泡的形式逸出，同时搅拌钢液，促进了夹杂物的上浮。镁气泡在上浮的过程中，表面不断进行脱氧反应，脱氧产物吸附在气泡表面随气泡带出钢液，钢中氧含量降低。

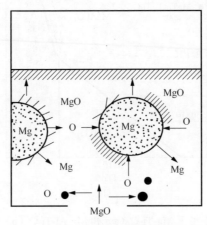

图 1.24　镁脱氧过程示意图

伊东裕恭等[143]通过实验得出镁加入钢液中约 20min 时，达到氧浓度的最低值。Fu 等[171]对 35CrNi3MoV 钢进行铝单独脱氧、铝单独脱氧后添加镁进行处理的对比实验得出，镁的添加可以有效减小夹杂物数量，并且纯 MgO 夹杂呈球形，形成的 MgS·MgO、MgS·MnS·MgO 近椭圆的复合夹杂取代了狭长的 MnS 夹杂。Yang 等[172-173]通过镁蒸气的脱氧实验研究发现钢液中存在着大量球形 MgO 夹杂物，此类夹杂物细小弥散不易聚合成簇。

Ohta 等[174]通过研究 Fe-10%Ni 合金中不同脱氧剂对脱氧产物粒径分布的影响时，发现随着脱氧剂强度的减弱，粒径分布曲线的宽度也以 $Al_2O_3 > ZrO_2 > MgO > CaO·Al_2O_3 > MnO·SiO_2$ 的顺序降低，即具有较高自由氧含量的钢液中夹杂物的分布曲线更集中。Ohta 等在随后研究凝固过程中脱氧产物粒径分布时，发现 Al_2O_3 会随着凝固边缘移动，而 MgO、ZrO_2 会逐渐被凝固边缘漫过去，认为是由于界面能和润湿性不同的缘故[175]。Ohta 等[176-177]认为，根据均质形核理论，氧化物与钢液之间界面能的升高会导致氧化物的形核率下降，例如与钢液间具有较低界面能的 $MnO·SiO_2$ 的形核率就很高。

Karasev 等[178]使用 LA-ICP-MS 来检测铝脱氧钢、镁脱氧钢和铝镁复合脱氧钢中脱氧产物的尺寸分布及特征成分，并对其进行了比较，如图 1.25 所示。由图 1.25 可知，随着保温时间的增长，Al_2O_3、$MgO·Al_2O_3$ 脱氧产物粒径均呈现聚合长大的

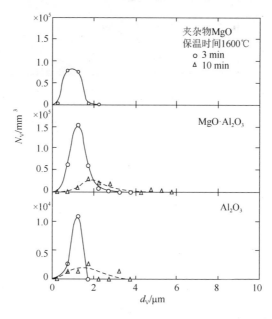

图 1.25　不同种类氧化物颗粒随保温时间的变化

趋势，而 MgO 几乎全部上浮去除。图 1.26 为 Ti/M（M=Mg 或 Zr）复合脱氧与 Ti、Mg 或 Zr 单独脱氧时微粒的尺寸分布及特征成分的比较结果[179]。随着保温时间的增长，Mg、Ti/Mg 脱氧后大尺寸颗粒和簇群逐渐凝聚和上浮。图 1.27 为不同尺寸氧化物颗粒随保温时间的变化。由图 1.27 可知，随着保温时间的延长，夹杂物颗粒的数目呈下降的趋势，对比 Mg 和 Ti/Mg 复合脱氧，单独用镁脱氧时夹杂物颗粒的数目下降更快，到保温 5min 时，单独用镁脱氧产生的夹杂物颗粒数目只有 Ti/Mg 复合脱氧时夹杂物数目的一半。

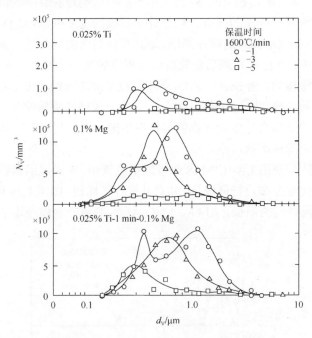

图 1.26　Ti、Mg 和 Ti/Mg 脱氧的粒度分布

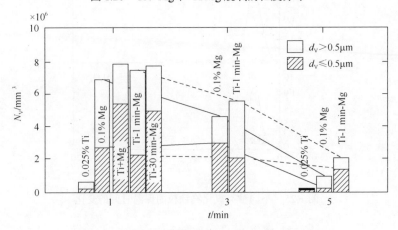

图 1.27　不同尺寸氧化物颗粒随保温时间的变化

1.3.3.2　Fe-Mg-Al-O 体系

由 $Al_2O_3·MgO$ 相图可以看出，MgO 与 Al_2O_3 生成的中间化合物只有镁铝尖晶石（$MgO·Al_2O_3$），并且在高温生成区域较大。$MgO·Al_2O_3$ 属脆性夹杂物，熔点高（2135℃）、不变形，属于硬质夹杂物，对钢的疲劳寿命有不利影响，特别对轴承钢、弹簧钢和高级别线材的性能是非常有害的。但从另一个方面看，尖晶石夹杂物粒度小，分布弥散，相对于簇群状的 Al_2O_3 夹杂物，尖晶石夹杂物的危害程度明显减弱。鉴于 $MgO·Al_2O_3$ 体系的夹杂物对钢铁性能会产生非常重要的影响，故近年来国内外学者对其做了大量的研究。

鳄部吉基等[180]研究了 MgO 质耐火材料的侵蚀，提出了尖晶石是由钢液中溶解铝还原镁质耐火材料形成的。Ohta 等[174]通过研究 Fe-10%Ni 合金中脱氧剂加入顺序对脱氧产物的影响时，发现先镁后铝的脱氧剂加入顺序并不能实现 MgO 夹杂物的有效改性，而先铝后镁的脱氧剂加入顺序可以有效得到相应的还原产物（$MgO·Al_2O_3$）；而且脱氧剂加入顺序对脱氧产物粒径分布也有一定的影响，即先镁后铝的脱氧剂加入时脱氧产物的粒径分布特点与单独镁脱氧类似，先铝后镁的脱氧剂加入时脱氧产物的粒径分布特点与单独铝脱氧类似，如图 1.28 所示。

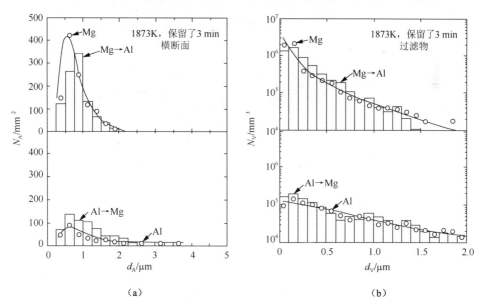

图 1.28　Mg、Al 添加顺序的不同对夹杂物颗粒粒径的分布影响

Takata 等[181]使用 Mg 蒸气喷射钢液进行铝镁复合脱氧实验，钢液中全氧含量由于镁的脱氧作用最终降到了 $15×10^{-6}$，而且产生气泡具有良好的去除夹杂效果。杨俊等[182]研究超低氧冶炼过程镁铝尖晶石生成机理时，发现使用高碱度、钙铝比

接近 1 的铝脱氧钢液可以与强还原性精炼顶渣反应生成镁铝尖晶石。陈斌等[183]在真空感应炉内分别向 42CrMo 钢液单独加入铝进行脱氧、铝脱氧后加入钙进行钙处理、铝脱氧后加入镁进行镁处理 3 种不同的工艺条件，得出镁处理的铝脱氧钢总氧含量略低于钙处理的铝脱氧钢，并且明显低于单独用铝脱氧的钢。镁处理后的铝脱氧钢中单位面积上夹杂的个数比钙处理后降低了将近 2/3，比单独用铝脱氧钢中单位面积上夹杂的个数降低了将近 4/5。并且，镁处理后的铝脱氧钢中绝大多数都是细小、尺寸小于 2μm 的镁铝尖晶石类夹杂。

Okuyama 等[184]研究了铝镇静 SUS430 不锈钢中夹杂物的形成机理，发现顶渣成分（CaO）/（SiO₂）和（CaO）/（Al₂O₃）越低，Al₂O₃·MgO 夹杂物中 MgO 的含量就越高。而 Harada 等[185]在研究耐火材料侵蚀过程过程时，通过比较无渣和带渣两种冶炼方式可知，钢中 MgO·Al₂O₃ 夹杂物有很大部分是来自钢液中的溶解铝与耐材中的 MgO 反应生成的，如图 1.29 所示。

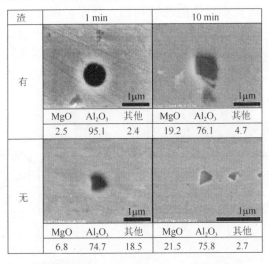

图 1.29　无渣和带渣的钢液中夹杂物随时间的变化

1.3.3.3　Fe-Mg-Al-Ca-O 体系

镁铝钙系复合脱氧的研究，是基于尖晶石夹杂物的液相化而考虑的。Yang 等[186]分别对 Al₂O₃、MgO·Al₂O₃ 进行钙处理时发现，当溶解钙含量达到 0.0001%时，MgO·Al₂O₃ 比 Al₂O₃ 夹杂物更容易改性成复合的液相夹杂物。但 Todoroki 等[187]则认为，钢中硅含量高会导致尖晶石液相化过程受阻。沼田光裕等[188]通过实验研究发现，虽然钢中的钙铝酸盐夹杂物与溶解镁会形成尖晶石夹杂，然而钙和镁添加至钢液中的顺序对最终的处理效果几乎没有影响。Verma 等[189]通过实验室实验和工业实验得出结论，尖晶石夹杂物比 Al₂O₃ 更容易通过钙处理改质成液相夹杂物，即钢液中夹杂物通过 Mg-Al-Ca 体系改质对 Al-Ca 体系会获得更好的钢液处理效果，如图 1.30 所示。

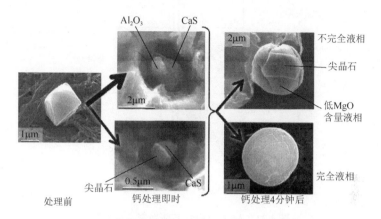

图 1.30 铝脱氧钢钙处理前后的典型夹杂物形貌

Ma 等[190]研究了钙镁复合处理对轴承钢中夹杂物的演变行为及粒径的影响，发现由于二次氧化作用镁并不能控制钢中溶解氧含量，但镁可以将不规则形状的 Al_2O_3 夹杂物变质生成球形的 MgO 和 $MgO \cdot Al_2O_3$，而且钙镁复合添加使夹杂物尺寸有了很大程度的降低。Wang 等[191]通过研究 MgO 耐火材料与钢液中液相钙铝酸盐夹杂物之间的影响，发现 MgO 基板会导致尖晶石夹杂物的产生，但由于钙处理后变质生成的液相夹杂物附着在表面可以减轻耐材继续受到侵蚀的程度。Yang 等[192-193]和 Yang 等[194]通过研究钙处理工业现场实验时发现，小尺寸夹杂物 $MgO \cdot Al_2O_3$ 容易实现液相化，而大尺寸夹杂物往往是复合相的。

Shi 等[195]研究磨具钢电渣重熔过程中尖晶石夹杂物的控制时，发现大量单独存在的 $MgO \cdot Al_2O_3$ 和（Ti, V）N 附着析出的 $MgO \cdot Al_2O_3$ 夹杂物，钙处理工艺可以将其变质生成液相的 $CaO \cdot MgO \cdot Al_2O_3$ 和 $CaO \cdot Al_2O_3$ 夹杂物。Park 等[196]使用 $CaO \cdot MgO \cdot Al_2O_3$ 渣系对 16Cr 铁素体不锈钢进行精炼时，发现渣中 a（MgO）/a（Al_2O_3）值与钢中夹杂物的 x（MgO）/x（Al_2O_3）值成线性正比关系。Jiang 等[197-198]研究高强度合金钢的高碱度渣精炼工艺时，发现随着保温时间的延长，钢液中夹杂物由高熔点的 $MgO \cdot Al_2O_3$ 变质为液相夹杂物，夹杂物变质机理示意图如图 1.31 所示。

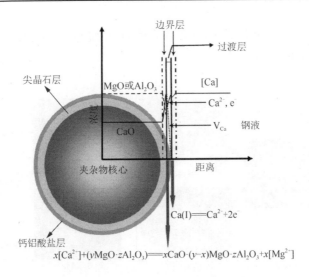

图 1.31　$MgO \cdot Al_2O_3$ 夹杂物变质示意图

1.3.3.4　镁在其他体系变质夹杂物的研究

由于镁系夹杂物具有良好的物化性质，故其广泛应用于其他不同的夹杂物体系当中。钛的氧化物作为晶内铁素体形核（IGF）场所已经被大家所公认，故 Mg-Al-Ti 复合脱氧除了研究镁在含钛铝镇静钢中的作用，更是为了研究镁系夹杂物与氧化物冶金的相关性。Seo 等[199]研究了铝脱氧钢中钛钙复合处理对夹杂物的影响，认为钛钙复合处理加速了耐材中 MgO 的溶解，进而生成大量的 $MgO \cdot Al_2O_3$ 夹杂物。先钛处理后钙处理的夹杂物控制工艺并不能使夹杂物有效改性，依然存在大量棱角形夹杂物，而先钙处理后钛的夹杂物控制工艺可以使夹杂物变质成为球形的 $MgO \cdot Al_2O_3 \cdot TiO_x$。Wu 等[200]在研究钛镁复合脱氧过程夹杂物特征时，发现生成大量弥散细小的 $Al_2O_3 \cdot TiO_x \cdot MgO$ 分布在实验钢中，并以此为核心析出了多相的 MnS 夹杂物，如图 1.32 所示。Wu 等还通过实验证明了这种复合相夹杂物可以起到钉扎奥氏体晶界和诱导铁素体形核等优点。

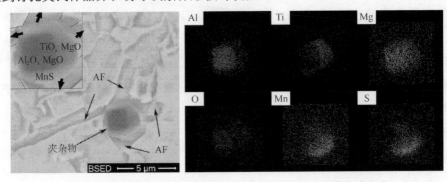

图 1.32　晶内铁素体在夹杂物边界上析出生长及夹杂物元素分布

　　Kim 等[106]发现，Mn-Si-Ti 脱氧钢中加入微量镁，随溶解镁含量增加，夹杂物成分按 Ti$_2$O$_3$→Ti-Mg-O→MgTiO$_3$→MgO 转变，平均尺寸由 2.1μm 减小至 1.2μm 以下，且含镁夹杂物与钢液具有更好的润湿性，如图 1.33 所示。Chang 等[201]发现，Mn-Si-Ti 脱氧钢中加入微量镁，典型夹杂物有 MgO·MnO·Ti$_2$O$_3$·TiO$_2$、MnS 和 TiN 等类型。随溶解镁含量增加，夹杂物将变质为 Ti$_3$O$_5$·MnTi$_2$O$_5$、MgTiO$_3$·MnTiO$_3$· Ti$_2$O$_3$、Mg$_2$TiO$_4$·MgTi$_2$O$_4$·Mn$_2$TiO$_4$·MnTi$_2$O$_4$ 和 MgO 类型夹杂物。Park 等[202]研究了 Al-Mn-Si-Ti-Mg 复合脱氧钢的凝固过程发现，其夹杂物主要存在相为 Mg-Ti-Al-O 尖晶石相，而且在溶解铝含量为 0.0021%时，该相完全转化为 MgO·Al$_2$O$_3$。

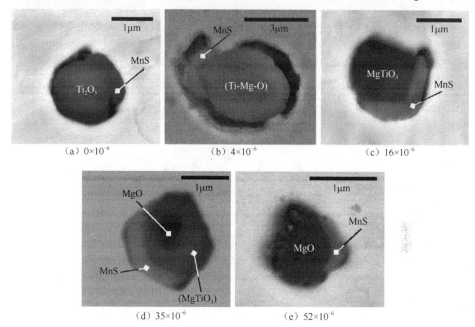

图 1.33　钢中典型非金属夹杂物形貌演变过程

1.3.4　钢中非金属夹杂物动态行为研究现状

　　邵肖静等[203]基于 MnS 夹杂在高温过程中的原位观察，对 MnS 夹杂的形态变化进行了分析。图 1.34 为原位观察的典型图片，就 MnS 的形态而言，随着温度的升高，室温下长条状的夹杂物转变为串状硫化物，随后距离较近的硫化物发生小尺寸颗粒消失、大尺寸颗粒长大的 Ostwald 熟化现象。

　　Yin 等[204]通过观察钢液表面的氧化铝夹杂物碰撞、团聚过程，认为夹杂物之间存在的强烈吸引力是导致氧化铝集群碰撞、团聚和长大的根本原因，与钢液表面的流动无关，如图 1.35 所示。Yin 等在随后的工作中，研究了钢液中不同种类夹杂物高温下的动态行为，发现固相钙铝酸盐有相互吸引，聚集成簇团夹杂物的趋势，而液相夹杂物之间则没有明显的吸引作用，各自的运动方向呈任意性[205]。

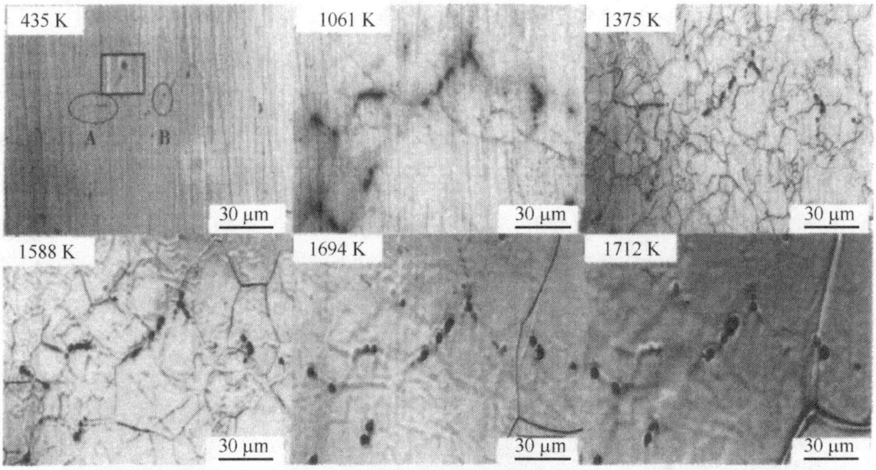

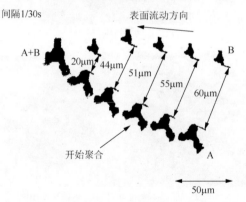

图 1.34　连续升温过程中 MnS 夹杂物的原位观察

图 1.35　1802K 下钢液表面流动时氧化铝夹杂物之间吸引力引起的碰撞团聚

Kimura 等[206]通过激光共聚焦扫描显微镜（confocal scanning laser microscopy，CSLM）对 MgO 夹杂物和 MgO·Al$_2$O$_3$ 夹杂物进行了原位观察，结果如图 1.36 所示。由图 1.36 可以得出，MgO·Al$_2$O$_3$ 夹杂物和 MgO 夹杂物的凝聚趋势比 Al$_2$O$_3$ 夹杂物要小。

Kang 等[207]用激光共聚焦电子显微镜观察了钙铝酸盐在高温下的动态行为。由图 1.37 中 CaO·2Al$_2$O$_3$ 夹杂物的原位观察可知，钙铝酸盐夹杂物（B）与另外一个夹杂物的距离大约为 25μm，随着时间的增加，夹杂物 A、B 之间的距离没有发生变化，夹杂物之间没有发生聚合。

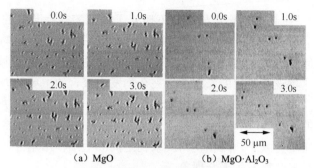

（a）MgO　　　　　　（b）MgO·Al₂O₃

图 1.36　MgO 和 MgO·Al₂O₃ 夹杂物的原位观察

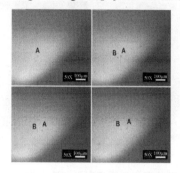

图 1.37　CaO·2Al₂O₃ 夹杂的原位观察

A、B 代表两个夹杂物

　　Wikström 等[208-209]用激光共聚焦电子显微镜观察了高温下钙铝酸盐夹杂物在渣钢界面处、渣中的聚合行为。由图 1.38 可以看出，液态的 Al₂O₃·CaO 夹杂物在没有外力的条件下不会发生聚合，但如果有宏观流动影响，夹杂物是会有聚合现象发生的。然而 Al₂O₃·CaO 夹杂物在渣中呈现明显聚合的趋势。这表明在复合夹杂物进入到渣相后，聚合能力明显增强，分析其中的主要原因为处于渣相中夹杂物之间的自由能要高于渣钢界面处。

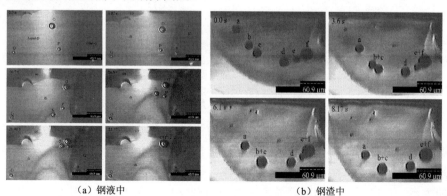

（a）钢液中　　　　　　　　　（b）钢渣中

图 1.38　液态 Al₂O₃·CaO 夹杂物的动态行为

Coletti 等[210]在高温共聚焦显微镜下研究了钙铝酸盐夹杂物的动态行为。从图 1.39（a）中可以看出夹杂物在没有钢渣存在的条件下，以随机的状态浮现在钢液表面，并没有发生聚合现象，而图 1.39（b）呈现的是夹杂物在钢渣界面处发生了聚合行为。这种现象差异的原因在于夹杂物发生聚合的主要动力来源于两相之间的毛细作用，而这种毛细作用是否能够起到吸引作用，关键取决于两个夹杂物之间的接触线的凹凸程度和起伏状态。钢液表面没有夹杂物的聚合主要是因为两者之间的毛细作用力太小，渣相使得夹杂物之间的毛细作用增强，这也解释了为何有钢渣覆盖时夹杂物发生聚合现象。

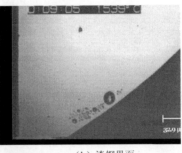

（a）钢液表面　　　　　　　　　　　　　　（b）渣钢界面

图 1.39　高温共聚焦下钢液表面和渣钢界面夹杂物的行为

Yan 等[211]研究了在冷却过程中，Mn(O, S)夹杂物的长大行为，如图 1.40 所示。箭头所示的方向为夹杂物的运动方向，从图 1.40 中可以看出，小尺寸夹杂物沿着某个特殊的轨道在向大尺寸夹杂物不断地靠近，最终与之聚合，使得大粒子迅速长大。此现象的原因归于马朗戈尼流效应。

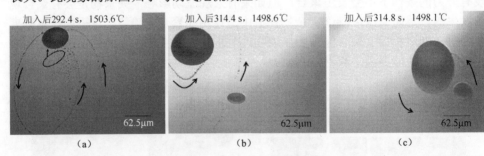

（a）　　　　　　　　　　　（b）　　　　　　　　　　　（c）

图 1.40　冷却过程中 Mn(O, S)夹杂物的长大行为

Kimura 等[212]研究了低碳钢凝固界面前沿处非金属夹杂物的互动行为，并在高温共聚焦显微镜下得到了纯 Al_2O_3 夹杂物和 $Al_2O_3 \cdot MgO$ 复合夹杂物在固液界面前沿处的动态行为。图 1.41（a）为 Al_2O_3 夹杂物和凝固界面的前进长度与时间之间的关系。可以看出，当凝固前沿界面接触到 Al_2O_3 夹杂物时，其凝固前进长度

会以同样速度增加，在"吞没"过程中，Al_2O_3 夹杂物几乎处于静止状态。而由图 1.41（b）可以看出，$Al_2O_3 \cdot MgO$ 复合夹杂物与 Al_2O_3 夹杂物不同，夹杂物会与凝固前沿界面一直保持同样的距离。

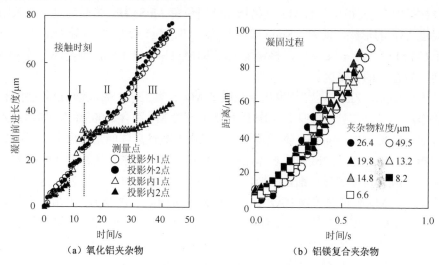

图 1.41 夹杂物和界面之间的距离随时间的变化

1.3.5 镁锆系夹杂物在钢中的作用

在已报道的文献中，Ti 系氧化物被公认为是最有效的促进 IAF 形核的夹杂物粒子。由于研究氧化物冶金技术就是不断开发新的具有诱导 IAF 形核的夹杂物粒子及对旧夹杂物粒子的成分优化，因此，除 Ti 系以外的有效粒子仍需要开展长期研究。由表 1.2 可知，在诱导 IAF 形核方面，除 Ti 外，Mg、Zr 元素也引起了研究者们的关注，这也是本书研究的重点内容之一。下面将针对 Mg 和 Zr 在钢组织和性能方面的作用研究现状进行全面综述。

1.3.5.1 镁在钢中的作用

国内外关于 Mg 对钢组织转变和性能方面的研究主要集中在以下三方面：①Mg 系夹杂物对钢中 IAF 形核的影响；②Mg 对低碳钢 HAZ 组织特征的影响；③Mg 对钢凝固组织中等轴晶形成的影响。

（1）Mg 系夹杂物对钢中 IAF 形核的影响。

自 Kojima 等[213]提出第二代氧化物冶金技术后，国内外学者展开了一系列关于 Mg 系夹杂物对 IAF 形核的研究。Kim 等[106]研究指出，与单一 Mg 脱氧相比，使用 Ti/Mg 复合脱氧后，钢中夹杂物平均尺寸可由 $2.1\mu m$ 降至 $1.2\mu m$ 以下，且均匀分散的 Ti-Mg-O 夹杂物有助于 IAF 的形核。此后，许多学者研究了 Ti 脱氧钢中进行不同 Mg 处理的研究。如 Chai 等[107]通过研究不同 Mg 含量对 Ti 脱氧钢 HAZ 组织的作用规律指出，Ti-Mg-O+MnS 能有效促进 IAF 形核，细化 HAZ 组织，相反，单一的 MgO 并不能诱导 IAF 形核，最终形成侧板条铁素体和晶界铁素体。胡春林等[214]研究指出，Ti-Mg 氧化物和外层包覆 MnS+TiN 组成的复合夹杂物也能促进 IAF 的形核。此外，Song 等[61]认为，(Ti,Mg)O·MnS 诱导 IAF 形核应归功于 (Ti,Mg)O 与 α-Fe 间的晶格错配度较低[MgTi$_2$O$_4$(1.47%)，Mg$_2$TiO$_4$(1.84%)]和其周围存在的贫锰区。

不仅如此，Zhu 等[215-217]也相继报道了 Mg 脱氧工艺对船板钢 HAZ 组织和性能的作用规律。文献[217]采用 EBSD 对比了不含 Mg 和含 0.005% Mg 钢 HAZ 组织特征，结果发现 Mg 处理钢微观组织中绝大多数铁素体间呈现出大角度晶界。由此指出，Mg 处理能减弱铁素体晶粒间的方位取向关系，使铁素体间的方位差增加，形成大角度晶界，细化晶粒，改善钢的强韧性。但是，从 Zhu 等的报道结果看，对于 Mg 处理改善钢 HAZ 韧性，他们更多倾向于含 Mg 析出相对高温奥氏体晶粒的钉扎作用[215-216]，并没有直接探究 Mg 系夹杂物对 IAF 形核的作用。

由于管线钢和船板钢等低碳微合金钢实际生产中多采用 Al 脱氧工艺，且其 Ti 量较低，钢中添加微量 Mg 后，形成的含 Mg 夹杂物主要是以 Mg-Al-O 为主，现有的文献表明，Mg-Al-O 系夹杂物是否能促进 IAF 形核仍存在分歧。

Wen 等[49]计算指出，MgAl$_2$O$_4$ 和 MgO 与 α-Fe 间的晶格错配度分别为 0.6% 和 4.03%，同时发现 MgO·Al$_2$O$_3$·SiO$_2$ 能成为 IAF 形核核心，并将其机制归功于 Mg 系粒子与 α-Fe 间的晶格错配度较低和夹杂物中存在的富 Si 区。此外，Wen 等[125]通过采用原位观察手段研究 Mg 系夹杂物对钢中 IAF 的演变行为指出，微量 Mg 能促进 IAF 的形核，但过量的 Mg 将不利于 IAF 的形核，最佳的 Mg 含量为 0.0022%。

赵辉等[87]指出 (Al,Ti,Mg)O 粒子也具有促进 IAF 形核的能力。同时认为，IAF 形核过程是由最小错配度机制、惰性界面能机制和应力-应变能机制共同作用完成的。Kong 等[116]认为 (Mg,Al,Mn,Si)O·MnS 夹杂物能促进 IAF 的形核，MgAl$_2$O$_4$ 中存在 Mg 空位，因此该类夹杂物具有吸收 Mn 元素的作用，最终在夹杂物周围出现贫锰区，促进 IAF 的形核。然而，Wen 等[49]在讨论 MgAl$_2$O$_4$ 促进 IAF 形核时却认为，它并不是阳离子或阴离子空位型夹杂物。此外，Sarma 等[26]对有效和无效 IAF 形核粒子进行综述时还指出，MgAl$_2$O$_4$ 并不能成为 IAF 形核核心。而且从以上研究结果看，所有 Mg-Al-O 系夹杂物均含有其他元素，如 Mn、Si、S 等，对于纯 Mg-Al-O 夹杂物能否成为 IAF 形核核心仅存在于理论分析基础上。

（2）Mg 对低碳钢 HAZ 组织特征的影响。

关于这方面的研究首先以日本学者 Kojima 等[218]为主，他们比较了 TiO 系管线钢和含 Mg 的新型钢材 HAZ 中奥氏体晶粒状态指出，加入了 Mg 后奥氏体的晶粒度大幅度下降。在 TiO 钢中，奥氏体的晶粒度为 500μm，而在加 Mg 的新钢种中，奥氏体的平均晶粒度小于 200μm。在 2004 年，Kojima 等[213]提出的第三代氧化物冶金技术就是利用 1400℃高温下稳定（熔点高、不固溶、不长大）且细小（10～100nm）弥散分布的含 Mg 或 Ca 的氧化物、硫化物和 TiN 夹杂物来钉扎奥氏体晶粒在高温下的长大，来得到细小的 HAZ 组织，从而提高其韧性。他们指出 MgO、Mg（O,S）等高温时对奥氏体晶粒钉扎作用比 TiN 粒子强。

此外，日本东北大学教授 Suito 等研究了 MgO 夹杂对钢中奥氏体晶粒长大的抑制作用[63,219-223]，溶解 Mg 含量对奥氏体晶粒尺寸的影响[63,223-224]。Zhu 等[215]采用热模拟和高温原位观察手段发现，0.005%Mg 能有效细化船板钢 HAZ 中奥氏体晶粒。主要是由于钢中存在的纳米级 Mg-Ti-O+（Mn,Mg）S 粒子对原奥氏体晶粒的钉扎作用，从而达到细化奥氏体晶粒的目的[216]。

（3）Mg 对钢凝固组织中等轴晶形核的影响。

除了 IAF 形核外，也有一些研究者对 Mg 系夹杂物对钢凝固组织中等轴晶的形成进行了研究。如 Sakata 等[219]研究了 MgO 对 Fe-10%Ni 合金体系的凝固组织的影响，首次在 MgO 粒子上发现等轴晶的存在。Isobe[225]也认为 Mg 能促进凝固组织中等轴晶的形成，钢中不存在 Ti 时，等轴晶主要归功于 MgO 和 MgAl₂O₄ 的异质形核作用，但是这种促进作用弱于含 Ti 钢。在含 Ti 钢中加入 Mg 后，MgO 除了能促进等轴晶的产生以外，同时能成为 TiN 的异质形核核心，而 MgO·TiN 也能促进等轴晶的产生。Kimura 等[226]指出 Mg 和 Ti 添加均会促进等轴晶的产生，但二者的机制并不一样。添加 Ti 时，会在钢中形成大量 TiN，该类夹杂物能成为 δ-Fe 的形核核心，促进等轴晶的产生。添加 Mg 时，会在钢中产生尖晶石夹杂物，该类夹杂物能促进 TiN 的形核，促进等轴晶的产生。不仅如此，Park 等[227]研究了 Mg-Ti 复合脱氧对高强钢凝固组织的影响。与 Sakata 等[219]和 Isobe[225]不同的是，他们发现即使 MgO 与 δ-Fe 间的晶格错配度仅为 3.97%，但是 MgO 并不能促进等轴晶的产生。由于 MgO 和 TiN 间晶格错配度仅为 0.05%，因此 MgO 极易成为 TiN 的形核核心，与 MgO 不同的是，MgO·TiN 能促进等轴晶的产生。另外，Xu 等[228]也指出 MgAl₂O₄·TiN 能提高凝固组织中的等轴晶比例，细化凝固组织。

1.3.5.2 锆在钢中的作用

国内外关于 Zr 对钢组织和性能方面的研究主要集中在以下四方面：①Zr 对钢中硫化物变质的作用；②Zr 对钢奥氏体晶粒长大的影响；③Zr 系夹杂物对钢中 IAF 形核的影响；④Zr 对钢性能的影响。

（1）Zr 对钢中硫化物变质的作用。

最初，主要是利用 Zr 将钢中易变形的 MnS 夹杂物变质成不易变形的（Zr,Mn）S 夹杂物，来改善钢材塑性和横向冲击韧性[229-230]。而且 Pollard[231]指出 Zr 变质硫化物和改善钢材冲击韧性程度与钢中 Mn 含量也有关系。当钢中 Zr 含量为 0.05%~0.06%时，随着 Mn 含量由 0.65%增加至 1.4%，钢中硫化物变质效果减弱。当钢中 Zr 含量为 0.08%~0.09%时，Mn 含量在 1.2%以下时硫化物变质效果随着 Mn 含量增加而降低，当 Mn 含量高于 1.2%时硫化物变质效果随着 Mn 含量增加而增强。

另一方面，日本学者 Mizoguchi 和 Takamura[11-13]研究认为，Zr 添加形成的氧化物 ZrO_2 也可成为 MnS 的附着核心，改善钢中 MnS 的形态和分布。原因是 Zr 系氧化物具有较高的硫容，有利于 MnS 在氧化物表面析出，进而将易变形、不稳定的 MnS 改变成稳定的复合夹杂物。从热力学角度来讲，当强氧化性元素如稀土、锆和钛等一旦加入到钢液中，立即形成含稀土、锆和钛的氧化物。在凝固过程中，这些夹杂物作为形核核心，在较低温度下 MnS 能够在其表面上析出[232]，减少了 MnS 长大的倾向。粗大的硫化物和硅酸盐夹杂物变为细小的夹杂物，同时，夹杂物的形状也由长条尖角状变质为球形或近球形，从而抑制了夹杂物对钢材韧性的有害作用。此外，武会宾等[233]研究也指出，ZrO_2 夹杂物能成为 Ti-O 和 MnS 的形核核心，对 MnS 能起到球化作用，减轻条带状 MnS 的不利因素。Guo 等[103]解释了 MnS 倾向于在 ZrO_2 夹杂物表面形核的原因是 MnS 和 ZrO_2 具有相似的晶体结构。

（2）Zr 对钢奥氏体晶粒长大的影响。

基于 Manohar 等[234]的研究结果可知，钢中微小第二相的存在具有钉扎奥氏体晶界，抑制晶粒长大的作用。因此随着 Zr 在钢中作用的不断研究，一些研究者开始关注 Zr 对钢奥氏体晶粒长大的影响。其中英国学者 He 和 Baker 开展了 Ti、Zr 对高强度微合金钢的析出物特征和奥氏体晶粒长大行为影响的研究。日本学者提出的第一代氧化物冶金技术主要是利用 Nb-Ti 微合金化后获得的 TiN 钉扎奥氏体晶界，细化钢材组织。然而 He 等[235]研究发现，在某些条件下，向 Nb 微合金钢加入 Ti 也可能会对钢产生某些不利影响。考虑到 Zr 和 Ti 性质类似，He 等研究了 Zr 在高强度微合金钢中的作用。He 等[235]通过向 Ti-Nb 微合金钢添加 0.016%Zr，在钢中发现了含 Zr 氧化物、Ti-Zr 复合碳氮化物、Ti-Nb-Zr 复合碳氮化物，并没发现单一的 ZrN，并从微量分析和晶格参数等方面解释了 ZrN 不单独存在的原因。同时发现，所有 Ti-Zr 复合碳氮化物、Ti-Nb-Zr 复合碳氮化物析出物粒径均在 100nm 以上，而不含 Zr 的 Ti-Nb 析出物粒径均小于 100nm，因此作者认为 0.016%Zr 添加并不能对小于 100nm 的 Ti-Nb 析出物的尺寸和数量产生较大影响，相反，Zr 添加增加了 Ti-Nb 微合金钢的微观偏析现象，这将对钢的韧性具有不利影响。与此同时，He 等[236]研究还发现，向微合金钢中添加微量 Zr 时，析出相为富氮的碳氮化物，析出物粒径在 100nm 至几微米之间，且呈不规则形状。Zr 添加量为 0.12%，将会产生球状 ZrC 粒子，粒径在 10~100nm，能发挥钉扎晶界的作用，同时也有

100nm 至几微米之间的富 ZrC 粒子,由于含 Zr 碳氮化物粒径范围大,影响了其钉扎晶界的作用,因此这类粒子的奥氏体钉扎作用并没 Ti-Nb 碳氮化物有效。Zheng 等[237]采用 Gleeble-1500 热模拟试验机研究了不同焊接热模拟条件下 0.06%Zr-0.02%Ti 微合金钢 HAZ 奥氏体晶粒长大情况。研究发现,在 1250℃以下,HAZ 中奥氏体晶粒长大缓慢;加热至 1250℃以上,奥氏体晶粒出现了急剧增加。基于 He 等[236]的研究结果,0.06%Zr 添加钢中细小 ZrC 粒子数量极少,大部分 Zr 形成了 Zr 的碳氮化物和含 Zr 氧化物,因此 Zr 的钉扎晶界作用显得很微弱。

相反,也有许多报道指出 Zr 添加能发挥钉扎晶界作用,有效抑制奥氏体晶粒长大。如 Guo 等[103]发现在奥氏体化温度大于 1000℃时,未添加 Zr 的钢奥氏体晶粒急剧长大,而含 0.015%Zr 钢奥氏体晶粒长大行为大大减弱。在 1250℃时,未添加 Zr 钢奥氏体平均尺寸约为 65μm,而添加 Zr 后奥氏体晶粒平均尺寸约为 45μm。Titov 等[238]对比了 TiC 和 ZrC 析出相的析出行为和各自对奥氏体长大影响情况,研究发现,起初,ZrC 析出相在枝晶区分布比 TiC 弥散,且随着保温时间的延长,TiC 有长大的趋势,且数量出现了降低,奥氏体异常长大;ZrC 尺寸几乎不随保温时间发生变化,且多分布在奥氏体晶界,奥氏体正常长大。

另外,Sakata 等[220]研究了 1400℃时 ZrO_2 粒子对 Fe-10%Ni 合金中奥氏体长大抑制作用。结果发现,Zr 脱氧钢奥氏体粗化程度均比基准钢低,同时,随着 Zr 固溶量的增加,奥氏体长大被遏制程度加强。因此,Sakata 认为 1.1~1.6μm 的 ZrO_2 粒子和固溶 Zr 均会发挥抑制奥氏体晶粒长大作用。不仅如此,Ohta 等[222]还对比了 MgO、ZrO_2 和 Ce_2O_3 对 Fe-10%Ni 钢中奥氏体长大的影响,结果证实,奥氏体晶粒尺寸大小顺序为 Mg>Ce>Zr,Mg 脱氧钢奥氏体晶粒尺寸虽保持较高水平,但随时间几乎不发生变化,而 Ce 和 Zr 脱氧钢奥氏体晶粒尺寸均先增加后保持稳定。Karasev 等[221]也研究了单独 Mg、Zr 脱氧 Fe-0.05%C 合金中脱氧产物 MgO、ZrO_2 的数量、粒径、体积分数等特征对 1200℃下奥氏体的抑制作用。研究表明,在 1200℃分别保温 0min 和 60min 后,奥氏体晶粒尺寸顺序分别为 Mn-Si>Ti>Mg>Zr>Ce 和 Mn-Si>Mg≈Ti>Ce>Zr。由此可见,在影响奥氏体晶粒长大方面,除了纳米级含 Zr 析出相外,微米级的 ZrO_2 也可能影响奥氏体晶粒长大。

(3)Zr 系夹杂物对钢中 IAF 形核的影响。

Wakoh 等[114]研究了 Ti 脱氧钢中添加 Zr 后对夹杂物变质作用,研究发现,Ti 脱氧钢中添加 Zr 后氧化物粒子的分布受冷却速率的依赖程度变小,同时氧化物粒子的数量有所增加。研究认为,在钢凝固过程中,Zr 氧化物粒子将会成为 Ti 氧化物粒子的结晶形核点。模型计算显示,Mn-Si-Ti-Zr 复合夹杂物粒子能成为大量细小 MnS 的形核核心,同时该类夹杂物能诱导 IAF 形核。Chen 等[111]研究了 Ti-Zr 处理低碳钢 CGHAZ 组织特征,结果证实,(Ti,Al,Zr)O·MnS 夹杂物能诱导 IAF 形核。陈延清[112]将 Zr 作为合金元素加入焊丝中,考察 Zr 添加对熔敷金属组织、性能的影响。研究发现，Zr 添加有助于提高熔敷金属的低温冲击韧性，且对应组织更为均匀、细小，针状铁素体比例较高。针状铁素体的形核中心是由 ZrO_2、Al_2O_3、Ti_2O_3、MnS 和 SiO_2 等组成复合非金属夹杂物。

Li 等[62,239]采用固体粘结实验和第一性计算原理证实了 ZrO_2 与 Ti_2O_3 类似同属阳离子空位型氧化物，因此也能吸收基体中的 Mn 元素形成 $MnZr_3O_8$，并在此夹杂物周围产生贫锰区，促进铁素体的异质形核。

然而，截至目前，关于 $ZrO_2 \cdot MnS$ 夹杂物能否具有诱导铁素体形核作用仍存在较大分歧。如周家祥等[52]、Guo 等[103]、Wang 等[104]和 Shi 等[105]相继报道了 Ti-Zr 脱氧条件下产生的 $ZrO_2 \cdot MnS$ 夹杂物能成为 IAF 形核核心，最终获得细化的 HAZ 组织，改善钢材焊接性能。相反，Chai 等[108]研究了不同 Zr 含量条件下含 Ti 低碳钢 HAZ 中 IAF 的形核情况。结果发现，随着 Zr 含量增加至 0.0100%，钢中氧化物夹杂由 Ti-O 逐渐演变为 Ti-Zr-O 和 ZrO_2。当 Zr 含量为 0.0030%～0.0080%时，钢中夹杂物为（Ti,Zr）O·MnS，该类夹杂物能诱导 IAF 体形核，然而当 Zr 含量为 0.01%时，钢中夹杂物为 $ZrO_2 \cdot MnS$，相反该类夹杂物并不能成为 IAF 形核核心。在后续的研究中，夏文勇等[109]也得到了类似结果。不仅如此，Jiang 等[113]研究发现 Zr 量为 0.072%钢中含 Zr 夹杂物主要为 $ZrO_2 \cdot MnS$，并指出在冶炼结束水冷条件下该类夹杂物未能诱导铁素体形核。

（4）Zr 对钢性能的影响。

Zr 对钢材性能的影响主要包括力学性能和焊接性能。从已报道的文献看，不同学者对 Zr 在钢力学性能影响方面并未达成一致。但可以确定，Zr 对钢材力学性能的影响主要与 Zr 变质夹杂物和 Zr 影响组织转变有关[229]。

雷毅等[240]通过模拟超塑性预处理细化晶粒原理，在低碳钢中加入一定粒径和一定体积分数的 ZrO_2 粒子研究其形变区核心和再结晶核心作用。研究表明，ZrO_2 粒子具有以下作用，其一是通过高温奥氏体形变再结晶细化晶粒。在试验钢熔炼过程中加入的 ZrO_2 粒子可以成为奥氏体形变区核心和再结晶核心。在轧制变形过程中，预先存在一定尺寸的 ZrO_2 粒子能够阻碍位错运动，在粒子附近积累了高密度位错，从而获得再结晶所需的畸变能和位相差，显著提高奥氏体再结晶形核率。同时细小的 ZrO_2 粒子可以钉扎晶界、阻止晶粒长大，阻碍了大幅度细化奥氏体晶粒的长大；其二是通过奥氏体低温区的形变诱导铁素体相变及其再结晶细化晶粒。与奥氏体区再结晶一样，始终存在于钢基体中的 ZrO_2 粒子也起着形变区核心和再结晶核心作用，从而细化铁素体晶粒，最终实现了晶粒的超细化。

Aliakbarzadeh 等[241]研究了含 Zr 微合金钢的力学性能，结果发现，Zr 含量在 0.005%～0.01%范围内能有效提高钢的硬度和冲击韧性。此外，Aliakbarzadeh 等[242]进一步研究了含 0.005%Zr 在不同热处理条件下对应的力学性能，研究指出，在 450℃回火保温 4h 再空冷的条件下，试样的冲击韧性较基准钢得到了提高。但对于 1000℃保温 6h 再空冷和在 950℃保温 2h 再淬冷的试样,含 Zr 试样和基准钢韧性并不存在区别。

Park 等[243]研究了含 Zr-B 低碳钢高温变形行为发现,Zr 添加改善了钢的高温强度。这是由于 ZrB_2 粒子发挥在晶界钉扎作用细化了组织的原因。Yamamoto 等[244]研究了 Zr 添加对钢蠕变性能的影响发现,Zr 添加能形成细小的富(Ni,Zr,Nb)粒子,能改善钢的蠕变性能。梁国俐等[245]研究结果表明,0.038%Zr 处理钢可显著提高母材的低温冲击韧性,钢中含 Zr 夹杂物大小都在微米级,它们都是在凝固过程中析出,对强化和晶粒细化影响不大,但对韧性有着十分重要的影响。同时指出过大的 1~3μm 的夹杂物尺寸导致钢的韧性下降。Cavazos[246]研究了 0.11%Zr 和 0.11%Ti 双稳定化铁素体不锈钢中的析出相特征发现,钢具有良好的耐晶间腐蚀性能,在晶间并未发现 Cr(C,N),相反在晶内发现了 Zr 和 Ti 的碳化物或氮化物,表明 Zr 和 Ti 双稳定化效果良好。Kim 等[247]研究了 Zr 添加对含 B 热冲压钢相转变和析出相特征的影响发现,Zr 添加对 B 淬透性作用有保护作用,热压后组织近全马氏体相,钢中存在大量(Ti,Zr)N 析出相。

相反,He 等[235]发现 0.016%Zr 添加增加了 Ti-Nb 微合金钢的微观偏析现象,这将对钢的韧性具有不利影响。郭佳等[248]发现 0.015%Zr 对热轧钢材的力学性能并无改善。陈颜堂等[249]研究了含 0.020%Zr 和未加 Zr 两种低合金高强钢中夹杂物的特征。结果表明,钢中加入微量 Zr 对夹杂物具有明显的变质作用,夹杂物 MnS 依附在 Zr、Ti、Al 的复合氧化物上形核并生长。加入 0.020%Zr 对试验钢调质态的力学性能影响不明显,但可显著提高热影响区力学性能。热影响区中复合稳定的夹杂物促使针状铁素体的形成,减少了粗大铁素体的数量,从而提高了热影响区的力学性能。Moon 等[250]研究了 Zr 对奥氏体不锈钢中析出相和力学性能的影响,结果发现 0.19%Zr 将显著降低钢材 700℃时的屈服和抗拉强度。此外,习天辉等[251-252]通过研究 Zr 含量对微合金钢组织和性能的影响指出,微合金钢中添加的 Zr 对钢的强度和塑性影响不大;Zr 含量在 0.01%~0.03%时,可使钢中粗大的硅酸盐夹杂变质为较细小的氧化物夹杂,单位面积夹杂物颗粒数较少,微合金钢的低温韧性最好。随着 Zr 量的继续增加母材冲击韧性有下降的趋势。

另一方面,也有一些文献报道了 Zr 对焊缝或 HAZ 冲击韧性性能的影响情况。对于焊缝,Trindade 等[253]研究了 Zr 对低合金钢焊缝组织和韧性的影响发现,Zr 能细化焊缝金属的组织,同时能增加针状铁素体数量。研究发现,添加 0.005%Zr 时钢具有最佳的低温韧性,继续增加 Zr 添加量后,并不能对组织进行进一步细化,韧性有所降低,原因可能是形成了 M-A 微观组织,不利于焊缝韧性的提高。在后续的研究中,王军等[254]研究了 Zr 对 X70 钢焊缝金属微观组织和性能的影响时也得到类似的结论。

对于 HAZ,普遍的观点是 Zr 系夹杂物粒子在焊接热循环过程中促进 IAF 形核，最终细化 HAZ 组织，改善钢材冲击韧性。如 Guo 等[103]认为，向高强度管线钢中添加 0.015%Zr 有助于提高 60～100 kJ/cm 线能量时 HAZ 冲击韧性，原因是 Zr 添加形成的 ZrO_2 易成为 MnS 形核核心，最终形成大量 ZrO_2·MnS 夹杂物促进 IAF 形核。在后续的研究中，Wang 等[104]和 Shi 等[105]也报道了类似结果。此外，文献[108]、[233]也指出，（Ti,Zr）O·MnS 夹杂物也能促进 IAF 形核，改善 HAZ 冲击韧性。

参 考 文 献

[1] Kiessling R. Clean Steel(Special Report 77)[M]. London: The Iron and Steel Institute, 1962: 28-29.

[2] 国际炼钢协会. 洁净钢——洁净钢生产工艺技术 [M]. 北京: 冶金工业出版社, 2009: 7-9.

[3] 徐匡迪, 肖美俊, 干勇, 等. 新一代洁净钢生产流程的理论解析 [J]. 金属学报, 2012, 48(1): 1-10.

[4] Zhang L F, Thomas B G. State of the Art in Evaluation and Control of Steel Cleanliness [J]. ISIJ international, 2003, 43(3): 271-291.

[5] Birat J P. Impact of steelmaking and casting technologies on processing and properties of steel [J]. Ironmaking & Steelmaking, 2001, 28(2): 152-158.

[6] 郭艳永, 柳向春, 蔡开科. BOF-RH-CC 工艺生产无取向硅钢过程中夹杂物行为的研究 [J]. 钢铁, 2005, 40(4): 24-27.

[7] 蔡开科. 连铸坯质量控制 [M]. 北京: 冶金工业出版社, 2010: 29.

[8] Yamada W, Matsumiya T. Development of simulation model for composition change of nonmetallic inclusions during solidification of steel [J]. ISIJ International, 1990, 36(6): 618-625.

[9] Goransson M, Reinholdsson F, Willman K. Evaluation of liquid steel samples of the determination of microinclusion characteristics by spark induced optical emission spectroscopy [J]. Iron & Steel Maker, 1999, 26(5): 53-58.

[10] 王明林, 成国光, 仇圣桃, 等. 含钛低碳洁净钢凝固过程氧化物的析出和长大 [J]. 钢铁研究学报, 2004, 16(4): 47-50.

[11] Mizoguchi S, Takamura J. Control of oxides as inoculants metallurgy of oxides in Steel [C]. Process Sixth International Iron and Steel Congress. Nagoya: Japan, ISIJ International, 1990, 2331-2342.

[12] Takamura J, Mizoguchi S. Role of oxides in steels performance, metallurgy of oxides in steels [C]. Proceedings of the 6th International Iron and Steel Congress. Nagoya: Japan, ISIJ International, 1990, 591-597.

[13] Mizoguchi S, Takamura J. Control of oxides as inoculants [C]. Proceedings of the sixth international iron and steel congress. Nagoya: Japan, ISIJ International, 1990, 598-604.

[14] 刘中柱, 桑原守. 氧化物冶金技术的最新进展及其实践 [J]. 炼钢, 2007, 23(4): 1-6.

[15] Jin H H, Shim J H, Cho Y W, et al. Formation of intragranular acicular ferrite grainsin a Ti-containing low carbon steel [J]. ISIJ International, 2003, 43(7): 1111-1113.

[16] Yang Z B, Wang F M, Wang S, et al. Intragranular ferrite formation mechanism and mechanical properties of non-quenched-and-tempered medium carbon steels [J]. Steel Research international, 2008, 79(5): 390-395.

[17] Wu K M, Yokomizo T, Enomoto M. Three-dimensional morphology and growth kinetics of intragranular ferrite idiomorphs formed in association with inclusions in an Fe-C-Mn alloy [J]. ISIJ International, 2002, 42(10): 1144-1149.

[18] Enomoto M, Wu K M, Inagawa Y, et al. Three-dimensional observation of ferrite plate in low carbon steel weld [J]. ISIJ International, 2005, 45(5): 756-762.

[19] Wu K M. Three-dimensional analysis of acicular ferrite in alow-carbon steel containing titanium [J]. Scripta Materialia, 2006, 54(4): 569-574.

[20] 吴开明, 李自刚. 低微合金钢中的晶内铁素体及组织控制[J]. 钢铁研究学报, 2007, 19(10): 1-5.

[21] Cheng L, Wu K M. New insights into intragranular ferrite in a low-carbon low-alloy steel [J]. Acta Materialia, 2009, 57(13): 3754-3762.

[22] Cheng L, Wu K M, Wan X L. Growth behavior of intragranular ferrite idiomorphsin an Fe-0.09%C-1.48%Mn-0.2Si steels [J]. Steel Research international, 2013, 85(5): 836-843.

[23] Mu W Z, Jöonsson P G, Shibata H, et al. Inclusion and microstructure characteristics insteels with TiN additions [J]. Steel Research international, 2016, 87(3): 339-348.

[24] Shim J H, Oh Y J, Suh J Y, et al. Ferrite nucleation potency of non-metallic inclusions in medium carbon steels [J]. Acta Materials, 2001, 49(12): 2115-2122.

[25] Lee T K, Kim H J, Kang B Y, et al. Effect of inclusion size on nucleation of acicular ferrite in welds [J]. ISIJ International, 2000, 40(12): 1260-1268.

[26] Sarma D S, Karasev A V, Jonsson P G. On the role of non-metallic inclusions in the nucleation of acicular ferrite in steels [J]. ISIJ International, 2009, 49(7): 1063-1074.

[27] Babu S S. The mechanism of acicular ferrite in weld deposits [J]. Current Opinion in Solid State and Materials Science, 2004, 8(3-4): 267-278.

[28] 李亚江, 王娟, 刘鹏. 低合金钢焊接及工程应用[M]. 北京: 化学工业出版社, 2003.

[29] Lee J L, Pan Y T. Effect of sulfur content on the microstructure and toughness of simulated heat-IAFfected zone in Ti-killed steels [J]. Metallurgical Transactions A, 1993, 24(6): 1399-1408.

[30] Byun J S, Shim J H, Suh J Y, et al. Inoculated acicular ferrite microstructure and mechanical properties [J]. Materials Science and Engineering A, 2001, 319-321: 326-331.

[31] Barbaro F J, Krauklis P, Easterling K E. Formation of acicular ferrite at oxide particles in steels [J]. Materials Science and Technology, 1989, 5(11): 1057-1068.

[32] Zhang D, Terasaki H, Komizo Y I. In situ observation of the formation of intragranular acicular ferrite at non-metallic inclusions in C-Mn steel [J]. Acta Materialia, 2010, 58(4): 1369-1378.

[33] Kim Y M, Lee H, Kim N J. Transformation behavior and microstructural characteristicsof acicular ferrite in linepipe steels [J]. Materials Science and Engineering A, 2008, 478(1-2): 361-370.

[34] 刘中柱, 桑原守. 氧化物冶金技术的最新进展及其实践 [J]. 炼钢, 2007, 23(3): 7-13.

[35] HarrisonP L, FarrarR L. Influence of oxygen-rich inclusions on the γ-α phase transformation in high-strength low-alloy (HSLA)steel weld metals[J]. Journal of materials science, 1981, 16:2218-2226.

[36] Farrar R A, Harrison P L. Acicular ferrite in carbon-manganese weld metals: an overview [J]. Journal of Materials Science, 1987, 22(11): 3812-3820.

[37] Byun J S, J. H. Shim, Cho Y W, et al. Non-metallic inclusion and intra-granular nucleation of ferrite in Ti-killed C-Mn steel [J]. Acta Materialia, 2003, 51(6): 1593-1606.

[38] Madariaga I, Gutiérrez I, Andrés C G, et al. Acicular ferriteformation in a medium carbon steel with a two stage continuouscooling [J]. Scripta Materialia, 1999, 41(3): 229-235.

[39] Kivio M, Holappa L, Iung T. Addition of dispersoid titanium oxide inclusions in steel and their influence on grain refinement [J]. Metallurgical and Materials Transactions B, 2010, 41(6): 1194-1204.

[40] Ricks R A, Howell P R, Barritte G S. The nature of acicular ferrite in HSLA steel weld metals [J]. Journal of Materials Science, 1982, 17(3): 732-740.

[41] Dowling J M, Corbett J M, Kerr H W. Inclusion phases and nucleation of acicular ferrite in submerged arc welds in high strengthlow alloy steels [J]. Metallurgical Transactions A, 1986, 17(9): 1611-1623.

[42] Zhang Z, Farrar R A. Role of non-metallic inclusions in formation ofacicular ferrite in low alloy weld metals [J]. Materials Science and Technology, 1996, 12(3): 237-260.

[43] Grong Ø, Kluken A O, Nylund H K, et al. Catalyst effects in heterogeneous nucleation of acicular ferrite [J]. Metallurgical and Materials Transactions A, 1995, 26(3): 525-534.

[44] 余圣甫, 雷毅, 谢明立, 等. 晶内铁素体的形核机理 [J]. 钢铁研究学报, 2005, 17(2): 47-50.

[45] Yang Z G, Zhang C, Pan T. The mechanism of intragranular ferrite nucleation on inclusion in steel [J]. Materials Science Forum, 2005, 475-479: 113-116.

[46] Madariaga I, Gutierrez I. Role of the particle matrix interface on the nucleation of acicular ferrite in a medium carbon microalloyed steel [J]. Acta Materialia, 1999, 47(3): 951-960.

[47] Brooksbank D, Andrews K. Production and application of clean steels [M]. Iron and Steel Institute, 1972: 186-196.

[48] Stephen A C. Weld metal microstructure in carbon manganese deposits [C]//The International Conference on Quality and Reliability in Welding. Hangzhou: The Chinese Mechanical Engineering Society, 1984.

[49] Wen B, Song B, Pan N, et al. Effect of SiMg alloy on inclusions andmicrostructures of 16Mn steel [J]. Ironmaking and Steelmaking, 2011, 38(8): 577-683.

[50] Zhang S, Hattori N, Enomoto M, et al. Ferrite nucleation at ceramic/austenite interfaces [J]. ISIJ International, 1996, 36(10): 1301-1309.

[51] 潘涛, 杨志刚, 白秉哲, 等. 钢中夹杂物与奥氏体基体热膨胀系数差异导致的热应力和应变能研究 [J]. 金属学报, 2003, 39(10): 1037-1042.

[52] 周家祥, 习天辉, 袁泽喜. 含锆微合金钢焊接热影响区针状铁素体形成观察 [J]. 武汉科技大学学报(自然科学版), 2006, 29(1): 25-28.

[53] Bramfitt B L. The effect of carbide and nitride additions on the heterogeneous nucleation behavior of liquid iron [J]. Metallurgical and Materials Transactions, 1970, 1(7): 1987-1995.

[54] Gregg J M, Bheadeshia H K D H. Solid state nucleation of acicular ferrite on minerals added to molten steel [J]. Acta Masterials, 1997, 45(2): 739-748.

[55] Gregg J M, Bheadeshia H K D H. Titanium-rich mineral phases and the nucleation of bainite [J]. Metallurgical and Material Transaction A, 1994, 25(8): 1603-1611.

[56] Lee J L, Pan Y T. The formation of intragranular acicular ferrite in simulatedheat-affected zone [J]. ISIJ International, 1995, 35(8): 1027-1033.

[57] Shim J H, Cho Y W, Chung S H, et al. Nucleation of intra-granular ferrite at Ti_2O_3 particle in low carbon steel [J]. Acta Materialia, 1999, 47(9): 2751-2760.

[58] Yamamoto K, Hasegawa T, Takamura J. Effect of boron intra-granular ferrite formation Ti-oxide bearing steels [J]. ISIJ International, 1996, 36(1): 80-86.

[59] Tomita Y, Saito N, Tsuzuki T, et al. Improvement in HAZ toughness of steel by TiN-MnS addition[J]. ISIJ International, 1994, 34(10): 829-835.

[60] Deng X X, Jiang M, Wang X H. Mechanisms of inclusion evolution and intra-granular acicularferrite formation in steels containing rare earth elements [J]. Acta Metallurgica Sinica(English letters), 2012, 25(3): 241-248.

[61] Song M M, Song B, Hu C L, et al. Formation of acicular ferrite in Mg treated Ti-bearing C-Mn steel [J]. ISIJ International, 2015, 55(7): 1468-1473.

[62] Li Y, Wan X L, Cheng L, et al. Effect of oxides on nucleation of ferrite:first principle modelling and experimentalapproach [J]. Materials Science and Technology, 2016, 32(1): 88-93.

[63] Sutio H, Karasev A V, Hamada M, et al. Influence of oxide particles and residual elements on microstructure and toughness in the heat-affected zone of low-carbon steel deoxidized with Ti and Zr [J]. ISIJ International, 2011, 51(7): 1151-1162.

[64] 大野恭秀, 岡村義弘, 松田昭一, 等. Ti-B 系大入熱溶接用鋼の HAZ 微視組織の特徴 [J]. 鉄と鋼, 1987, 73(8): 1010-1017.

[65] 上田修三. 结构钢的焊接[M]. 荆洪阳译. 北京: 冶金工业出版社, 2004: 24-28, 37-62.

[66] Liu Z Z, Kobayashi Y, Yin F, et al. Nucleation of acicular ferrite on sulfide inclusion during rapid solidification of low carbon steel [J]. ISIJ International, 2007, 47(12): 1781-1788.

[67] 张莉芹, 卜勇, 陈晓. 大线能量焊低焊接裂纹敏感性钢的焊接(二)——热影响区组织及晶内铁素体形核机理研究 [J]. 焊接技术, 2002, 19(8): 35-38.

[68] Umezawa O, Hirata K, Nagai K. Influence of phosphorus micro-segregation on ferrite structurein cast strips of 0.1

mass% C steel [J]. Materials Transactions, 2003, 44(7): 1266-1270.

[69] Yoshida N, Umezawa O, Nagai K. Influence of phosphorus on solidification structure incontinuously cast 0.1 mass% carbon steel [J]. ISIJ International, 2003, 43(3): 348-357.

[70] Abson D J. Nonmetallic inclusions in ferritic steel weld metals-a review [J]. Welding World, 1989, 27(3-4): 76-101.

[71] Lee J L, Pan Y T. Microstructure and toughness of the simulated HAZ in Ti and Al killed steels [J]. Materials Science and Engineering A, 1991, 136(L1-L4): 109-118.

[72] Laurent S S, Espérance G L. Effects of chemistry, density and size distribution of inclusions on the nucleation of acicular ferrite of C-Mn steel shielded-metal-arc-welding weldments [J]. Materials Science and Engineering A, 1992, 149(2): 203-216.

[73] Lee J L. Evaluation of the nucleation potential of intragranular acicular ferrite in steel weldments [J]. Acta Materialia, 1994, 42(10): 3291-3298.

[74] Ishikawa F, Takahashi T. The formation of intragranular ferrite plates in medium-carbon steels for hot-forging and its effect on the toughness [J]. ISIJ International, 1995, 35(9): 1128-1133.

[75] Madariaga I, Gutierrez I. Nucleation of acicular ferrite enhanced by the precipitation of CuS on MnS particles [J]. Scripta Materialia, 1997, 37(8): 1185-1192.

[76] Thewlis G, Whiteman J A, Senogles D J. Dynamics of austenite to ferrite phase transformation inferrous weld metals [J]. Materials Science and Technology, 1997, 13(3): 257-274.

[77] Madariaga I, Romero J L, Gutierrez I. Upper acicular ferrite formation in a medium-carbon microalloyed steel by isothermal transformation: nucleation enhancement by CuS [J]. Metallurgical and Materials Transactions A, 1998, 29(3): 1003-1015.

[78] Capdevila C, Caballero F G, Careía De Andrés C. Modelling of kinetics of isothermal idiomorphic ferrite formation in a medium-carbon vanadium-titanium microalloyed steel [J]. Metallurgical and Materials Transactions A, 2001, 32(7): 1591-1597.

[79] Kim B, Uhm S, Lee C, et al. Effects of inclusions andmicrostructures on impact energyof high heat-input submerged-arc-weld metals [J]. Journal of Engineering Materials and Technology, 2005, 127(2): 204-213.

[80] Grong Ø, Kolbeinsen L, Casper Van Der Eijk, et al. Microstructure control of steels through dispersoid metallurgy using novel grain refining alloys [J]. ISIJ International, 2006, 46(6): 824-831.

[81] Casper Van Der Eijk, Grong Ø, Haakonsen F, et al. Progress in the development and use of grain refiner based on cerium sulfide or titanium compound for carbon steel [J]. ISIJ International, 2009, 49(7): 1046-1050.

[82] Thewlis G. Effect of cerium sulphide particle dispersionson acicular ferrite microstructure developmentin steels [J]. Materials Science and Technology, 2006, 22(2): 153-166.

[83] Tang Z H, Stumpf W. The role of molybdenum additions and prior deformation on acicular ferrite formation in microalloyed Nb-Ti low-carbon line-pipe steels [J]. Materials Characterization, 2008, 59(6): 717-728.

[84] 张莉芹. 碱土金属微合金化大线能量焊接低合金高强钢的研究 [D]. 武汉: 武汉科技大学, 2009.

[85] Sha Q Y, Su Z Q. Grain growth behavior of coarse-grained austenite in a Nb-V-Ti microalloyed steel [J]. Materials Science and Engineering A, 2009, 523(l-2): 77-84.

[86] Shu W, Wang X M, Li S R, et al. The oxide inclusion and heat-affected-zone toughness of low carbon steels [J]. Materials Science Forum, 2010, 654-656: 358-361.

[87] 赵辉, 胡水平, 武会宾, 等.Mg 处理高钢级管线钢焊接热影响区晶内铁素体形核机制研究 [J]. 钢铁, 2010, 45(2): 82-86.

[88] Jiang Q L, Li Y J, Wang J, et al. Effects of inclusions on formation of acicularferrite and propagation of crack in highstrength low alloy steel weld metal [J]. Materials Science and Technology, 2011, 27(10): 1565-1569.

[89] Jiang Q L, Li Y J, Wang J, et al. Effects of Mn and Ti on microstructure andinclusions in weld metal of high strength lowalloy steel [J]. Materials Science and Technology, 2011, 27(9): 1385-1390.

[90] Huang Q, Wang X H, Jiang M, et al. Effects of Ti-Al complex deoxidization inclusionson nucleation of intragranular acicular ferritein C-Mn steel [J]. Steel Research International, 2016, 87(4): 445-455.

[91] Capdevila C, Caballero F G, García-Mateo C, et al. The role of inclusions and austenite grain size on intragranular nucleationof ferrite in medium carbon microalloyed steels [J]. Materials Transactions, 2004, 45(8): 2678-2685.

[92] 王巍, 付立铭. 夹杂物/析出相尺寸对晶内铁素体形核的影响 [J]. 金属学报, 2008, 44(6): 723-728.

[93] Lee J L, Hon M H, Cheng G H. Continuous cooling transformation of carbon-manganese steel [J]. Scripta Metallurgical, 1987, 21(4): 521-526.

[94] Kenny B G, Keer H W, Lazor R B, et al. Ferrite transformation characteristics and CCT diagrams in weld metals [J]. Journal of Material Science, 1985, 17(6): 374-381.

[95] Bhatti A. R, Saggese M E, Hawkins D N, et al. Analysis of inclusions in submerged arc welds inmicroalloyed steels [J]. Welding Journal, 1984, 63(7s): 224-230.

[96] Kanazawa S, Nakashima A, Okamoto K, et al. Improved toughness of weld fussion zone by fine TiN particles and development of a steel for large heat input welding [J]. Tetsu-to-Hagané, 1975, 61(11): 2589-2603.

[97] Mazancová E. Jonšta Z, Buzek Z, et al. Physical metallurgy analysis of acicular ferrite nucleation parameters in low-carbon steels [J]. Acta Metallurgica Slovaca, 2003, 9(3): 191-197.

[98] Pan T, Yang Z G, Zhang C, et al. Kinetics and mechanisms of intragranular ferrite nucleation on non-metallicinclusions in low carbon steels [J]. Materials Science and Engineering A, 2006, 438-440: 1128-1132.

[99] Zhang C, Xia Z X, Yang Z X, et al. Influence of prior austenite deformation and non-metallicinclusions on ferrite formation in low-carbon steels [J]. Journal of Iron and Steel Research, International, 2010, 17(6): 36-42.

[100] Furuhara T, Yamaguchi J, Sugita N,et al. Nucleation of proeutectoid ferrite on complex precipitates in austenite [J]. ISIJ International, 2003, 43(10): 1630-1639.

[101] Ishikawa F, Takahashi T, Ochi T. Intragranular ferrite nucleation in medium-carbon vanadium steels [J]. Metallurgical and Materials Transactions A, 1994, 25(5): 929-936.

[102] Furuhara T, Shinyoshi T, Miyamoto G,et al. Multiphase crystallography in the nucleation of intragranular ferrite on MnS+V(C,N)complex precipitate in austenite [J]. ISIJ International, 2003, 43(12): 2028-2037.

[103] Guo A M, Li S R, Guo J, et al.Effect of zirconium addition on the impact toughness of the heat affected zone in a high strength low alloy pipeline steel [J]. Materials Characterization, 2008, 59(2): 134-139.

[104] Wang C, Misra R D K, Shi M H, et al. Transformation behavior of a Ti-Zr deoxidized steel: Microstructureand toughness of simulated coarse grain heat affected zone [J]. Materials Science and Engineering A, 2014, 594: 218-228.

[105] Shi M H, Zhang P Y, Zhu F X. Toughness and microstructure of coarse grain heat affected zone with high heat input welding in Zr-bearing low carbon steel [J]. ISIJ International, 2014, 54(1): 188-192.

[106] Kim H S, Chang C H, Lee H G. Evolution of inclusions and resultant micro-structural change with Mg addition in Mn/Si/Ti deoxidize steel [J]. Scripta Materials, 2005, 53(11): 1253-1258.

[107] Chai F, Yang C F, Su H, et al. Effect of magnesium on inclusion formation in Ti-killed steels and micro-structural evolution in welding induced coarse-grained heat affected zone [J]. Journal of Iron and Steel Research International, 2009, 16(1): 69-74.

[108] Chai F, Yang C F, Su H, et al. Effect of zirconium addition to the Ti-killed steel on inclusions formation and microstructural evolution in welding induced coarse-grained heat affected zone [J]. Acta Metallurgical Sinica (English Letters), 2008, 21(3): 220-226.

[109] 夏文勇, 杨才福, 苏航, 等. 锆处理对低合金钢大线能量焊接粗晶区组织与性能的影响 [J]. 炼钢, 2011, 46(4): 76-81.

[110] 若生昌光, 澤井隆, 溝口庄三. 低硫鋼での MnS 析出に及ぼす Ti-Zr 酸化物の影響[J]. 鉄と鋼, 1996, 82(7): 593-598.

[111] Chen Y T,Chen X, Ding Q F, et al.Microstructure and inclusion characterization in the simulated coarse-grain heat affected zone with large heat input of a Ti-Zr microalloyed HSLA steel [J]. Acta Metallurgica Sinica(English Letters), 2005, 18(2): 96-106.

[112] 陈延清. X80 高钢级管线钢埋弧焊丝的研究 [D]. 天津: 天津大学, 2010.

[113] Jiang M, Hu Z Y, Wang X H, et al. Characterization of microstructure and non-metallic inclusions in Zr-Al deoxidized low carbon steel [J]. ISIJ International, 2013, 53(8): 1386-1391.

[114] Wakoh M, Sawai T, Mizoguchi S. Effect of Ti-Zr oxide particles on MnS precipitation in low S steels [J]. Tetsu-to-Hagané, 1996, 82(7): 43-48.

[115] Zhang L, Li Y J, Wang J, et al. Effect of acicular ferrite on cracking sensibility in the weld metalof Q690+Q550 high strength steels [J]. ISIJ International, 2011, 51(7): 1132-1136.

[116] Kong H, Zhou Y H, Lin Hao, et al. The mechanism of intragranular acicular ferritenucleation induced by Mg-Al-O inclusions [J]. Advances in Materials Science and Engineering, 2015, 6: 1-6.

[117] Shigesato G, Sugiyama M, Aihara S, et al. Effect of Mn depletion on intra-granular ferrite transformation in heat affected zone of welding in low alloy steel [J]. Tetsu-to-Hagané, 2001, 87(2): 93-100.

[118] Shim J H, Byun J S, Cho Y W, et al. Effects of Si and Al on acicular ferrite formation in C-Mn steel [J]. Metallurgical and Materials Transactions A, 2001, 32(1): 75-83.

[119] Thewlis G. Transformation kinetics of ferrous weld metals [J]. Materials Science and Technology, 1994, 10(2): 110-125.

[120] 蒋国昌. 纯净钢及二次精炼 [M]. 上海: 上海科学技术出版社, 1996.

[121] Koseki T, Thewlis G. Overview inclusion assisted microstructure control in C-Mn and low alloy steel welds [J]. Materials Science and Technology, 2005, 21(8): 867-879.

[122] Farrar R A, Zhang Z, Bannister, et al. The effect of prior austenite grain size on the transformation behaviour of C-Mn-Ni weld metal [J]. Journal of Materials Science, 1993, 28(5): 1385-1390.

[123] 胡志勇, 杨成威, 姜敏, 等. Ti 脱氧钢含 Ti 复合夹杂物诱导晶内针状铁素体的原位观察 [J]. 金属学报, 2011, 47(8): 971-977.

[124] Wen B, Song B. In situ observation of the evolution of intragranularacicular ferrite at Ce-containing inclusionsin 16Mn steel [J]. Steel Research International, 2012, 83(5): 487-495.

[125] Wen B, Song B. In situ observation of the evolution of intragranular acicular ferrite at Mg-containing inclusions in 16Mn steel [J]. Journal for Manufacturing Science and Production, 2013, 13(1-2): 61-72.

[126] Mu W Z, Mao H H, Jönsson P G, et al. Effect of carbon content on the potency of theintragranular ferrite formation [J]. Steel Research International, 2016, 87(3): 311-319.

[127] Lee J L, Pan Y T. Effect of silicon content on microstructure andtoughness of simulated heat affected zone intitanium killed steels [J]. Materials science and Technology, 1992, 8(3): 236-244.

[128] Forsberg A, Ågren J. Thermodynamic evaluation of the Fe-Mn-Si system and the γ/ε martensitic transformation [J]. Journal of Phase Equilibria, 1993, 14(3): 354-363.

[129] Liu S K, Zhang G Y. The effect of Mn and Si on the morphology and kinetics of the bainite transformation in Fe-C-Ti alloys [J]. Metallurgical Transactions A, 1900, 21(6): 1509-1515.

[130] 张明星, 王军, 康沫狂. 硅在低碳合金钢中的作用研究(Ⅰ)——硅对过冷奥氏体转变动力学的影响 [J]. 金属热处理, 1992 (8): 3-7.

[131] Grabke H J. Surface and grain boundary segregation on and in iron and steels [J]. ISIJ International, 1989, 29(7): 529-538.

[132] Kobayash H. Hot-ductility recovery by manganese sulphide precipitation in low manganese mild steel [J]. ISIJ International, 1991, 31(3): 268-277.

[133] Mu W Z, Jönsson P G, Nakajima K. Effect of sulfur content on inclusion and microstructure characteristics in steels with Ti_2O_3 and TiO_2additions [J]. ISIJ International, 2014, 54(12): 2907-2916.

[134] Babu S S, David S A, Vitek J M, et al. Development of macro- and microstructures of carbon-manganese low alloy steel welds: inclusion formation [J]. Materials Science and Technology, 1995, 11(2): 186-199.

[135] 梁英教, 车荫昌. 无机物热力学数据手册 [M]. 沈阳: 东北大学出版社, 1993: 449-506.

[136] 陈襄武. 炼钢过程中的脱氧 [M]. 北京: 冶金工业出版社, 1993: 85.

[137] 孙伟, 王静松, 曹立军, 等. 镁处理对轴承钢中夹杂物变性的热力学分析 [J]. 炼钢, 2010, 2(6): 41-43, 48.

[138] 闫占辉. 含镁碱土合金特性及其应用的研究 [D]. 北京: 北京科技大学, 2002: 44.

[139] Jung I H, Decterov S A, Pelton A D. Critical thermodynamic evaluation and optimization of the Fe-Mg-O system [J]. Journal of Physics and Chemistry of Solids, 2004, 65: 1683-1695.

[140] 陈斌, 姜敏, 王灿国, 等. Mg 在超纯净钢中应用的理论探索 [J]. 钢铁, 2007, 42(7): 30-33.

[141] Ohta H, Suito H. Deoxidation Equilibria of Calcium and Magnesium in Liquid Iron [J]. Metallurgical and Materials Transactions B, 1997, 28B(12): 1131-1139.

[142] 单佳義, 奥村圭二, 桑原守, 等. マグネシアのアルミニウム熱還元反応を用いたその場製造マグネシウム蒸気による溶鉄の脱酸 [J]. 鉄と鋼, 2002, 88(6): 306-313.

[143] 伊東裕恭, 日野光兀, 萬谷志郎. 溶鉄の Mg 脱酸平衡 [J]. 鉄と鋼, 1997, 83(10): 623-628.

[144] 张剑君. Al-Mg 合金复合脱氧机理分析 [J]. 武钢技术, 2008, 6(2): 11-15.

[145] Yang J, Okumura K, Kuwabara M, et al. Behavior of Magnesium in the Desulfurization Process of Molten Iron with Magnesium Vapor Produced In-situ by Aluminothermic Reduction of Magnesium Oxide [J]. ISIJ international, 2002, 42(7): 685-693.

[146] Yang J, Okumura K, Kuwabara M, et al. Improvement of Desulfurization Efficiency of Molten Iron with Magnesium Vapor Produced In Situ by Aluminothermic Reduction of Magnesium Oxide [J]. Metallurgical and Materials Transactions B, 2003, 34B(10): 619-629.

[147] Yang J, Ozaki S, Kakimoto R. Desulfurization of Molten Iron with Magnesium Vapor Produced In-situ by Carbothermic Reduction of Magnesium Oxide [J]. ISIJ international, 2011, 42(7): 685-693.

[148] 楊健, 桑原守, 勅使河原孝行, 等. Mg 溶銑脱硫プロセスにおける復硫速度 [J]. 鉄と鋼, 2006, 92(4): 254-261.

[149] 楊健, 桑原守, 奥村圭二, 等. その場製造した Mg 蒸気を利用した溶銑脱硫プロセスにおける復硫に及ぼす操作因子の影響 [J]. 鉄と鋼, 2006, 92(4): 246-253.

[150] 张荣生. 钢铁生产中的脱硫 [M]. 北京: 冶金工业出版社, 1986: 23.

[151] Seo W G, Han W H, Kim J S, et al. Deoxidation Equilibria among Mg, Al and O in Liquid Iron in the Presence of MgO·Al$_2$O$_3$ Spinel [J]. ISIJ international, 2003, 43(2): 201-208.

[152] 李太全, 包燕平, 刘建华, 等. 镁对 X120 管线钢夹杂物的作用 [J]. 钢铁, 2008, 43(11): 45-48.

[153] 李双江, 李阳, 姜周华, 等. 409L 不锈钢中镁铝尖晶石夹杂物的生成研究 [J]. 东北大学学报(自然科学版), 2010, 31(6): 848-851.

[154] 沈龙飞, 蒋兴元, 李阳, 等. Mg 处理钢生成细小尖晶石夹杂物的研究 [J]. 炼钢, 2009, 25(5): 52-54.

[155] 龚伟, 姜周华, 战东平, 等. 轴承钢中镁的行为热力学分析 [J]. 过程工程学报, 2009, 9(S1): 117-121.

[156] Itoh H, Hino M, Ban-ya S. Thermodynamics on the Formation of Spinel Nonmetallic Inclusion in Liquid Steel [J]. Metallurgical and Materials Transactions B, 1997, 28B(10): 953-956.

[157] Fujii K, Nagasaka T, Hino M. Activities of the Constituents in Spinel Solid Solution and Free Energies of Formation of MgO, MgO·Al$_2$O$_3$ [J]. ISIJ international, 2000, 40(11): 1059-1066.

[158] Jo S K, Song B, Kim S H. Thermodynamics on the Formation of Spinel (MgO·Al$_2$O$_3$)Inclusion in Liquid Iron Containing Chromium [J]. Metallurgical and Materials Transactions B, 2002, 33B(10): 703-709.

[159] Ohta H, Suito H. Calcium and Magnesium Deoxidation in Fe-Ni and Fe-Cr Alloys Equilibrated with CaO-Al$_2$O$_3$ and CaO-Al$_2$O$_3$-MgO Slags [J]. ISIJ international, 2003, 43(9): 1293-1300.

[160] Park J H, Todoroki H. Control of MgO·Al$_2$O$_3$ Spinel Inclusions inStainless Steels [J]. ISIJ International, 2010, 50(10): 1333-1346.

[161] Park J H, Lee S B, Gaye H R. Thermodynamics of the Formation of MgO-Al$_2$O$_3$-TiO$_x$ Inclusions in Ti-Stabilized 11Cr Ferritic Stainless Steel [J]. Metallurgical and Materials Transactions B, 2008, 39B(12): 853-861.

[162] Park J H. Formation Mechanism of Spinel-Type Inclusions in High-Alloyed Stainless Steel Melts [J]. Metallurgical and Materials Transactions B, 2007, 38B(8): 657-663.

[163] Park J J, Jo J O, Kim S I, et al. Thermodynamics of Titanium and Oxygen Dissolved in Liquid Iron Equilibrated with Titanium Oxides [J]. ISIJ International, 2007, 47(1): 16-24.

[164] Ono H, Nakajima K, Maruo R, et al. Formation Conditions of Mg$_2$TiO$_4$ and MgAl$_2$O$_4$ in Ti-Mg-Al Complex Deoxidation of Molten Iron [J]. ISIJ international, 2009, 49(7): 957-964.

[165] Ono H, Nakajima K, Ibuta T, et al. Equilibrium Relationship between the Oxide Compounds in MgO-Al$_2$O$_3$-Ti$_2$O$_3$ and Molten Iron at 1873 K [J]. ISIJ international, 2010, 50(12): 1955-1958.

[166] Ono H, Ibuta T. Equilibrium Relationships between Oxide Compounds in MgO-Ti$_2$O$_3$-Al$_2$O$_3$ with Iron at 1873 K and Variations in Stable Oxides with Temperature [J]. ISIJ international, 2011, 51(12): 2012-2018.

[167] Ren Y, Zhang L, Yang W, et al. Formation and Thermodynamics of Mg-Al-Ti-O Complex Inclusions in Mg-Al-Ti-Deoxidized Steel [J]. Metallurgical and Materials Transactions B, 2014, 45B(6): 2057-2071.

[168] Bi Y, Karasev A V, Jönsson P G, et al. Evolution of Different Inclusions during Ladle Treatment and Continuous Casting of Stainless Steel [J]. ISIJ international, 2013, 53(12): 2099-2109.

[169] Jiang Z, Li S, Li Y. Thermodynamic Calculation of Inclusion Formation in Mg-Al-Si-O System of 430 Stainless Steel Melts [J]. Journal of Iron and Steel Research International, 2011, 18(2): 14-17.

[170] 王博, 姜周华, 姜茂发. 镁铝合金处理 GCr15 轴承钢夹杂物的变质 [J]. 中国有色金属学报, 2006, 16(10): 1736-1742.

[171] Fu J, Yu Y G, Wang A R, et al. Inclusion Modification with Mg Treatment for 35CrNi3MoV Steel [J]. Journal of Materials Science Technology, 1998, 14(1): 53-56.

[172] Yang J, Yamasaki T, Kuwabara M. Behavior of Inclusions in Deoxidation Process of Molten Steel with in Situ Produced Mg Vapor [J]. ISIJ international, 2007, 47(5): 699-708.

[173] Yang J, Kuwabara M, Sakai T, et al. Simultaneous Desulfurization and Deoxidation of Molten Steel with in Situ Produced Magnesium Vapor [J]. ISIJ international, 2007, 47(3): 418-426.

[174] Ohta H, Suito H. Characteristics of Particle Size Distribution of Deoxidation Products with Mg, Zr, Al, Ca, Si/Mn and Mg/Al in Fe-10mass%Ni Alloy [J]. ISIJ International, 2006, 46(1): 14-21.

[175] Ohta H, Suito H. Dispersion Behavior of MgO, ZrO$_2$, Al$_2$O$_3$, CaO-Al$_2$O$_3$ and MnO-SiO$_2$ Deoxidation Particles during Solidification of Fe-10mass%Ni Alloy [J]. ISIJ international, 2006, 46(1): 22-28.

[176] Ohta H, Suito H. Effects of Dissolved Oxygen and Size Distribution on Particle Coarsening of Deoxidation Product [J]. ISIJ international, 2006, 46(4): 480-489.

[177] Ohta H, Suito H. Characteristics of Particle Size Distribution in Early Stage of Deoxidation [J]. ISIJ international, 2006, 46(1): 33-41.

[178] Karasev A V, Suito H. Analysis of Composition and Size Distribution of Inclusions in Fe-10Mass%Ni Alloy Deoxidized by Al and Mg Using Laser Ablation ICP Mass Spectrometry [J]. ISIJ international, 2004, 44(2): 364-371.

[179] Karasev A V, Suito H. Characteristics of Fine Oxide Particles Produced by Ti/M(M=Mg and Zr)Complex Deoxidation in Fe-10mass%Ni Alloy [J]. ISIJ International, 2008, 48(11): 1507-1561.

[180] 鰐部吉基, 下田達也, 伊藤公允, 等. マグネシア耐火物の溶鉄との反応および脱酸中の変質 [J]. 鉄と鋼, 1983, 69(10): 1280-1287.

[181] Takata R, Yang J, Kuwabara M. Characteristics of Inclusions Generated during Al-Mg Complex Deoxidation of Molten Steel [J]. ISIJ international, 2007, 47(10): 1379-1386.

[182] 杨俊, 王新华. 超低氧冶炼过程镁铝尖晶石形成的热力学分析与控制 [J]. 钢铁, 2011, 46(7): 27-31.

[183] 陈斌, 包萨日娜, 姜敏, 等. 镁提高钢水纯净度的研究 [J]. 钢铁研究学报, 2008, 20(6): 14-17.

[184] Okuyama G, Yamaguhi K, Takeuchi S, et al. Effect of Slag Composition on the Kinetics of Formation of Al$_2$O$_3$-MgO Inclusions in Aluminum Killed Ferritic Stainless Steel [J]. ISIJ international, 2000, 40(2): 121-128.

[185] Harada A, Miyano G, Maruoka N, et al. Dissolution Behavior of Mg from MgO into Molten Steel Deoxidized by Al [J]. ISIJ international, 2014, 54(10): 2230-2238.

[186] Yang S F, Li J S, Wang Z F, et al. Modification of MgO·Al$_2$O$_3$ spinel inclusions in Al-killed steel by Ca-treatment [J]. International Journal of Minerals, Metallurgy, and Materials, 2011, 18(1): 18-23.

[187] Todoroki H, Mizuno K. Effect of Silica in Slag on Inclusion Compositions in 304 Stainless Steel Deoxidized with

Aluminum [J]. ISIJ international, 2004, 44(8): 1350-1357.

[188] 沼田光裕, 樋口善彦. Ca-Mg 添加時の溶鋼中介在物組成変化 [J]. 鉄と鋼, 2011, 97(1): 1-6.

[189] Verma N, Pistorius P C, Fruehan R J, et al. Calcium Modification of Spinel Inclusions in Aluminum-Killed Steel: Reaction Steps [J]. Metallurgical and Materials Transactions B, 2012, 43B(4): 830-840.

[190] Ma W, Bao Y, Wang M, et al. Effect of Mg and Ca Treatment on Behavior and Particle Size of Inclusions in Bearing Steels [J]. ISIJ international, 2014, 54(3): 536-542.

[191] Wang H, Glaer B, Du S. Improvement of Resistance of MgO-Based Refractory to Slag Penetration by In Situ Spinel Formation [J]. Metallurgical and Materials Transactions B, 2015, 46B(2): 749-757.

[192] Yang S, Wang Q, Zhang L, et al. Formation and Modification of MgO·Al$_2$O$_3$-Based Inclusions in Alloy Steels [J]. Metallurgical and Materials Transactions B, 2012, 43B(4): 731-750.

[193] Yang S, Li J, Zhang L, et al. Behavior of MgO·Al$_2$O$_3$ Based Inclusions in Alloy Steel During Refining Process [J]. Journal of Iron and Steel Research, International, 2010, 17(7): 1-6.

[194] Yang W, Zhang L, Wang X, et al. Characteristics of Inclusions in Low Carbon Al-Killed Steel during Ladle Furnace Refining and Calcium Treatment [J]. ISIJ international, 2013, 53(8): 1401-1410.

[195] Shi C B, Chen X C, Guo H J, et al. Control of MgO·Al$_2$O$_3$ Spinel Inclusions during Protective Gas Electroslag Remelting of Die Steel [J]. Metallurgical and Materials Transactions B, 2013, 44B(4): 378-389.

[196] Park J H, Kim D S. Effect of CaO-Al$_2$O$_3$-MgO Slags on the Formation of MgO-Al$_2$O$_3$ Inclusions in Ferritic Stainless Steel [J]. Metallurgical and Materials Transactions B, 2005, 36B(8): 495-502.

[197] Jiang M, Wang X, Chen B, et al. Formation of MgO·Al$_2$O$_3$ Inclusions in High Strength Alloyed Structural Steel Refined by CaO-SiO$_2$-Al$_2$O$_3$-MgO Slag [J]. ISIJ international, 2008, 48(7): 885-890.

[198] Jiang M, Wang X, Chen B, et al. Laboratory Study on Evolution Mechanisms of Non-metallic Inclusions in High Strength Alloyed Steel Refined by High Basicity Slag [J]. ISIJ international, 2010, 50(1): 95-104.

[199] Seo C W, Kim S H, Jo S K, et al. Modification and Minimization of Spinel (Al$_2$O$_3$·xMgO)Inclusions Formed in Ti-Added Steel Melts [J]. Metallurgical and Materials Transactions B, 2010, 41B(8): 790-797.

[200] Wu Z, Zheng W, Li G, et al. Effect of Inclusions' Behavior on the Microstructure in Al-Ti Deoxidized and Magnesium-Treated Steel with Different Aluminum Contents [J]. Metallurgical and Materials Transactions B, 2015, 46(3):1226-1241.

[201] Chang C H, Jung I H, Park S C, et al. Effect of Mg on the evolution of non-metallic inclusions in Mn-Si-Ti deoxidised steel during solidification: experiments and thermodynamic calculations [J]. Ironmaking & Steelmaking, 2005, 32(3): 251-257.

[202] Park S C, Jung I H, Oh K S, et al. Effect of Al on the Evolution of Non-metallic Inclusions in the Mn-Si-Ti-Mg Deoxidized Steel During Solidification: Experiments and Thermodynamic Calculations [J]. ISIJ international, 2004, 44(6): 1016-1023.

[203] 邵肖静, 王新华, 王万军, 等. 硫化锰夹杂物在 YF45MnV 钢中行为的原位观察[J]. 北京科技大学学报, 2010, 32(5): 570-573.

[204] Yin H, Shibata H, Emi T, et al. In-Situ Formation Observation of Collision of Alumina Inclusion Agglomeration and Cluster Particles on Steel Melts [J]. ISIJ International, 1997, 37(10): 936-945.

[205] Yin H, Shibata H, Emi T, et al. Characteristics on Molten Steel of Agglomeration Surface of Various Inclusion Particles [J]. ISIJ International, 1997, 37(10): 946-955.

[206] Kimura S, Nakajima K, Mizouchi S. Behavior of Alumina-Magnesia Complex Inclusions and Magnesia Inclusions on the Surface of Molten Low-Carbon Steels [J]. Metallurgical And Materials Transaction B, 2001, 32(2): 79-84.

[207] Kang Y, Sahebkar B, Scheller P R, et al. Observation on Physical Growth of Nonmetallic Inclusion in Liquid Steel During Ladle Treatment [J]. Metallurgical and Materials Transaction B, 2011, 42B(3): 523-534.

[208] Wikström J, Nakajima K, Shibata H, et al. In situ studies of the agglomeration phenomena for calcium-alumina inclusions at liquid steel-liquid slag interface and in the slag [J]. Materials Science and Engineering A, 2008, 495: 316-319.

[209] Wikström J, Nakajima K, Shibata H, et al. In situ studies of agglomeration between Al₂O₃-CaO inclusions at metal/gas, metal/slag interface and in slag [J]. Ironmaking & Steelmaking, 2008, 35(8): 589-599.

[210] Coletti B, Vantilt S, Blanpain B, et al. Observation of Calcium Aluminate Inclusions at Interfaces between Ca-Treated, Al-Killed Steels and Slags [J]. Metallurgical And Materials Transaction B, 2003, 34(2): 533-538.

[211] Yan P, Guo M, Blanpain B. In Situ Observation of the Formation and Interaction Behavior of the Oxide/Oxysulfide Inclusions on a Liquid Iron Surface [J]. Metallurgical and Materials Transaction B, 2014, 45B(3): 903-913.

[212] Kimura S, Nabeshima Y, nakajima K. Behavior of Nonmetallic Inclusions in Front of the Solid-Liquid Interface in Low-Carbon Steels [J]. Metallurgical And Materials Transaction B, 2000, 31(2): 1013-1022.

[213] Kojima A, Kiyose A, Uemori R, et al. Super high HAZ toughness technology with fine microstructure imparted by fine particles [J]. Nippon Steel Technical Research, 2004, 90: 2-6.

[214] 胡春林, 宋波, 宋高阳, 等. Mg 含量对 Ti-Mg 复合脱氧钢中夹杂物与组织的影响 [J]. 中国有色金属学报, 2013, 23(11): 3211-3217.

[215] Zhu K, Yang J, Wang R Z, et al. Effect of Mg addition on inhibiting austenite grain growth in heat affected zones of Ti-bearing low carbon steels [J]. Journal of Iron and Steel Research, International, 2011, 18(9): 60-64.

[216] Zhu K, Yang Z G. Effect of magnesium on the austenite grain growthof the heat-affected zone in low-carbon high-strength steels [J]. Metallurgical and Materials Transactions A, 2011, 42(8): 2207-2213.

[217] Zhu K, Yang Z G. Effect of Mg addition on the ferrite grain boundaries misorientation in HAZ of low carbon steels [J]. Journal of Materials Science Technology, 2011, 27(3): 252-256.

[218] Kojima A, Kiyose A, Terada Y, et al. Development of YS500 MPa CIass TMCP steel plates for offshore structures [A]. Proc. 20th Int. Conf. OMAE [C]. Rio de Janeiro, ASME, 2001.

[219] Sakata K, Suito H. Dispersion of fine primary inclusions of MgO and ZrO₂ in Fe-10 mass pct Ni alloy and the solidification structure [J]. Metallurgical and Materials Transactions B, 1999, 30(6): 1053-1063.

[220] Sakata K, Suito H. Grain-growth-inhibiting effects of primary inclusion particles of ZrO₂ and MgO in Fe-10masspctNi alloy [J]. Metallurgical and Materials Transactions A, 2000, 31(4): 1213-1223.

[221] Karasev A V, Suito H. Effect of particle size distribution on austenite grain growth in Fe-0.05mass%C alloy deoxidized with Mn-Si, Ti, Mg, Zr and Ce [J]. ISIJ International, 2006, 46 (5): 718-727.

[222] Ohta H, Suito H. Effect of nonrandomly dispersed particles on austenite grain growth in Fe-10mass%Ni and Fe-0.20massC%-0.02mass%P alloys [J]. ISIJ International, 2006, 46(6): 832-839.

[223] Karasev A V, Suito H, Jönsson P G. Effects of soluble Ti and Zr content and austenite grain size on microstructure of the simulated heat affected zone in Fe-C-Mn-Si alloy [J]. ISIJ International, 2011, 51(9): 1524-1533.

[224] Karasev A V, Suito H. Effects of oxides particles and solute elements on austenite grain growth in Fe-0.05mass%C and Fe-10mass%Ni alloys [J]. ISIJ International, 2008, 48(5): 658-666.

[225] Isobe K. Effect of Mg addition on solidification structure of low carbonsteel [J]. ISIJ International, 2010, 50(12): 1972-1980.

[226] Kimura K, Fukumoto S, Shigesato G I, et al. Effect of Mg addition on equiaxed grain formation in ferriticstainless steel [J]. ISIJ International, 2013, 53(12): 2167-2175.

[227] Park J S, Park J H. Effect of Mg-Ti deoxidation on the formation behavior of equiaxed crystals during rapid solidification of iron alloys [J]. Steel Research International, 2014, 85(8): 1303-1309.

[228] Xu Y T, Chen Z P, Gong M T, et al. Effects of Mg additionon inclusions formation and resultant solidification structure changes of Ti-stabilized ultra-pure ferritic stainless steel[J]. Journal of Iron and Steel Research, International, 2014, 21(6): 583-588.

[229] Baker T N. Role of zirconium in microalloyed steels a review [J]. Materials Science and Technology, 2015, 31(3): 265-294.

[230] Bhattacharya D. Effect of sulfur and zirconium on the machinability and mechanical properties of AISI 1045 steels [J]. Metallurgical Transactions A, 1981, 12(6): 973-985.

[231] Pollard B. Effect ofmanganesecontenton sulphide shapecontrol by zirconium in steel [J]. Metals Technology, 1974,

1(1): 343-347.

[232] Guo C J,Yu R Z,Shu Q G, et al.The existence of intragranular fettite plates and nucleating inclusions in the heat affected zone of X-60 pipe steel [J]. Journal of Materials Science, 1997, 32(11): 2985-2989.

[233] 武会宾, 侯敏, 梁国俐, 等. 锆对含钛 F40 级船板钢粗晶热影响区低温韧性的影响 [J]. 北京科技大学学报, 2012, 34(2): 137-142.

[234] Manohar P A, Ferry M, Chandra T. Five decades of the zener equation [J]. ISIJ International, 1998, 38(9): 913-924.

[235] He K J, Baker T N. Zr-containing precipitates in a Ti-Nb microalloyed HSLA steel containing 0.016wt%Zr addition [J]. Materials Science and Engineering A, 1996, 215(1-2): 57-65.

[236] He K J, Baker T N. Effect of zirconium additions on austenite grain coarsening of C-Mn and microalloy steels [J]. Materials Science and Engineering A, 1998, 256(1-2): 111-119.

[237] Zheng L, Yuan Z X, Song S H, et al. Austenite grain growth in heat affected zone of Zr-Ti bearing microalloyed steel [J]. Journal of Iron and Steel Research, International, 2012, 19(2): 73-78.

[238] Titov V, Inoue R, Suito H. Grain-growth-inhibiting effects of TiC and ZrC precipitates in Fe-0.150.30mass%C alloy [J]. ISIJ International, 2008, 48(5): 301-309.

[239] Li Y, Wan X L, Cheng L, et al. First-principles calculation of the interaction of Mn with ZrO$_2$ and its effect on the formation of ferrite in high-strength low-alloysteels [J]. Scripta Materialia, 2014, 75: 78-81.

[240] 雷毅, 刘志义, 李海. 低碳钢中添加 ZrO$_2$ 粒子获得超细晶粒的研究 [J]. 兵器材料科学与工程, 2004, 24(2): 3-5.

[241] Aliakbarzadeh H, Tamizifar M, Mirdamadi S, et al. Mechanical properties and microstructures of Zr-microalloyed cast steel [J]. ISIJ International, 2005, 45(8): 1201-1204.

[242] Aliakbarzadeh H, Mirdamadi S, Tamizifar M. Effect of low Zr addition on microalloyed cast steel [J]. Materials Science and Technology, 2010, 26(11): 1373-1376.

[243] Park J W, Lee K K, Jung W S. Elevated temperature deformation behavior of low carbon Zr-B steel [J]. Scripta Materialia, 2001, 44(4): 587-592.

[244] Yamamoto Y, Takeyama M, Lu Z P, et al. Alloying effects on creep and oxidation resistance of austenitic stainless steel alloys employing intermetallic precipitates [J]. Intermetallics, 2008, 16(3): 453-462.

[245] 梁国俐, 杨善武, 武会宾. 锆处理石油储罐钢大热输入焊接 CGHAZ 冲击韧性分析 [J]. 焊接学报, 2011, 32(11): 85-88.

[246] Cavazos J L. Characterization of precipitates formed in a ferritic stainless steel stabilized with Zr and Ti additions [J]. Materials Characterization, 2006, 56(2): 96-101.

[247] Kim M J, Cho H H, Kim S H, et al. Effect of Zr addition on phase transformation and precipitation in B-added hot stamping steel [J]. Metals and Materials International, 2013, 19(4): 629-635.

[248] 郭佳, 尚成嘉, 郭爱民, 等. 微量 Zr 添加对 Mn-Mo-Nb-Cu-B 钢晶粒长大倾向性的影响 [J]. 北京科技大学学报, 2008, 30(11): 1236-1243.

[249] 陈颜堂, 丁庆丰, 陈晓. Zr 对钢中夹杂物的变质作用及对热影响区组织和力学性能的影响 [J]. 金属热处理, 2006, 31(1): 76-78.

[250] Moon J, Jang M H, Kang J Y, et al. The negative effect of Zr addition on the high temperature strength in alumina-forming austenitic stainless steels [J]. Materials Characterization, 2014, 87: 12-18.

[251] 习天辉, 陈晓, 李平和, 等. Zr 含量对微合金钢组织和性能的影响 [J]. 武汉科技大学学报(自然科学版), 2003, 26(4): 339-342.

[252] 习天辉, 陈晓, 李平和, 等. 含 Zr 钢中夹杂物对低温韧性的影响 [J]. 钢铁, 2004, 39(12): 60-63.

[253] Trindade V B, Mello R S T, Payäo J C, et al. Influence of zirconium on microstructure and toughness of low-alloy steel weld metals [J]. Journal of Materials Engineering and Performance, 2006, 15(3): 284-286.

[254] 王军, 李晓泉, 郑伟, 等. 锆对 X70 钢焊缝微观组织及韧性的影响研究 [J]. 现代焊接, 2007 (12): 23-24.

2 典型镁锆钢液体系夹杂物生成热力学

本章内容是根据目前工业生产中普遍存在的典型钢液体系,通过热力学计算,构建含镁锆钢液体系内非金属夹杂物的平衡关系,据此探讨镁锆处理变质钢中非金属夹杂物的可能性,并为第 3 章典型镁锆钢液体系中非金属夹杂物的演变行为研究打下基础。

2.1 Fe-Mg-Al-O-S 钢液体系

硫通常被认为是钢中的有害元素,对于管线钢、油井管用钢等对硫含量要求严格的超低硫钢种来说,硫化物的偏析析出易发生硫化物应力腐蚀而导致钢材失效和钢材的各项异性;对于普通硫含量钢种来说,如果硫含量超标或锰硫比控制不合适,易导致热脆现象发生;对于高硫含量含硫易切削钢来说,钢中硫化物的粒度、形态和分布对于其易切削性能和机械性能均具有重要影响。总之,不管是对于超低硫钢、普通硫含量钢铁材料,还是对高硫含量钢铁材料来说,控制硫化物的析出行为对钢铁材料的性能至关重要。镁处理具有细化和促使夹杂物弥散分布的特点,利用镁处理来控制硫化物的析出行为,控制钢中硫化物的形态和分布状态,进而改善钢材的加工性能和机械性能值得研究。欲实现上述目标,需要明确该钢液体系镁处理过程非金属夹杂物的变质行为和影响规律,首先采用热力学方法建立该体系内夹杂物的相平衡关系。

2.1.1 计算原则与方法

本研究依据吉布斯自由能最小原理进行热力学计算。由于所研究的元素(如 Mg、Al、O 等)的浓度较低,将钢液假定为理想溶液,并遵循亨利定律。组元活度系数计算选用 1%(质量分数)极稀溶液为标准态,组元活度系数与元素间相互作用系数采用瓦格纳推荐的经验式表示,如式(2.1)所示[1-2]。计算过程中涉及钢液中元素相互作用系数如表 2.1 所示。

$$\log f_i = \sum_{j=2}^{n} e_i^j [j] + \sum_{j=2}^{n} r_i^j [j] + \sum_{j=2}^{n} \sum_{k=2}^{n} r_i^{j,k} [j][k] \tag{2.1}$$

式中,f_i 为活度系数;e_i^j 为一阶相互作用系数;r_i^j、$r_i^{j,k}$ 为二阶相互作用系数。

利用文献中已知的反应式自由能变,通过线性组合的方法得到稳定区域转化的边界方程及其自由能变[3-4]。然后根据其平衡常数，使用 Matlab 计算并绘制出钢液体系夹杂物相稳定区域图。

表 2.1　元素在铁液中 1873K 温度下的相互作用系数[5-18]

i	j	k	e_i^j	r_i^j	$r_i^{(j,k)}$
Mg	Mg	O	−0.047	0	−61 000
		Al			0
	O	Mg	−460	350 000	−61 000
		Al			−230
	Al	O	−0.12	0	−230
		Mg			0
O	Mg	Al	−300	−20 000	−150
		O			462 000
	Al	Mg	−3.9	−0.01	−150
		O			47.45
	O	Mg	−0.20	0	462 000
		Al			47.45
Al	Mg	Al	−0.13	0	0
		O			−260
	O	Al	−1.98	39.82	−0.028
		Mg			−260
	Al	O	0.043	−0.001	−0.028
		Mg			0

镁在钢液中脱氧反应式及其平衡常数为[19]

$$\text{MgO(s)} =\!=\!= [\text{Mg}] + [\text{O}] \qquad \log k = -\frac{4700}{T} - 4.28 \qquad (2.2)$$

$$\log k = \log([\text{Mg}][\text{O}]) + \log f_{\text{Mg}} + \log f_{\text{O}} \qquad (2.3)$$

从 $\text{Al}_2\text{O}_3 \cdot \text{MgO}$ 相图中可以看到，在炼钢温度（1873K）下 Al_2O_3 和 MgO 中间产物只有镁铝尖晶石（$\text{MgO} \cdot \text{Al}_2\text{O}_3$）一种，且生成区域相对较大。Fe-Mg-Al-O 体系中除了存在反应（式 2.2）外，还存在如下反应[14,20]：

$$\text{Al}_2\text{O}_3(\text{s}) =\!=\!= 2[\text{Al}] + 3[\text{O}] \quad \Delta G^\ominus = 1\,202\,000 - 386.3T (\text{J} \cdot \text{mol}^{-1}) \qquad (2.4)$$

$$\text{MgO} \cdot \text{Al}_2\text{O}_3(\text{s}) =\!=\!= \text{MgO(s)} + \text{Al}_2\text{O}_3(\text{s}) \quad \Delta G^\ominus = 18\,800 + 6.3T (\text{J} \cdot \text{mol}^{-1}) \qquad (2.5)$$

使用线性组合方法得到 MgO 与 $\text{MgO} \cdot \text{Al}_2\text{O}_3$ 和 $\text{MgO} \cdot \text{Al}_2\text{O}_3$ 与 Al_2O_3 的边界线方程：

$$\begin{cases} 4\text{MgO(s)} + 2[\text{Al}] =\!=\!= \text{MgO} \cdot \text{Al}_2\text{O}_3(\text{s}) + 3[\text{Mg}] \\ \Delta G^\ominus = 965\,000 - 335.2T (\text{J} \cdot \text{mol}^{-1}) \end{cases} \qquad (2.6)$$

$$\begin{cases} 3\text{MgO} \cdot \text{Al}_2\text{O}_3(\text{s}) + 2[\text{Al}] =\!=\!= 4\text{Al}_2\text{O}_3(\text{s}) + 3[\text{Mg}] \\ \Delta G^\ominus = 1\,040\,200 - 310T (\text{J} \cdot \text{mol}^{-1}) \end{cases} \qquad (2.7)$$

2.1.2　计算结果

由边界线方程（2.6）和边界线方程（2.7），就可以计算得到 MgO、MgO·Al$_2$O$_3$ 与 Al$_2$O$_3$ 的稳定区域图。

图 2.1 为 Fe-Mg-Al-O 钢液体系中夹杂物的稳定区域图。由图 2.1 可知，体系中存在 MgO、MgO·Al$_2$O$_3$ 和 Al$_2$O$_3$ 三个区域。当钢中溶解铝含量在 0.01%～0.1% 范围内变化时，钢中微量的镁就能形成镁铝尖晶石产物。进一步提高钢中溶解镁含量，当[Mg]/[Al]达到 0.1 以上时，MgO·Al$_2$O$_3$ 就可通过反应变质生成 MgO。

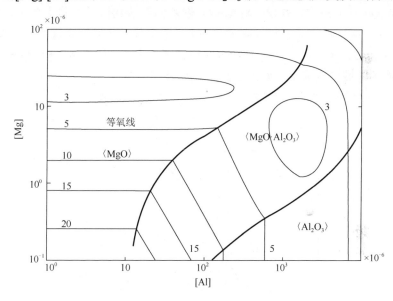

图 2.1　1873K 温度下 MgO、MgO·Al$_2$O$_3$ 与 Al$_2$O$_3$ 的稳定区域

2.2　Fe-Si-Mn-Al-Mg-O 钢液体系

生产实践中，对于 B 类和 D 类夹杂物敏感的钢种，如帘线钢等，应尽量减少 Al$_2$O$_3$ 夹杂物的生成。这些钢种生产中一般采用硅锰脱氧，通过控制夹杂物的塑性化，提高钢的韧性和拉拔性能。然而，硅锰系夹杂物在钢中容易聚合、长大，残留在钢中同样会对钢质产生非常不利的影响。镁处理具有细化和促使夹杂物弥散分布的特点，如果能利用镁处理来控制钢中夹杂物的粒径分布状态，这对于该钢种加工性能和机械性能的控制具有重要意义。但目前硅锰脱氧钢体系镁处理的相关研究几乎为空白，研究该钢液体系镁处理过程非金属夹杂物的变质行为和影响规律对于拓展镁处理技术应用领域具有重要意义。

在硅锰脱氧钢生产过程中，由原料带入而在钢液中会不可避免的含有一定量的铝，其含量对钢中夹杂物成分及形态具有重要的影响，故在研究硅锰脱氧钢体系夹杂物相平衡关系时，考虑了铝的影响。Fe-Si-Mn-Al-Mg-O 钢液体系中涉及元素较多，本部分计算采用 Fastsage 热力学计算软件中的 Phase Program 模块进行。

　　Fe-Si-Mn-Al-Mg-O 钢液体系中夹杂物相稳定区域图如图 2.2 所示。由图 2.2 可知，该钢液体系中稳定存在的夹杂物相有 SiO_2、$3Al_2O_3 \cdot 2SiO_2$、Al_2O_3、$MgO \cdot Al_2O_3$、$2MgO \cdot SiO_2$ 和液相夹杂物。由图 2.2（a）可知，当钢中不含镁时，钢中稳定存在的夹杂物相有 SiO_2、$3Al_2O_3 \cdot 2SiO_2$、Al_2O_3 和液相夹杂物，其中 $3Al_2O_3 \cdot 2SiO_2$ 存在于高硅高铝含量条件下。由图 2.2（b）可知，添加少量的镁（[Mg]=0.0001%）对 Fe-Si-Mn-Al-Mg-O 钢液体系液相区具有扩大效果，但此时 Al_2O_3 相稳定区域被尖晶石相（$MgO \cdot Al_2O_3$）所取代。随着镁含量的进一步增加，镁橄榄石相（$2MgO \cdot SiO_2$）出现且稳定区域逐渐扩大，并与尖晶石相（$MgO \cdot Al_2O_3$）一起将液相区域挤压缩小，如图 2.2（c）所示。

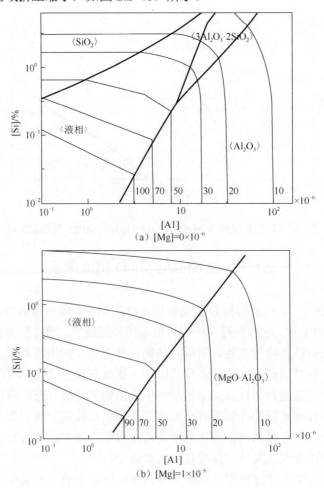

（a）[Mg]=0×10⁻⁶

（b）[Mg]=1×10⁻⁶

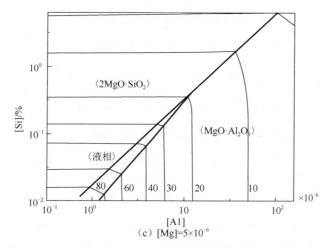

$$(c) \ [Mg]=5\times10^{-6}$$

图 2.2 1873K 温度下 Fe-Si-Mn-Al-Mg-O 体系中夹杂物稳定区域

2.3 Fe-Mg-Al-Ca-O 钢液体系

钙处理将铝脱氧钢中 Al_2O_3 夹杂物变成低熔点的复合夹杂物，可有效降低水口结瘤的风险。但液相钙铝酸盐夹杂物在钢水中易于碰撞、聚合、长大，实际生产过程中容易出现钢中残留夹杂物尺寸超出钢种规定上限的问题。镁处理具有细化和促使夹杂物弥散分布的特点，能否利用镁处理来控制钢中残留夹杂物的尺寸，从而有效控制上述问题呢？研究 Fe-Mg-Al-Ca-O 钢液体系镁处理过程对非金属夹杂物的变质行为和影响规律不仅对现场生产具有指导意义，而且对于拓展镁处理技术应用领域具有重要意义。

本节的热力学计算原则及方法与 2.1 节相同，计算过程中涉及钢液中元素相互作用系数如表 2.2 所示。由 $Al_2O_3 \cdot CaO$ 相图可知，Al_2O_3 和 CaO 中间产物包括 $CaO \cdot 6Al_2O_3$、$CaO \cdot 2Al_2O_3$、$12CaO \cdot 7Al_2O_3$ 和 $3CaO \cdot Al_2O_3$。Fe-Mg-Al-Ca-O 体系中除了存在铝氧反应外，还存在着下述的钙铝酸盐和镁铝尖晶石的生成反应[21]：

$$\begin{cases} CaO \cdot 6Al_2O_3(s) \rule[0.5ex]{1.5em}{0.4pt} [Ca]+12[Al]+19[O] \\ \Delta G^{\ominus}=5\,359\,607-1\,234.42T \ (J/mol) \end{cases} \tag{2.8}$$

$$\begin{cases} CaO \cdot 2Al_2O_3(s) \rule[0.5ex]{1.5em}{0.4pt} [Ca]+4[Al]+7[O] \\ \Delta G^{\ominus}=1\,888\,877-356.18T \ (J/mol) \end{cases} \tag{2.9}$$

$$\begin{cases} 12CaO \cdot 7Al_2O_3(l) \rule[0.5ex]{1.5em}{0.4pt} 12[Ca]+14[Al]+33[O] \\ \Delta G^{\ominus}=7\,113\,224-189.4T(J/mol) \end{cases} \tag{2.10}$$

$$\begin{cases} CaO \cdot Al_2O_3(l) =\!=\!= [Ca] + 2[Al] + 4[O] \\ \Delta G^{\ominus} = 1\,184\,827 - 142.12T \ (J\,/\,mol) \end{cases} \tag{2.11}$$

$$CaO =\!=\!= [Ca] + [O] \quad \Delta G^{\ominus} = 138\,227 + 63.0T \ (J\,/\,mol) \tag{2.12}$$

$$\begin{cases} MgO \cdot Al_2O_3(s) =\!=\!= [Mg] + 2[Al] + 4[O] \\ \Delta G^{\ominus} = 978\,182 - 128.93T \ (J\,/\,mol) \end{cases} \tag{2.13}$$

利用反应式（2.8）~式（2.11），结合铝氧反应式（2.4）和钙氧反应式（2.12），就可以线性组合得到各个相稳定区域之间的边界线方程及其反应吉布斯自由能变。根据边界线方程计算得到 1873K 时 Fe-Mg-Al-Ca-O 体系中夹杂物相稳定区域图。

表 2.2　元素在铁液中 1873K 温度下的相互作用系数

i	j	k	e_i^j	r_i^j	$r_i^{(j,k)}$
Mg	Mg	O	−0.047	0	−61 000
		Al			0
	O	Mg	−460	350 000	−61 000
		Al			−230
	Ca	O	0	0	0
	Al	O	−0.12	0	−230
		Mg			0
		Ca			0
O	Mg	Ca	−300	−20 000	0
		Al			−150
		O			462 000
	Al	Mg	−3.9	−0.01	−150
		O			47.45
		Ca			0
	O	Mg	−0.20	0	462 000
		Al			47.45
		Ca			520 000
	Ca	O	−310	−17 984	520 000
		Mg			0
		Al			0
Al	Mg	Al	−0.13	0	0
		O			−260
	O	Al	−1.98	39.82	−0.028
		Mg			−260
	Al	O	0.043	−0.001	−0.028
		Mg			0
	Ca	O	−0.047	0	0
Ca	Al	—	−0.072	0.000 7	—
	O	Ca	−580	650 129	−90 056
	Ca	O	−0.002	0	−90 227
	Mg	—	0	0	—

图 2.3 为 1873K 温度下 Fe-Al-Ca-Mg-O 体系内夹杂物的稳定区域。图 2.3（a）为体系中不含镁条件下，即 Fe-Al-Ca-O 体系中夹杂物的稳定区域图。由图 2.3（a）可以看出，保持合适的钙铝比，可以保证夹杂物处于液相区范围内；当溶解铝含量低于 0.1%时，微量的钙就可以把夹杂物控制在液相区；而当溶解铝含量高于 0.1%时，钢中溶解钙含量需要保持在 1×10^{-6} 以上才能满足夹杂物改质的目标。图 2.3（b）和图 2.3（c）分别为体系中镁含量为 1×10^{-6} 和 5×10^{-6} 条件下 Fe-Mg-Al-Ca-O 体系中夹杂物的稳定区域。由图 2.3（b）和图 2.3（c）可知，当钢中[Mg]=0.0001%时，体系中液相夹杂稳定区域有所缩小，并出现了镁铝尖晶石稳定区域。随着溶解镁含量的增加，$CaO \cdot 2Al_2O_3$、$CaO \cdot 6Al_2O_3$ 区域不断被压缩直至消失，被 $MgO \cdot Al_2O_3$ 区域逐渐代替；液相稳定区虽然逐渐缩小，但在[Ca]≥0.0001%的条件下，钢液中液相夹杂物仍然可稳定存在。

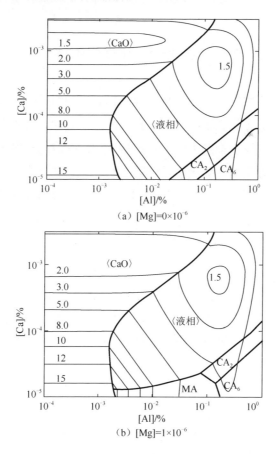

（a）[Mg]=0×10⁻⁶

（b）[Mg]=1×10⁻⁶

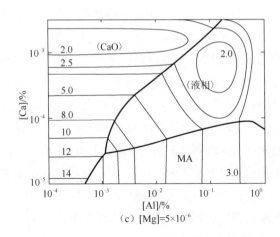

图 2.3　1873K 温度下 Fe-Al-Ca-Mg-O 体系内夹杂物的稳定区域图

2.4　Fe-Mg-Al-Zr-O 钢液体系

氧化物冶金是利用钢中特殊氧化物粒子控制钢的组织，进而控制钢材性能的有效手段之一，是非金属夹杂物功能化控制的重要方向。日本率先将氧化物冶金技术应用到高强度、厚板钢的大线能量焊接过程，并成功开发了 Ti_2O_3 系（第 1 代）、Mg 或 Ca 的氧化物、硫化物系（第 2 代）氧化物冶金技术。随着氧化物冶金研究的不断深入，国内外科学研究者们主要关注于具有氧化物冶金功能的夹杂物粒子以及夹杂物粒子在不同冶金过程如焊接、凝固、热加工等过程中的作用效果。近年来，除钛外，镁和锆的氧化物冶金作用也引起了国内外学者们广泛关注。就其研究现状看，镁、锆的研究仍处于起步阶段，尤其关于镁锆系夹杂物对钢材组织与性能的作用规律仍存在诸多不足，研究 Fe-Al-Mg-Zr-O 钢液体系中非金属夹杂物的演变行为，对于镁锆系夹杂物冶金技术的发展具有重要意义。对于该体系来说，与 Fe-Si-Mn-Al-Mg-O 相同，也采用 Fastsage 热力学计算软件中的 Phase Program 模块进行计算。

图 2.4 为 1600℃温度下 Fe-Al-Zr-O 体系的夹杂物稳定区域图。由图可知，在 Fe-Al-Zr-O 体系中只存在 Al_2O_3 和 ZrO_2 两个相稳定区域，随着钢中铝含量的升高，ZrO_2 稳定存在所对应的锆含量也相应升高。例如，当钢液中[Al]=0.03%时，钢液中[Zr]>0.0005%时 ZrO_2 才可在钢液中稳定存在。

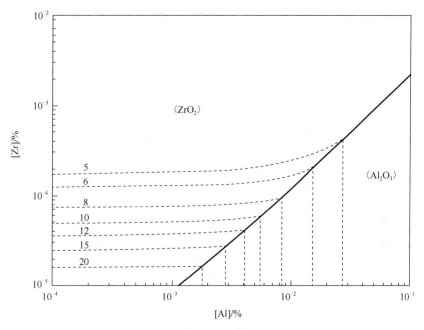

图 2.4 1600℃温度下 Fe-Al-Zr-O 体系的夹杂物稳定区域

图 2.5 为 1600℃温度下 Fe-Al-Mg-Zr-O 体系的夹杂物稳定区域图。图 2.5（a）所示，当钢液中存在微量的镁时（0.0005%Mg），体系中存在 3 个稳定相，分别为 Al_2O_3、$MgAl_2O_4$ 和 ZrO_2。与 Fe-Al-Zr-O 体系相比，加 Mg 后因 $MgAl_2O_4$ 新相的产生使 ZrO_2 和 Al_2O_3 稳定区域缩小。随着钢液中镁含量的增大（例如 0.0015%Mg），体系中 MgO 可稳定存在，MgO 和 Al_2O_3 的稳定区进一步缩小，如图 2.5（b）所示。当体系中镁含量进一步增大（例如 0.0030%Mg），体系中 Al_2O_3 稳定区消失，而只存在 MgO、$MgAl_2O_4$ 和 ZrO_2 稳定区域，如图 2.5（c）所示。

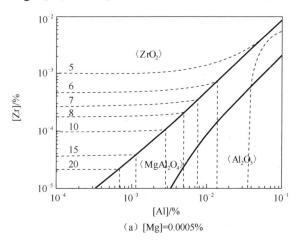

（a）[Mg]=0.0005%

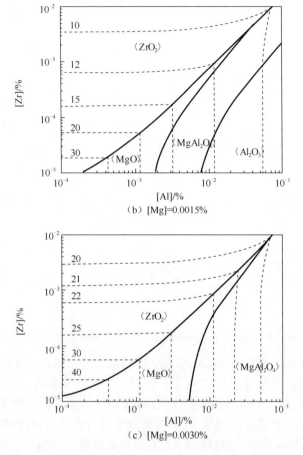

（b）[Mg]=0.0015%

（c）[Mg]=0.0030%

图 2.5　1600℃温度下 Fe-Al-Mg-Zr-O 体系的夹杂物稳定区域

2.5　本　章　小　结

本章针对 Fe-Mg-Al-O-S、Fe-Si-Mn-Al-Mg-O、Fe-Mg-Al-Ca-O 和 Fe-Mg-Al-Zr-O 钢液体系进行了热力学计算，分析了各体系内非金属夹杂物的稳定存在区域并预测了各区域间夹杂物的转换行为。

（1）对于 Fe-Mg-Al-O-S 钢液体系，夹杂物平衡相包括 MgO、MgO·Al$_2$O$_3$ 和 Al$_2$O$_3$ 三种，体系中存在较大的镁铝尖晶石相（MgO·Al$_2$O$_3$）稳定区域。当钢中溶解铝含量在 0.01%～0.1% 范围内变化时，钢中微量镁就可变质生成 MgO·Al$_2$O$_3$；当钢中溶解镁、铝元素的质量比大于 0.1 时，MgO·Al$_2$O$_3$ 可稳定变质成 MgO。

（2）对于 Fe-Si-Mn-Al-Mg-O 钢液体系，稳定存在的夹杂物相有 SiO$_2$、Al$_2$O$_3$、MgO·Al$_2$O$_3$、2MgO·SiO$_2$ 与液相夹杂物。添加少量的镁（[Mg]=0.0001%）可扩大

液相夹杂稳定区域，Al_2O_3 相稳定区域被镁铝尖晶石相（$MgO·Al_2O_3$）稳定区所取代；随着体系中镁含量的增加，镁橄榄石相（$2MgO·SiO_2$）稳定存在且区域逐渐扩大，并与尖晶石相（$MgO·Al_2O_3$）共同将液相夹杂区域挤压缩小。

（3）对于 Fe-Mg-Al-Ca-O 钢液体系，随着体系中镁含量的增加，$CaO·2Al_2O_3$、$CaO·6Al_2O_3$ 区域不断被 $MgO·Al_2O_3$ 区域压缩减小。虽然液相区随着溶解镁含量增加有所减小，但在钢中钙含量大于 0.0001% 时，钢液中稳定存在的夹杂物仍为液相。

（4）对于 Fe-Mg-Al-Zr-O 钢液体系，当体系中不含镁时，只存在 Al_2O_3 和 ZrO_2 两个相稳定区域，ZrO_2 稳定存在所对应的锆含量随钢中铝含量的升高而升高。当钢液中存在微量镁时（0.0005%Mg），体系中稳定相为 Al_2O_3、$MgAl_2O_4$ 和 ZrO_2，$MgAl_2O_4$ 相的产生使 ZrO_2 和 Al_2O_3 稳定区域缩小；随着钢液中镁含量的增加，MgO 可稳定存在，ZrO_2 的稳定区域不断缩小，Al_2O_3 的稳定区域不断缩小直至消失，而只存在 MgO、$MgAl_2O_4$ 和 ZrO_2 稳定区域。

参 考 文 献

[1]　黄希祜. 钢铁冶金原理[M]. 3 版. 北京: 冶金工业出版社, 2000: 20.

[2]　田彦文, 翟秀静, 刘奎仁, 等. 冶金物理化学简明教程[M]. 2 版. 北京: 化学工业出版社, 2011: 14-16.

[3]　梁连科, 车荫昌, 杨怀, 等. 冶金热力学及动力学 [M]. 沈阳: 东北工学院出版社, 1990: 12-14.

[4]　郭汉杰. 冶金物理化学教程 [M]. 北京: 冶金工业出版社, 2004: 15-17.

[5]　Ono H, Nakajima K, Ibuta T, et al. Equilibrium relationship between the oxide compounds in MgO-Al₂O₃-Ti₂O₃ and molten iron at 1873K [J]. ISIJ International, 2010, 50(12): 1955-1958.

[6]　佐藤奈翁也, 谷口徹, 三嶋節夫, 等. Fe-40mass%Ni-5mass%Cr 合金溶製工程における非金属介在物の生成予測 [J]. 鉄と鋼, 2009, 95(12): 827-836.

[7]　Todoroki H, Mizuno K. Effect of silica in slag on inclusion compositions in 304 stainless steel deoxidized with aluminum [J]. ISIJ International, 2004, 44(8): 1350-1357.

[8]　Cho S W, Suito H. Assessment of aluminum-oxygen equilibrium in liquid iron and activities in CaO-Al₂O₃-SiO₂ slags [J]. ISIJ International, 1994, 34(2): 177-185.

[9]　Taguchi K, Ono-nakazato H, Nakazato D, et al. Deoxidation and desulfurization equilibria of liquid iron by calcium [J]. ISIJ International, 2003, 43(11): 1705-1709.

[10]　Ohta H, Suito H. Activities in CaO-MgO-Al₂O₃ Slags and deoxidation equilibria of Al, Mg, and Ca [J]. ISIJ International, 1996, 36(8): 983-990.

[11]　Ma Z, Janke D. Characteristics of oxide precipitation and growth during solidification of deoxidized steel [J]. ISIJ International, 1998, 38(1): 46-52.

[12]　Karasev A, Suito H. Quantitative evaluation of inclusion in deoxidation of Fe-10 mass pct Ni alloy with Si, Ti, Al, Zr and Ce [J]. Metallurgical and Materials Transactions B, 1999, 30B (4): 149-257.

[13]　Suzuki K, Ban-ya S, Hino M. Deoxidation equilibrium of Cr-Ni stainless steel with Si at the temperatures from 1823 to 1923 K [J]. ISIJ International, 2002, 42(2): 146-149.

[14]　樋口善彦, 沼田光裕, 深川信, 等. 鋼中介在物の組成形態変化に及ぼす Ca 処理条件の影響 [J]. 鉄と鋼, 1996, 82(8): 671-676.

[15]　伊東裕恭, 日野光兀, 萬谷志郎. 溶鉄の Al 脱酸平衡の再評価 [J]. 鉄と鋼, 1997, 83(12): 773-778.

[16]　Ishii F, Ban-ya S, Hino M. Thermodynamics of the deoxidation equilibrium of aluminum in liquid nickel and nickel-iron alloys [J]. ISIJ International, 1996, 36(1): 25-31.

[17]　坂尾弘. 溶鉄の Si, Al による脱酸の平衡値 [J]. 鉄と鋼, 1990, 76(1): 17-24.

[18]　Suito H, Inoue R. Thermodynamics on control of inclusions composition in ultraclean steels [J]. ISIJ International, 1996, 36(5): 528-536.

[19]　伊東裕恭, 日野光兀, 萬谷志郎. 溶鉄の Mg 脱酸平衡 [J]. 鉄と鋼, 1997, 83(10): 623-628.

[20]　伊東裕恭, 日野光兀, 萬谷志郎. 溶鋼中でのスピネル(MgO·Al$_2$O$_3$)非金属介在物生成に関する熱力学 [J]. 鉄と鋼, 1998, 84(2): 19-24.

[21]　Choudhary S K, Ghosh A. Mathematical model for prediction of composition of inclusions formed during solidification of liquid steel [J]. ISIJ International, 2009, 49(12): 1819-1827.

3 典型镁锆钢液体系中非金属夹杂物的演变行为

本章内容是针对第 2 章所研究的典型钢液体系，开展钢液镁锆处理高温模拟实验，借助 SEM/EDX、定量金相等检测分析手段，研究镁锆处理条件下钢液体系中非金属夹杂物成分、形态、粒度及其分布的演变行为，并结合热力学分析结果探讨非金属夹杂物的变质机制。

3.1 Fe-Mg-Al-O-S 钢液体系

3.1.1 研究方案

为全面考察镁处理对含硫钢体系中非金属夹杂物变质行为及影响规律，根据热力学计算结果，设计了不同硫含量和不同镁添加量的实验，分别考察钢液体系硫含量和镁处理强度对非金属夹杂物演变行为的影响。为便于对比，同时设计了不进行镁处理的空白实验。

3.1.1.1 实验原料

实验采用工业纯铁进行高温热态实验。每次实验用量为 350～400g。实验前使用车床将工业纯铁表层氧化层去掉，并切割成小块，酒精超声波振荡清洗，烘干待用，成分如表 3.1 所示；钢液脱氧采用高纯铝线（99.9%），成分调整采用锰铁合金和 FeS，成分如表 3.1 所示。对于金属镁，考虑金属镁比重轻，熔点低（649℃），蒸气压高。1600℃时，纯镁的蒸气压高达 2.038 MPa[1]，高温条件下很难将镁加入钢液。而且镁在钢中的溶解度相对较低。1600℃时，镁在碳饱和铁中的溶解度在 0.044%～0.057%[2]，因此在实验研究过程中常以合金形式加入。常见的镁合金包括 Ca-Mg、Al-Mg、Mg-RE、Ca-Mg-RE、Mn-Mg、Ni-Mg。考虑到 FH40级船板钢含有 0.20%～0.40% Ni，且 Ni-Mg 合金比重较高，蒸汽压较低，Ni-5Mg、Ni-15 Mg、Ni-30 Mg 的蒸气压分别为 0.029 MPa、0.135 MPa、0.35 MPa[3]，因此，本实验选择 Ni-Mg 合金对钢液进行镁处理，对应的 Ni-Mg 合金成分也列于表 3.1 中。

表 3.1　　实验原料成分表（质量分数）　　　　　（单位：%）

成分	Fe	Ni	C	Si	Mn	Al	Mg	S	P	FeS	其他
工业纯铁	99.944	—	0.002	0.010	0.030	0.001	—	0.007	0.007	—	0.043
高纯铝线	—	—	—	—	—	99.990	—	—	—	—	0.010
锰铁合金	12.570	—	1.500	1.500	84.200	—	—	0.030	0.200	—	—
镍镁合金	0.930	80.120	0.780	0.190	—	—	17.980	—	—	—	—
硫化亚铁	—	—	—	—	—	—	—	—	—	99.500	0.500

3.1.1.2　实验设备及耗材

（1）实验设备。

实验采用 $MoSi_2$ 高温管式炉进行，由炉子主体和控温系统组成。采用二硅化钼棒作为发热元件，控温系统采用可控硅自动控温仪，测温用 PtRH30/PtRH6S 双铂铑热电偶，控温精度为±3℃。刚玉炉管尺寸为 $\Phi90mm×\Phi100mm×H900mm$。实验装置如图 3.1 所示。

实验过程中采用氩气作为保护气体，为保证炉内良好气氛，高纯氩气经过变色硅胶和分子筛除去其中的微量的水蒸气及杂质后从炉管上方直接通入 MgO 质坩埚上方，炉管内导气管使用 $\Phi8mm$ 的空心氧化铝管，导气管沿炉管延伸到石墨套筒内，如图 3.1 中 15 所示。

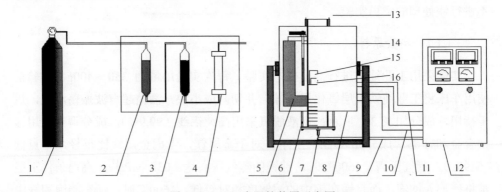

图 3.1　$MoSi_2$ 电阻炉装置示意图

1. 氩气瓶；2. 硅胶；3. 分子筛；4. 转子流量计；5. 高铝质绝热砖；6. 刚玉质炉管；7. 测温热电偶；
8. 炉体；9. 热电偶补偿导线；10. 电源线；11. 热电偶导线；12. 控温柜；13. 氧化铝管；
14. $MoSi_2$ 发热体；15. 石墨套筒；16. MgO 坩埚

（2）实验耗材。

① 钼棒。钼棒用于搅拌钢液、固体电解质定氧回路电极及作为脱氧剂加入承载工具。

② 低碳钢铁皮。脱氧剂在加入过程会出现氧化烧损，影响合金收得率，本实验使用低碳钢铁皮将脱氧剂包裹后再加入钢液，能有效减少加入过程的氧化烧损。低碳钢铁皮中合金元素含量很低，对本实验要求严格控制的元素含量影响不大，可以忽略其对钢液成分造成的影响。

③ 石英管。石英管作为固体电解质定氧探头、回路电极保护套管及用于钢液取样装置。

④ 坩埚。脱氧实验采用 MgO 质坩埚，坩埚尺寸为：内径 50mm，壁厚 3mm，深度 90mm。为防止在加合金、取样过程合金喷溅等对炉管产生危害，在 MgO 质坩埚外套石墨坩埚保护，石墨坩埚尺寸为：内径 65mm，壁厚 8mm，深度 160mm。此外，石墨坩埚和炉管内残余 O_2 会生成 CO，在钢液表面形成微弱的还原性气氛，有利于炉内气氛控制。

⑤ 固体电解质定氧探头。用于实验过程中钢液中溶解氧含量的测定，以确定脱氧剂的加入量并对实验过程进行控制，同时为后续的实验结果分析讨论提供依据。采用固体电解质定氧探头方法定氧由于不需要取样，具有速度快的优点；更为重要的是，该方法测定的是钢液中的溶解氧含量，能够准确反应钢液的真实情况。

固体电解质定氧探头依据浓差电池原理测定钢液的氧含量。浓差电池由两个半电池组成，一个是已知氧分压的参比电极（包括参比材料），另一个是带测定含氧量的金属液的回路电极，中间用固体电解质连接。由于两个半电池的氧分压不同，而固体电解质只有一个氧离子导电体，在一定温度下在两电极之间产生电动势，由测定的电动势可计算出金属液的溶解氧含量，计算公式如式（3.1）所示。

$$E = \frac{RT}{nF} \ln \frac{a'_{[O]}}{a''_{[O]}} \qquad (3.1)$$

式中，E 为电池电动势；R 为普朗克气体常数；n 为参比电极摩尔数；F 为库仑常数；T 为钢液温度；$a'_{[O]}$ 为钢中氧活度；$a''_{[O]}$ 为参比电极氧活度。

图 3.2 为固体电解质定氧探头结构及工作原理示意图。电极引线为直径为 0.5mm 的钼丝，回路电极为直径 3.96mm 的钼棒，参比电极用 $Cr+Cr_2O_3$ 粉料混合封装，电解质管为 ZrO_2 材质。当钢液完全熔化后，将连接好的参比电极和回路电极一同插入熔池中央，即可测得钢液溶解氧含量。

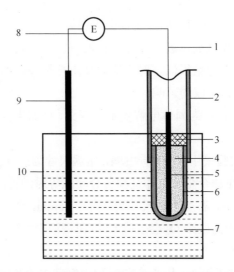

图 3.2　固体电解质定氧探头结构及工作原理示意图

1. 电极引线；2. 石英管；3. 高温水泥；4. Al$_2$O$_3$ 粉；5. 参比电极；6. 电解质管；7. 钢液；
8. 定氧仪；9. 回路电极；10. 坩埚

⑥ 取样器。本实验研究 1873K 下夹杂物的瞬态变化过程，需要钢样快速冷却。根据实验室条件，采用自制的带注射器的石英玻璃管取样，取样时将开口的石英管一段插入钢液底部，拉动注射器，抽取钢样约 50mm，抽取的钢样迅速插入水中急冷，以保证钢中夹杂物处于高温状态下的形貌。石英管内径为 4mm，壁厚 1mm。取样器示意图如图 3.3 所示。

3.1.1.3　实验步骤

（1）将称量好的工业纯铁（400～450g）、FeS、锰铁等原料放入 MgO 质坩埚内，再将其置于石墨套筒中，并一起置于高温管式炉恒温区域内。

（2）管式炉升温前，氩气经气体净化装置（变色硅胶、镁净化装置）通入炉膛内，流量控制在 5L/min。

（3）管式炉升温至 1600℃，恒温 1h。

（4）待钢液完全熔化，进行第一次定氧（No.1 [O]），并根据 No.1 [O]计算得到高纯铝线加入量。

（5）称量高纯铝线，使用铁皮包裹并用钼丝固定在钼棒一端，然后将其迅速加入钢液中，搅拌后抽取钼棒（No.1 合金加入）。

（6）铝加入 5min 后，进行第二次定氧（No.2 [O]）。根据合金收得率，计算得出镍镁合金加入量，然后使用 Φ4mm 石英管进行第一次取样（试样 1）。

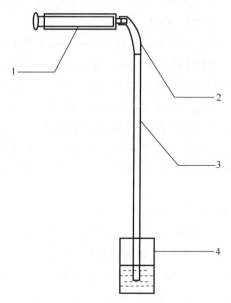

图 3.3　取样器示意图

1. 注射器；2. 橡皮软管；3. 石英管；4. 坩埚

（7）称量镍镁合金，使用铁皮包裹并用钼丝固定在钼棒一端，然后将其迅速加入钢液中，搅拌后抽取钼棒（No.2 合金加入）。

（8）在镍镁合金加入 1min、5min、10min 后分别使用 Φ4mm 石英管进行第二、第三、第四次取样（试样 2、试样 3、试样 4），并在镍镁合金加入 5min 后进行第三次定氧（No.3 [O]）。

（9）实验结束，待炉温降至 1100℃，关闭气路、电路、水路。

整个实验过程如图 3.4 所示。

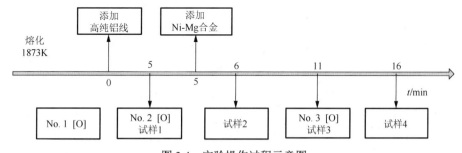

图 3.4　实验操作过程示意图

3.1.1.4　试样制备及检测分析

（1）金相试样制备。

高温实验所取钢样经过加工处理用来做夹杂物形貌及成分分析和定量金相分

析使用。金相试样制备步骤如下：

① 使用线切割将试样加工成尺寸为 Φ4mm×6mm 的小圆柱体。

② 然后将其放入到镶料机的磨具内，再放入粉末状树脂镶嵌料。在压力机提供足够的压力的同时将镶料加热到 130℃，恒温 1min，使粉末状树脂熔融加压在模内成型，自然冷却到常温，得到镶嵌好的金相试样。

③ 用自动磨抛机将镶嵌好的金相试样进行磨抛。采用 SiC 砂纸在转速为 800r·min⁻¹ 的转速下进行湿磨，依次分别使用 400 号、600 号、800 号、1000 号、1200 号、1500 号、2000 号的金相砂纸将金相试样由粗到细逐级磨平，最后使用电吹风机吹干水分。

④ 将磨好的金相试样进行抛光去划痕处理。

⑤ 完成抛光后，用清水冲洗干净，在抛光面上滴上酒精用电吹风机吹干水分。当在金相显微镜［奥林巴斯 BX51（OLYMPUS BX51）™］下进行观察时，如果抛光面无划痕、水迹、脏迹、抛光坑，则金相试样制备完成。

⑥ 用脱脂棉将抛光好的金相试样包好放入试样袋中备用。

（2）夹杂物粒径统计。

非金属夹杂物粒径统计使用金相显微镜［奥林巴斯 BX51（OLYMPUS BX51）™］对制备好的金相试样进行定量金相分析，步骤如下：

① 对每个试样在放大 500 倍情况下进行 64 个连续视场的观察拍照，每个视场面积为 92 750μm²，总面积为 5.936 mm²。

② 利用光学显微镜拍摄的照片中钢基体和夹杂物存在的色泽差异，采用专业图像分析软件 ipp6.0 对夹杂物进行统计分析。根据软件分析结果，统计出每个试样中夹杂物的平均直径、面积和面积分数。

③ 取夹杂物的粒径范围在 0～5μm，每隔 0.2μm 进行粒径分布统计，并做出全粒径分布图[4]。

（3）夹杂物形貌、成分分析。

使用金相显微镜［奥林巴斯 BX51（OLYMPUS BX51）™］低倍下观察夹杂物尺寸、形貌；使用扫描电镜（SSX-550™）高倍下观察夹杂物形貌特征，并借助能谱仪分析夹杂物成分。

（4）钢样化学成分分析。

钢样溶解铝和溶解镁分析，为准确称取待测试样碎屑 1g 低温溶解在 H₂O：HNO₃=3：1 的混合溶液中，定容在 1000mL 容量瓶中，采用电感耦合等离子体发射光谱仪（ICP-OES）测量钢样溶解铝和溶解镁含量。

3.1.2　低硫铝脱氧钢中夹杂物的演变行为

本节共冶炼了 7 炉钢，各组实验钢样品的化学成分分析结果如表 3.2 所示，并将其标注于图 3.5 中。以硫含量为考察目标，No.1～No.2 实验钢比较低，没有额外添加硫，其硫含量约为 0.003%；No.3～No.5 实验钢中硫含量为 0.025%～0.050%，对应的是中硫含量实验钢条件；No.6～No.7 实验钢中硫含量达到了 0.08% 左右，对应考察的是高硫含量实验钢条件。其中 No.1 实验钢是空白实验组，该组实验钢仅进行了铝脱氧，并在每个时间节点处取样；No.2 实验钢则是先用铝进行脱氧，再添加镍镁合金进行变质处理，这两组实验对照讨论了镁对低硫钢中氧化物夹杂的变质效果。结合夹杂物相稳定区域图（图 3.5）可知，No.2 实验钢的成分点位于 MgO 和 MgO·Al$_2$O$_3$ 稳定存在区域附近。对于中硫含量条件实验钢，又以镁含量为考察目标，探究不同强度镁处理对中硫含量钢中夹杂物的变质效果，No.3～No.5 实验钢依次对应低镁含量、中镁含量、高镁含量实验钢。

表 3.2　实验钢成分分析（质量分数）　　　　　　　（单位：%）

No.	[Al]	[Mg]	[O]	[S]	[Mn]
1	0.1170	—	0.0005	0.0020	0.0410
2	0.1970	0.0046	0.0006	0.0030	0.0350
3	0.1310	0.0018	0.0004	0.0450	0.4100
4	0.1760	0.0094	0.0005	0.0500	0.4500
5	0.1470	0.0190	0.0007	0.0250	0.3500
6	0.2100	0.0017	0.0004	0.0810	0.8070
7	0.1260	0.0024	0.0004	0.0760	0.8130

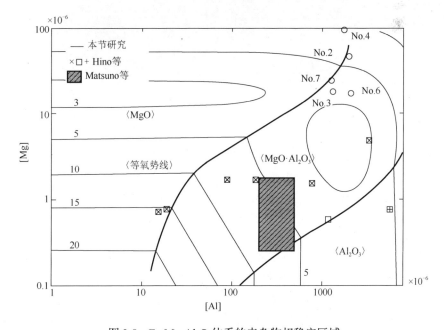

图 3.5　Fe-Mg-Al-O 体系的夹杂物相稳定区域

3.1.2.1　非金属夹杂物形态与成分

图 3.6 是 No.1 实验钢中在铝脱氧 5min 后典型夹杂物的扫描电镜及能谱分析结果，图右上角所标示数据对应于相应位置夹杂物中各元素的原子百分数（下文同）。铝加入钢液后，会打破原有的 Al-O 平衡，[Al]和[O]剧烈反应生成 Al_2O_3 夹杂物，直至钢液中建立新的 Al-O 平衡。此时产生的夹杂物均为纯 Al_2O_3 夹杂物，夹杂物大多为不规则形状以及簇集形状。

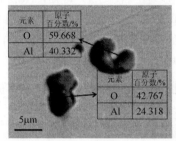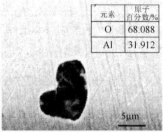

图 3.6　No.1 实验钢铝脱氧后 5min 夹杂物 SEM-EDS 分析结果

No.2 实验钢在铝脱氧 5min 后典型夹杂物的扫描电镜及能谱分析结果，如图 3.7 所示。夹杂物的成分和形状与单独铝脱氧的 No.1 实验钢并没有太大区别，同样出现了不规则的单颗粒夹杂物以及簇状夹杂物。

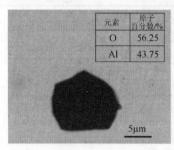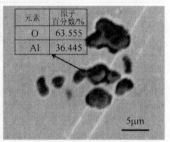

图 3.7　No.2 实验钢铝脱氧 5min 后夹杂物 SEM-EDS 分析结果

图 3.8 是为 No.2 实验钢添加镍镁合金变质处理后试样中典型夹杂物的分析结果。图 3.8（a）是 No.2 实验钢镁添加 1min 后典型夹杂物的 SEM-EDS 分析。由图 3.8（a）可知，夹杂物主要以不规则球形夹杂物为主。实验钢中没有发现纯 Al_2O_3 夹杂物，而且多以分层夹杂物存在。夹杂物内核是 $MgO \cdot Al_2O_3$，外层是 MnS。同时，实验钢中还观察到了 Mg-Mn-S 复合夹杂物，结合热力学分析可知，这类夹杂物为凝固时析出的。由能谱分析结果可知，此时 Mg-Al-O 复合夹杂物中铝的原子百分数为 33%左右，镁元素则为 1.4%左右。同时实验钢中存在单独的 MgO 夹杂物。这说明镁在进一步变质 Al_2O_3 夹杂的同时，可能还存在着与钢中[O]直接反应生成 MgO 的情况。

　　图3.8（b）是 No.2 实验钢镁添加 5min 后夹杂物的 SEM-EDS 分析结果。典型夹杂物与加镁 1min 后实验钢类似，同样呈不规则球形形状。从夹杂物成分分析来看，Mg-Al-O-S 复合夹杂物中镁原子百分数达到了 40%左右。图3.8（c）是 No.2 实验钢镁添加 10min 后夹杂物的 SEM-EDS 分析。观察夹杂物形貌可知，典型夹杂物尺寸较小，其形状大多为不规则球形。从夹杂物成分上看，Mg-Al-O-S 复合夹杂物中铝的原子百分数较之镁添加 5min 试样中夹杂物下降到 1.10%，镁的原子百分数则增大至 44.15%，而且实验钢中发现了更多的纯 MgO 夹杂物。这说明镁对 Al_2O_3 夹杂的变质趋于完全。

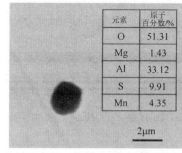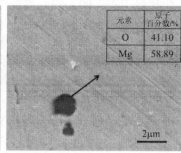

（a）加镁1min后夹杂物SEM-EDS分析结果

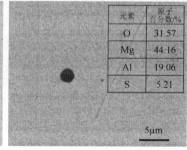

（b）加镁5min后夹杂物SEM-EDS分析结果

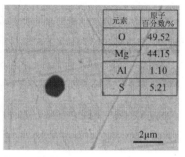

（c）加镁10min后夹杂物SEM-EDS分析结果

图3.8　No.2 实验钢加镁后不同时间钢液中夹杂物的 SEM-EDS 分析结果

综上所述，镁加入低硫含量钢液后，很快就将 Al_2O_3 夹杂物完全变质成了 $MgO \cdot Al_2O_3$ 尖晶石夹杂物。此时实验钢中典型夹杂物主要以两种形式存在：一种是以 $MgO \cdot Al_2O_3$ 尖晶石夹杂物为中心，周围附着少量的 MnS 夹杂物的包裹型夹杂；另一种则是 Mg-Al-O-S 系均相复合夹杂物。随着时间的推移，镁变质 Al_2O_3 夹杂物为 $MgO \cdot Al_2O_3$ 尖晶石夹杂物后，钢液中的镁进一步与夹杂物发生变质反应，夹杂物中镁的原子百分数逐渐提高。

3.1.2.2　非金属夹杂物的数量、粒度及分布

定量金相是对一个平面上的夹杂物进行统计，而金相试样中可能含有多种夹杂物，在钢中的分布是随机的，并且是立体呈现的，在金相试样的任意磨光面所出现的夹杂物是随机的。故仅对一个平面上夹杂物进行评估的话，有很大的随机性。为了消除这种随机误差的影响，本节实验对每一组钢样都进行 3 次定量金相统计，每次统计之前都重新磨抛，然后取 3 组磨抛面拍照统计数据的中值作图，并根据其他 2 组数据作出误差棒状图。

No.1 实验钢为铝单独脱氧空白组实验，粒径统计结果如图 3.9 所示。由图 3.9 可知，No.1 实验钢中夹杂物的平均直径较大，各个实验节点均在 $2\mu m$ 以上。随着保温时间的延长，夹杂物尺寸出现了逐渐增大的现象。数密度变化是衡量夹杂物粒径分布的另外一个重要指标。No.1 实验钢中夹杂物的数量随着保温时间的延长略有下降。此现象出现的原因可能是因为 Al_2O_3 夹杂物容易聚合长大，上浮至钢液表面。图 3.10 是 No.1 实验钢中不同粒径大小夹杂物所占百分比分布图。铝脱氧 1min 时钢中所占比例最大的夹杂物是粒径为 $1.0 \sim 1.2\mu m$ 的夹杂物，占 22.45%，其中尺寸小于 $2\mu m$ 的夹杂物比例为 71.03%。

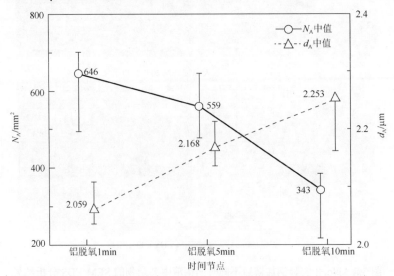

图 3.9　No.1 实验钢夹杂物数密度与平均粒径随铝脱氧时间的变化规律

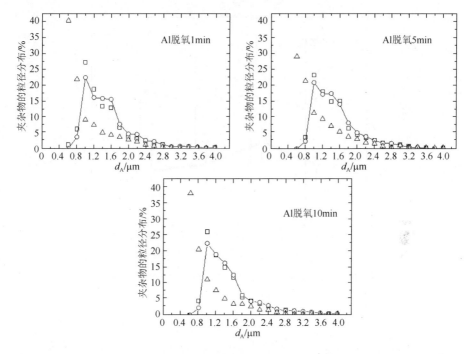

图 3.10　No.1 实验钢不同取样时间钢样夹杂物粒度分布

　　图 3.11 为 No.2 实验钢夹杂物数密度与平均粒径的演变行为。由图 3.11 可知，在镁添加后夹杂物平均直径较小，不同实验时间点均在 1.2μm 以下。从夹杂物的数量上看，加镁 1min 后数量达到峰值，随着时间的延长逐渐下降。夹杂物之所以呈现上述变化趋势，分析认为，这是由于镁的脱氧能力很强，在变质夹杂物的同时和钢液中的氧发生反应，生成了更多的微细夹杂物；当反应进行逐渐完全，不再有新的微细夹杂物生成，由于上浮去除的缘故，夹杂物数量略有下降。

　　图 3.12 为 No.2 实验钢中夹杂物的粒度分布情况。由图 3.12 可知，铝脱氧 5min 时，实验钢中所占比例最大的是粒径为 0.8~1.0μm 的夹杂物，约占 29.48%，其中尺寸小于 2μm 的夹杂物为 80.23%。加镁 1min 时，粒径大小为 0.8~1.0μm 的夹杂物仍然在所有尺寸夹杂物中比例最大，为 32.82%；2μm 以下的夹杂物比例上升到 86.82%。加镁 5min 时，钢中粒径大小为 0.8~1.0μm 的夹杂物比例上升到 37.41%；小于 2μm 的夹杂物达到 90.55%。加镁 10min 时，钢中各尺寸夹杂所占比例和加镁 5min 时基本一致。

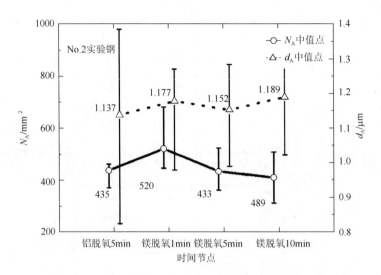

图 3.11　No.2 实验钢夹杂物数密度与平均粒径的演变行为

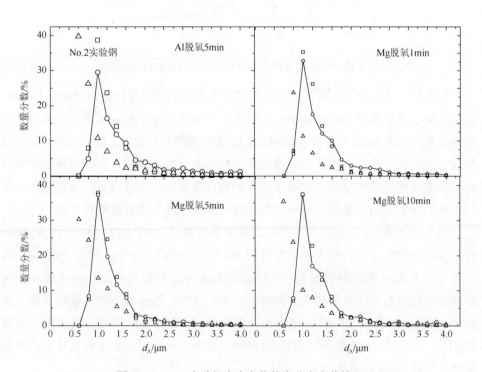

图 3.12　No.2 实验钢中夹杂物粒度分布变化情况

3.1.3 中高硫铝脱氧钢中夹杂物的演变行为

3.1.3.1 非金属夹杂物的形态与成分

随着实验钢中硫含量的提高，铝脱氧后钢中夹杂物的存在形式也发生了很大变化，本节以 No.3 实验钢为例加以说明。从图 3.13 可以看出，实验钢中主要存在两种典型夹杂物，一种是包裹型的复合夹杂物，其内核为纯的 Al_2O_3 夹杂物，颜色较深，周围围绕着一层 MnS 夹杂，颜色较浅；另一种是链状分布的纯 MnS 夹杂物。从形貌上看，复合夹杂物的形状为球形，链状分布的 MnS 形状不规则，尺寸小、数量多。

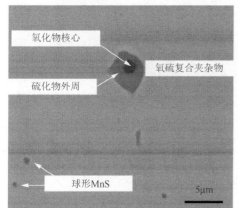

图 3.13 No.3 实验钢铝脱氧后夹杂物 SEM-EDS 分析结果

图 3.14 是 No.3 实验钢加镁后夹杂物的 SEM-EDS 分析。对比铝脱氧 5min 样品，加镁后的实验钢样品中均没有观察到纯 Al_2O_3 夹杂物。实验钢中大量存在包裹型的复合夹杂物，其内核为 $MgO \cdot Al_2O_3$ 夹杂，外围是 MnS 夹杂。包裹型夹杂物中心的 $MgO \cdot Al_2O_3$ 夹杂物一般为球形，而外周的 MnS 夹杂形状不规则，差异较大。实验钢中除了存在单颗粒的 MnS 夹杂物，还存在有沿晶界析出的 MnS 夹杂物。

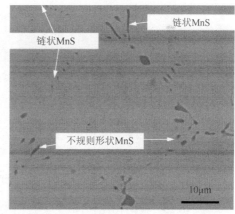

元素	原子百分数/%
O	47.88
Mg	8.33
Al	32.468
S	2.04
Mn	1.40

元素	原子百分数/%
O	1.605
Mg	34.05
S	56.73
Mn	7.611

（a）加镁1min后夹杂物SEM-EDS分析结果

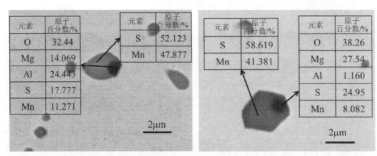

（b）加镁5min后夹杂物SEM-EDS分析结果

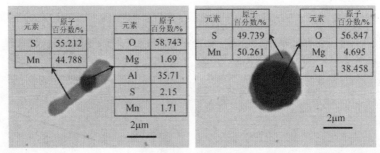

（c）加镁10min后夹杂物SEM-EDS分析结果

图 3.14　No.3 实验钢加镁后不同时间夹杂物的 SEM-EDS 分析结果

　　与 No.2 实验钢相比，No.3 实验钢中出现了大量的 MnS 夹杂，有的呈链状分布，有的成为包裹层附着在 $MgO \cdot Al_2O_3$ 或 Al_2O_3 夹杂外围。加镁后，No.3 实验钢中氧化物夹杂几乎全部变质成了 $MgO \cdot Al_2O_3$。

　　图 3.15 是 No.4 实验钢在加镁后不同时间试样中典型夹杂物的 SEM-EDS 分析结果。No.4 实验钢的溶解镁为 0.0094%，镁含量高于 No.3 实验钢，成分分析显示其成分点是位于 $MgO \cdot Al_2O_3$ 热力学相稳定区域图的 MgO 生成区域。由图 3.15（a）可知，夹杂物为近似椭球形。其成分为镁含量较高的 Mg-O-S-Mn 系复合夹杂物，外围的 MnS 和 MgS 复合夹杂物是附着 MgO 形核长大并相互依附析出的。同时，实验钢中还存在 Mg-Mn-S 复合硫化物。图 3.15（b）、图 3.15（c）是 No.4 实验钢加镁 5min、10min 时的夹杂物的 SEM-EDS 分析，这两组钢样夹杂物的形貌成分类似。典型夹杂物均呈球形和不规则形貌。从成分分析来看，除了 Mg-Mn-S 系复合硫化物外，主要是以 Mg-O-S 夹杂物为核心，周围附着 MnS 的复合夹杂物。

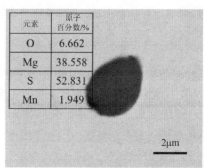 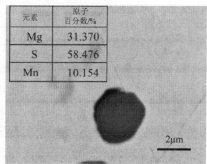

元素	原子百分数/%
O	6.662
Mg	38.558
S	52.831
Mn	1.949

元素	原子百分数/%
Mg	31.370
S	58.476
Mn	10.154

（a）加镁1min后夹杂物SEM-EDS分析结果

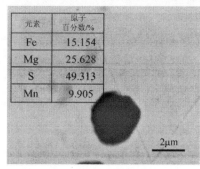 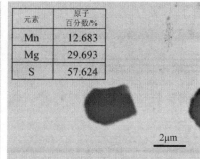

元素	原子百分数/%
Fe	15.154
Mg	25.628
S	49.313
Mn	9.905

元素	原子百分数/%
Mn	12.683
Mg	29.693
S	57.624

（b）加镁5min后夹杂物SEM-EDS分析结果

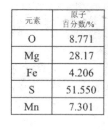  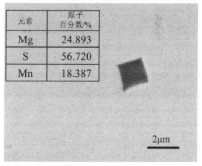

元素	原子百分数/%
O	8.771
Mg	28.17
Fe	4.206
S	51.550
Mn	7.301

元素	原子百分数/%
Mg	24.893
S	56.720
Mn	18.387

（c）加镁10min后夹杂物SEM-EDS分析结果

图 3.15　No.4 实验钢添加镁不同时间夹杂物的 SEM-EDS 分析结果

与 No.3 实验钢相比，在钢液中溶解镁含量较高的情况下，镁变质 Al_2O_3 生成了 Mg-O-S-Mn 复合夹杂，同时夹杂物中 Mg 的原子百分数较 No.3 实验钢中多，这与镁的处理强度增大有关。No.4 实验钢存在的 MgS 和 MnS 的复合硫化物，分析可能是由于钢液冷速不足导致样品凝固过程中析出。

图 3.16 是 No.5 实验钢在加镁后不同时间夹杂物的 SEM-EDS 分析结果。No.5 实验钢的成分分析显示其成分点同样位于 $MgO \cdot Al_2O_3$ 热力学稳定区域图的 MgO

生成区域。No.5 实验钢在加镁后 1min 时就把 Al_2O_3 夹杂物完全变质成了 MgO 夹杂物，如图 3.16（a）所示。相对比其他实验钢，No.5 实验钢中未观察到 Al_2O_3 和 $MgO·Al_2O_3$ 夹杂物。

图 3.16（b）和图 3.16（c）是 No.5 实验钢在加镁后 5min、10min 时夹杂物的 SEM-EDS 分析结果。从形貌上看，夹杂物呈不规则形状或椭球形。对 No.5 实验钢加镁后 10min 的典型夹杂物进行面扫描，结果如图 3.17 所示。夹杂物为分层夹杂物，内层为 MgO 夹杂物，外周为 MgS 夹杂物。

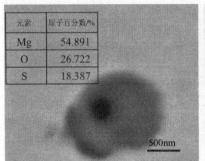
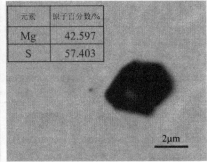

（a）加镁1min后夹杂物SEM-EDS分析结果

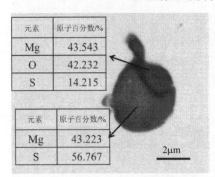
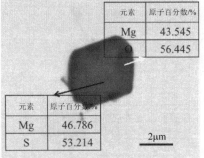

（b）加镁5min后夹杂物SEM-EDS分析结果

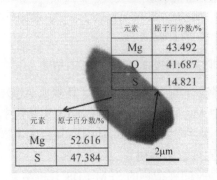
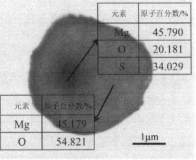

（c）加镁10min后夹杂物SEM-EDS分析结果

图 3.16　No.5 实验钢加镁后不同时间夹杂物的 SEM-EDS 分析结果

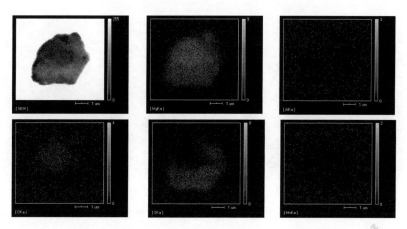

图 3.17　No.5 实验钢中典型夹杂物加镁后 10min 的面扫描结果

No.6 实验钢的硫含量较高（0.081%），镁含量较低（0.0017%），其成分点位于 $MgO \cdot Al_2O_3$ 热力学稳定区域图的 $MgO \cdot Al_2O_3$ 生成区域。图 3.18（a）是加镁 1min 后夹杂物 SEM-EDS 分析。由图 3.18（a）可知，夹杂物形貌为球形和不规则形状。从夹杂物成分上看，夹杂物主要有两类：一类是以 $MgO \cdot Al_2O_3$ 为中心，外周围绕着 Mg-S-Mn 夹杂物；另一类是单独存在的 Mg-S-Mn 系夹杂物。

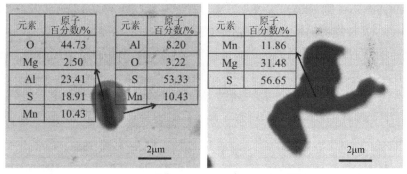

元素	原子百分数/%
O	44.73
Mg	2.50
Al	23.41
S	18.91
Mn	10.43

元素	原子百分数/%
Al	8.20
O	3.22
S	53.33
Mn	10.43

元素	原子百分数/%
Mn	11.86
Mg	31.48
S	56.65

（a）加镁1min后夹杂物SEM-EDS分析结果

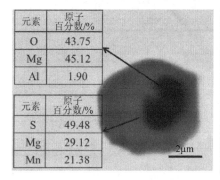
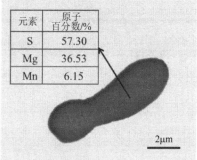

元素	原子百分数/%
O	43.75
Mg	45.12
Al	1.90

元素	原子百分数/%
S	49.48
Mg	29.12
Mn	21.38

元素	原子百分数/%
S	57.30
Mg	36.53
Mn	6.15

（b）加镁5min后夹杂物SEM-EDS分析结果

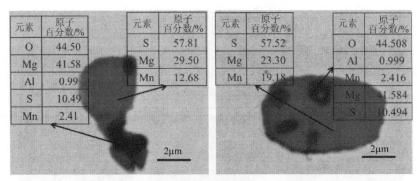

元素	原子百分数/%
O	44.50
Mg	41.58
Al	0.99
S	10.49
Mn	2.41

元素	原子百分数/%
S	57.81
Mg	29.50
Mn	12.68

元素	原子百分数/%
S	57.52
Mg	23.30
Mn	19.18

元素	原子百分数/%
O	44.508
Al	0.999
Mn	2.416
Mg	41.584
S	10.494

（b）加镁10min后夹杂物SEM-EDS分析结果

图 3.18 （No.6 实验钢）加镁不同时间夹杂物的 SEM-EDS 分析

No.7 实验钢为高硫中等镁含量，且铝含量较低。其成分点位于 MgO-Al$_2$O$_3$ 热力学稳定区域图的 MgO 生成区域。图 3.19（a）是 No.7 实验钢加镁 1min 后典型夹杂物的 SEM-EDS 分析结果。从夹杂物的形貌和成分上来看，存在着长条形状的 Mg-Mn-S 复合夹杂物，以核心为椭球形的 Mg-Al-O、外周 Mg-Mn-S 的复合夹杂物为主。图 3.19（b）、图 3.19（c）是加镁 5min、10min 后夹杂物的 SEM-EDS 分析结果，这两组钢样中夹杂物相类似。从形貌上来看，主要以椭球形为主，也有长条状或者不规则形状。从成分上来说，夹杂物的中心是 MgO·Al$_2$O$_3$，周围附着有 MnS，夹杂物中的镁和氧的原子比都相对较高。

进一步对 No.7 实验钢加镁 10min 后的典型夹杂物进行面扫描，发现夹杂物的成分呈多层分布，如图 3.20 所示。夹杂物共分为 3 层，最中心是 MgO，周围存在着 1 层 MgO·Al$_2$O$_3$，再外围是包裹了 MgS 和 MnS 的夹杂物。

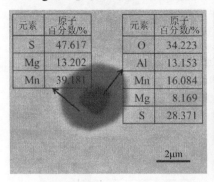

元素	原子百分数/%
S	47.617
Mg	13.202
Mn	39.181

元素	原子百分数/%
O	34.223
Al	13.153
Mn	16.084
Mg	8.169
S	28.371

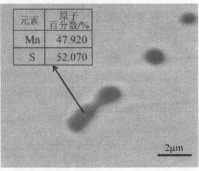

元素	原子百分数/%
Mn	47.920
S	52.070

（a）加镁1min后夹杂物SEM-EDS分析结果

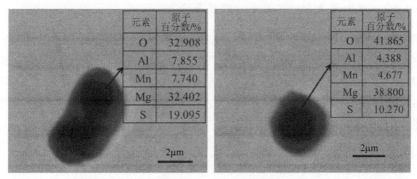

元素	原子百分数/%
O	32.908
Al	7.855
Mn	7.740
Mg	32.402
S	19.095

元素	原子百分数/%
O	41.865
Al	4.388
Mn	4.677
Mg	38.800
S	10.270

（b）加镁5min后夹杂物SEM-EDS分析结果

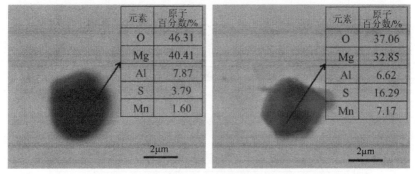

元素	原子百分数/%
O	46.31
Mg	40.41
Al	7.87
S	3.79
Mn	1.60

元素	原子百分数/%
O	37.06
Mg	32.85
Al	6.62
S	16.29
Mn	7.17

（c）加镁10min后夹杂物SEM-EDS分析结果

图 3.19 No.7 实验钢加镁后不同时间夹杂物的 SEM-EDS 分析结果

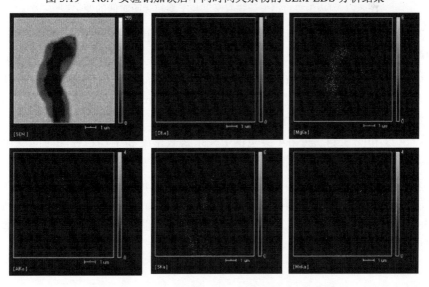

图 3.20 No.7 实验钢中典型夹杂物的面扫描结果

3.1.3.2 非金属夹杂物的数量、粒度及分布

图 3.21～图 3.30 是根据 No.3～No.7 实验钢样品定量金相分析数据绘制的夹杂物的数密度和平均粒径随时间的变化图以及夹杂物粒度分布图。图 3.21 是 No.3实验钢中夹杂物数量和平均粒径随时间变化的趋势图。由图 3.21 可知，在铝脱氧后 5min 时实验钢中夹杂物的尺寸为 1.42μm，加镁后 1min 和 5min 时变化不大，到加镁后 10min 时略有增大。

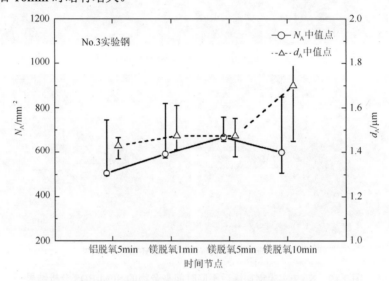

图 3.21　No.3 实验钢夹杂物数密度与平均粒径随时间的变化规律

图 3.22 是 No.3 实验钢中夹杂物粒度分布情况。由图 3.22 可知，铝脱氧后 5min时钢中夹杂物粒径为 0.8～1.0μm，所占比例最大为 22.28%，尺寸小于 2μm 的夹杂物达到了 85.22%。加镁后 0.8～1.0μm 的夹杂物减小至 20.85%，而 1.0～1.4μm的夹杂物数密度有所增加。在加镁 1min、5min、10min 后，尺寸小于 2μm 的夹杂物比例占 85.3%、79.9%和 83.6%。

图 3.23 和图 3.24 是 No.4 实验钢中夹杂物数密度和平均粒径随时间变化趋势与夹杂物粒度分布情况。由图 3.23 可知，铝脱氧后夹杂物的尺寸为 1.594μm，加镁后夹杂物的尺寸开始下降，加镁 10min 后钢中夹杂物尺寸下降至 1.409μm。夹杂物的数目也在加镁后呈下降趋势，从铝脱氧 5min 的 762 个/mm² 下降到加镁10min 的 409 个/mm²。对比 No.3 实验钢和 No.4 实验钢发现，镁添加量的增加较为明显地降低了夹杂物的尺寸。

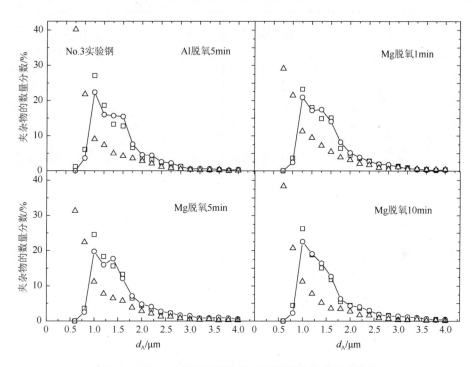

图 3.22 No.3 实验钢不同取样时间钢样夹杂物粒度分布

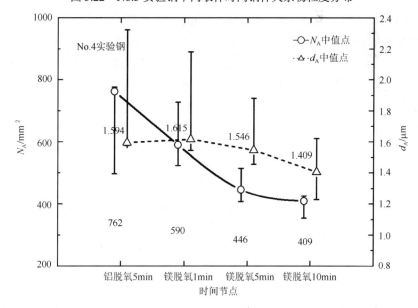

图 3.23 No.4 实验钢夹杂物数密度与平均粒径随时间的变化规律

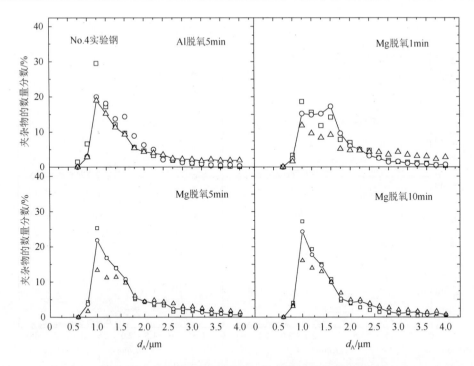

图 3.24　No.4 实验钢不同取样时间钢样夹杂物粒度分布

由图 3.24 可知，No.4 实验钢铝脱氧 5min 时夹杂物中尺寸小于 2μm 的夹杂所占比例是 67.436%。到加镁后 1min 时，尺寸在 1.0～1.6μm 的夹杂物所占比例增加，尺寸小于 2μm 的夹杂所占比例上升到 80.529%。随着时间的延长，尺寸为 1.0～1.6μm 的夹杂物所占比例显著下降，尺寸为 0.8～1.0μm 夹杂物所占比例上升，小于 2μm 的夹杂维持在 80% 左右。对比 No.3 实验钢和 No.4 实验钢可知，No.4 实验钢镁处理后夹杂物的平均直径小于 No.3 实验钢。对比成分可知，No.4 实验钢的镁含量为 0.0094%，大于 No.3 实验钢的 0.0018%，可见，镁处理强度的提高有利于控制夹杂物的尺寸。

图 3.25 和图 3.26 是 No.5 实验钢中夹杂物数密度和平均粒径随时间变化趋势与夹杂物粒度分布情况。No.5 实验钢中镁含量很高，但在不同镁处理时间实验钢样品中夹杂物的平均尺寸差别不大，均维持在 1.5μm 左右。图 3.26 显示在 No.5 实验钢中，尺寸小于 2μm 夹杂物的比例由铝脱氧 5min 时的 77.98% 减小到镁处理 1min、5min 和 10min 时的 72.59%、62.45% 和 67.95%，随着镁处理时间的延长，小尺寸夹杂物所占的比例没有明显增加。由此认为，镁处理强度的继续提高对夹杂物细化的提高作用并不明显。

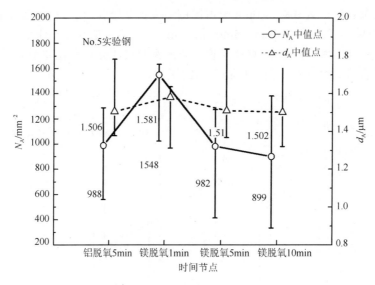

图 3.25　No.5 实验钢夹杂物数密度与平均粒径随时间的变化规律

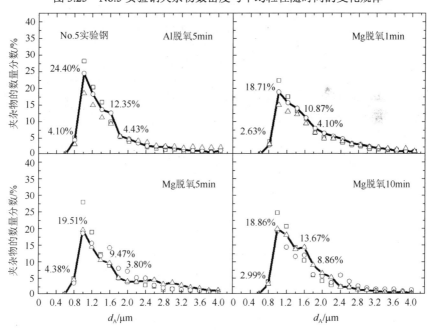

图 3.26　No.5 实验钢不同取样时间钢样夹杂物粒度分布

由图 3.27 显示,对于 No.6 实验钢,在铝脱氧 5min 时,夹杂物密度达到了 2494 个/mm²;加镁后 1min 时,为 2989 个/mm²;加镁后 5min 时,下降到 2171 个/mm²;加镁后 10min 时,夹杂物的数目继续下降到 1624 个/mm²。

图 3.28 是 No.6 实验钢夹杂物粒度分布情况。由图 3.28 可知,铝脱氧 5min

时钢中夹杂物粒径为 0.8～1.0μm 所占比例最大占 27.5%，尺寸小于 2μm 的夹杂物达到了 89.97%。加镁后 1min、5min 和 10min，夹杂物的尺寸小于 2μm 的分别占88.92%、86.86%和 87.01%。总体来说，夹杂物的尺寸分布变化并不显著，推测是由于高硫含量钢中存在大量硫化物夹杂的缘故。

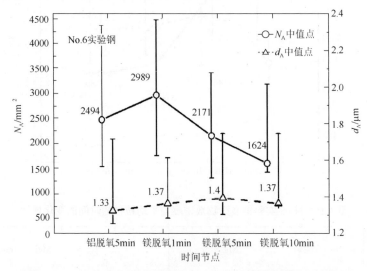

图 3.27　No.6 实验钢夹杂物数密度与平均粒径随时间的变化规律

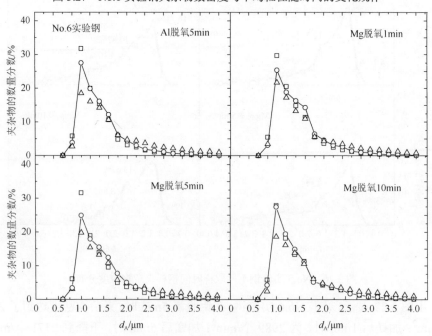

图 3.28　No.6 实验钢不同取样时间钢样夹杂物粒度分布

图 3.29 和图 3.30 是 No.7 实验钢中夹杂物数量和平均粒径随时间变化趋势与夹杂物粒度分布情况。No.7 实验钢中硫含量较高为 0.076%，铝含量相对较低为 0.126%。镁处理显著减少了夹杂物的数量。铝脱氧 5min 时，钢中 0.8~1μm 夹杂物所占比例最多，到加镁 1min 时，大于 2μm 的夹杂物比例上升。随着时间的进行，尺寸为 0.8~1μm 的夹杂物比例明显增多，夹杂物的总数下降。

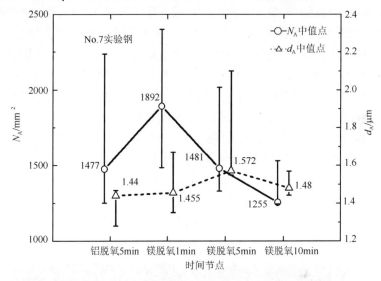

图 3.29　No.7 实验钢杂物数密度与平均粒径随时间的变化规律

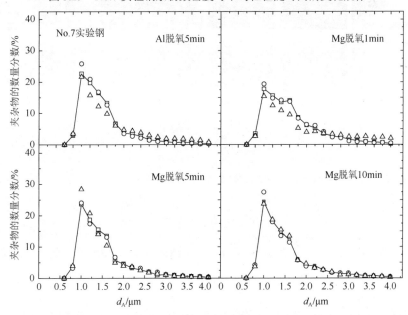

图 3.30　No.7 实验钢不同取样时间钢样夹杂物粒度分布

由以上分析可以看出，在硫含量较高的情况下，镁的添加量多少对夹杂物平均粒径的控制效果不明显。从夹杂物的全粒径分布可知，对比 No.2 低硫条件实验钢，钢中夹杂物尺寸在 1.5～2μm 的比例增大。

3.1.4　非金属夹杂物演变机制

由加镁后实验钢中典型夹杂物的面扫描发现，加镁 10min 所得夹杂物有以下几种类型（如图 3.31 所示）：第一种是 Mg-O-S 复合夹杂物；第二种是以 MgO 为核心，周围是一层 MgO·Al$_2$O$_3$，最外围包裹着硫化物；第三种是以 MgO 为核心，周围是 MgS 夹杂物；第四种是 MgO·Al$_2$O$_3$ 夹杂物周围附着 MgO 和 MgS 复合夹杂，最外层是 MnS 夹杂物。结合夹杂物形貌和成分分析以及热力学计算，本节进一步探究含硫铝脱氧镁处理钢中夹杂物的变质机制。

当铝加入钢液后，发生脱氧反应：

$$Al_2O_3(s) = 2[Al] + 3[O] \tag{3.2}$$

此时钢中添加镁进行脱氧时，夹杂物发生着变质反应，即式（3.3）、式（3.4），根据钢中溶解镁含量的差异，夹杂物分别变质成为 MgO 和 MgO·Al$_2$O$_3$。

$$3[Mg] + 4Al_2O_3(s) = 3MgO \cdot Al_2O_3(s) + 2[Al] \tag{3.3}$$

$$3[Mg] + MgO \cdot Al_2O_3(s) = 4MgO(s) + 2[Al] \tag{3.4}$$

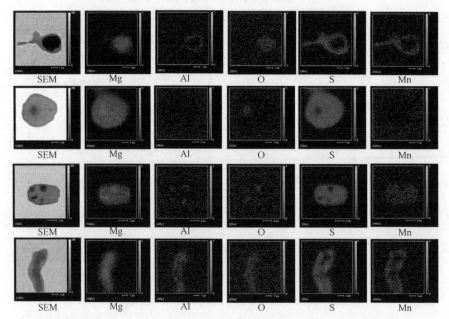

图 3.31　典型夹杂物面扫描分析结果

根据式（3.5）和式（3.6），将各组实验钢的液相线、固相线温度和硫化物析出温度分别做出热力学计算[5]，结果如表 3.3 所示。分析可知，MnS 析出温度均低于各组实验钢的液相线温度，即 MnS 在凝固过程析出。同理可知，除 No.2 实验钢之外，MgS 的析出温度均位于实验钢液相线温度之上，即在高温熔融状态下形成。

$$T_L = 1536 - 83[C] - 31.5[S] - 32[P] - 5[Mn+Cu] - 7.8[Si]$$
$$- 3.6[Al] - 1.5[Cr] - 2[Mo] - 4[Ni] - 18[Ti] - 2[V] \qquad (3.5)$$
$$T_S = 1536 - 344[C] - 183.5[S] - 124.5[P] - 6.8[Mn] - 12.3[Si]$$
$$- 4.1[Al] - 1.4[Cr] - 4.3[Ni] \qquad (3.6)$$

表 3.3 各组实验钢的固相线、液相线温度和硫化物析出温度 （单位：K）

No.	析出温度		液相线温度	固相线温度
	MgS	MnS		
2	1775.2	1017.0	1808.0	1807.4
3	1868.9	1375.7	1805.0	1797.4
4	1972.1	1394.6	1804.5	1796.0
5	1972.8	1309.1	1805.9	1801.4
6	1898.9	1505.7	1801.7	1787.8
7	1915.2	1499.4	1802.0	1789

铝脱氧钢中的 Mn 和 S 在钢液凝固析出时会发生反应，特别是硫含量较高的实验钢中会生成大量的 MnS 夹杂，如式（3.7）所示。MnS 夹杂物主要以两种形式存在：一种是以氧化物为核心，外层包裹 MnS，呈球形弥散分布；另一种是沿晶界析出呈链状分布的呈椭球状纯 MnS 夹杂物。这也是中高硫含量实验钢中夹杂物数量显著上升的主要原因。当钢中添加镁之后，MgS 在高温熔融状态下和凝固过程中均会析出，如式（3.8）所示。实验中 MgS 存在形式均为弥散析出或者包裹氧化物析出，而没有链状分布特点。

$$MnS(s) \longrightarrow [Mn]+[S] \qquad (3.7)$$
$$MgS(s) \longrightarrow [Mg]+[S] \qquad (3.8)$$

由实验结果可知，在高硫高镁实验钢（No.4、No.7 实验钢）中发现了存在 $MgO \cdot Al_2O_3$ 产物层的氧硫复合夹杂物。分析认为，在 Al_2O_3 变质成为 MgO 后，钢液中溶解的 S 和 Al 会继续与之发生反应，即式（3.9），在 MgO 夹杂外围生成一圈 MgS 和 $MgO \cdot Al_2O_3$ 的复合夹杂物。而生成的 $MgO \cdot Al_2O_3$ 夹杂物会继续与钢液中的溶解镁发生反应，即式（3.9），重新生成 MgO 夹杂物。周而复始，最终氧硫复合夹杂物形成，其演变过程可由图 3.32 表示。

$$MgO \cdot Al_2O_3 + 3MgS(s) \longrightarrow 4MgO(s) + 3[S] + 2[Al] \qquad (3.9)$$

综上所述，含硫铝脱氧钢中的镁变质夹杂物过程如图 3.33 所示。由于 MnS 在钢液中的溶解度较大，高温下不会直接析出。在凝固以及随后的冷却过程中，随着硫的浓度偏析，以及温度降低导致其在固相中的溶解度减小，硫化物会呈现链状分布特点。同时由于氧化物的界面能较小，MnS 容易在 Al_2O_3 和 MgO 等夹杂物表面析出。所以在冷态 SEM-EDS 观察分析中，硫含量较高的实验钢中典型夹杂物多为中心氧化物，外周硫化物的复合夹杂物形态显现。

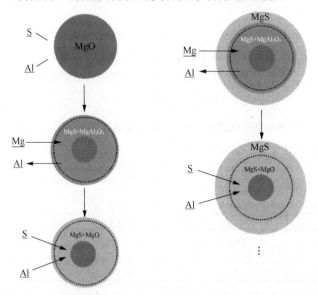

图 3.32　高硫高镁实验钢中氧硫复合夹杂物的生成机制

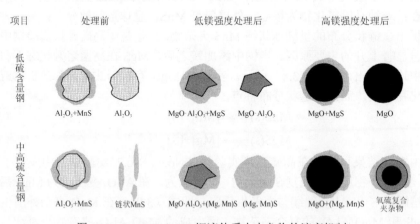

图 3.33　Fe-Mg-Al-O-S 钢液体系中夹杂物的演变机制

3.2　Fe-Si-Mn-Al-Mg-O 钢液体系

3.2.1　实验方案

为全面考察 Fe-Si-Mn-Al-Mg-O 体系中夹杂物的变质行为与影响机理，根据热力学计算结果，设计了不同镁添加量和不同合金添加顺序的实验，分别考察钢液体系镁处理强度和合金添加顺序对非金属夹杂物演变行为的影响。其中先镁脱氧后硅锰脱氧实验，考察的是镁进行不充分脱氧，借助镁脱氧产物细小弥散的特点，来控制后期硅锰脱氧产物的粒径分布。为便于对比，同时设计了单独硅锰脱氧和单独镁脱氧的空白实验。

3.2.1.1 实验原料

实验原料主要包括工业纯铁、锰铁合金、硅铁合金和镍镁合金，其中工业纯铁、锰铁合金和镍镁合金成分如表 3.1 所示，硅铁合金成分如表 3.4 所示。

表 3.4 实验原料成分表（质量分数） （单位：%）

成分	硅铁合金	成分	硅铁合金
[Fe]	22.726	[S]	0.01
[Si]	76.930	[P]	0.011
[Mn]	0.098	其他	0.200
[Al]	0.025	—	—

3.2.1.2 实验步骤

本节热态实验步骤如下：

（1）将称量好的工业纯铁（400~450g）放入 MgO 质坩埚内，再将其置于石墨套筒中，并一起置于高温管式炉恒温区域内。

（2）管式炉升温前，氩气经气体净化装置（变色硅胶、镁净化装置）通入炉膛内，流量控制在 5L/min。

（3）管式炉升温至 1600℃，恒温 1h。

（4）待钢液完全熔化，进行第一次定氧（No.1 [O]），并根据 No.1 [O]计算得到脱氧合金加入量。

（5）称量脱氧合金（No.1~No.4 实验为硅铁、锰铁，No.5~No.6 实验为镍镁合金），使用铁皮包裹该合金通过钼棒钼丝固定，然后将其迅速加入钢液中，搅拌后抽取钼棒（No.1 合金加入）。

（6）脱氧合金加入 5min 后，进行第二次定氧（No.2 [O]）。根据合金收得率，计算得出变质合金加入量，然后使用 Φ4mm 石英管进行第一次取样（试样 1）。

（7）称量变质合金（No.1~No.4 实验为镍镁合金，No.5~No.6 实验为硅铁、锰铁），使用铁皮包裹第二种合金通过钼棒钼丝固定，然后将其迅速加入钢液中，搅拌后抽取钼棒（No.2 合金加入）。

（8）随后在变质合金加入 1min、5min、10min 分别使用 Φ4mm 石英管进行第二次、第三次、第四次取样（试样 2、试样 3、试样 4），并在变质合金加入 5min

后进行第三次定氧（No.3 [O]）。

（9）实验结束。待炉温降至 1100℃，关闭气路、电路、水路。

实验过程如图 3.34 所示。本节实验的检测方法与试样制备方法与 3.1 节相同。

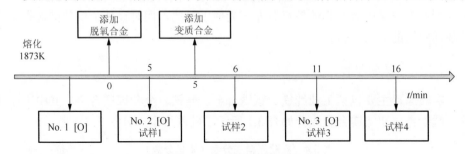

图 3.34　实验操作过程示意图

3.2.2　非金属夹杂物的形态与成分

本节共冶炼了 6 个炉次的实验钢，各组钢样成分检测结果如表 3.5 所示。实验钢成分标注在 Fe-Mn-Si-Al-Mg-O 体系相稳定区域图中，如图 3.35 所示。以镁含量为考察目标，No.2～No.3 实验钢比较低，其镁含量约为 0.0002%，No.4 实验钢中镁含量为 0.0005%，对应的是高镁含量实验钢条件。其中 No.1 实验钢是空白实验组，该组实验钢仅进行了硅锰脱氧，并在每个时间节点处取样，No.2～No.4 实验钢则是先用铝进行脱氧，再添加镍镁合金进行变质处理，这两组实验主要是讨论镁对硅锰脱氧钢中氧化物夹杂的变质效果。结合夹杂物相稳定区域图可知，在硅锰脱氧后 No.1～No.4 实验钢的成分点均位于液相夹杂物区域。其中 No.2～No.3 实验钢在镁处理后成分点仍然在液相区域中，而 No.4 实验钢的成分点位于镁橄榄石（$2MgO \cdot SiO_2$）区域中。No.5 和 No.6 实验钢对比考察了先镁后硅锰脱氧方式对夹杂物的变质效果，探讨细小夹杂物对液相夹杂物粒径的控制效果。其中 No.5 实验钢为单独镁脱氧空白组实验钢。

表 3.5　实验钢成分分析结果（质量分数）　　　　　　（单位：%）

No.	[Si]	[Mn]	[Mg]	[Al]	[O]
1	0.488	0.551	—	0.0003	0.0042
2	0.501	0.482	0.0002	0.0002	0.0032
3	0.190	0.508	0.0002	0.0003	0.0048
4	0.897	0.498	0.0005	0.0005	0.0013
5	—	—	0.0004	—	0.0052
6	0.475	0.519	0.0002	0.0002	0.0038

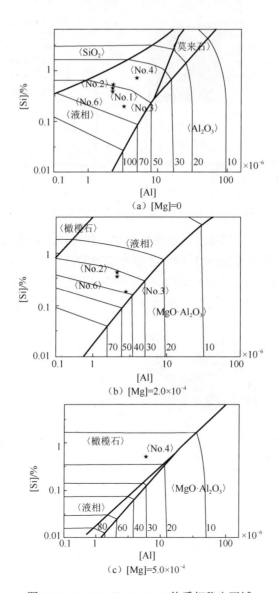

图 3.35 Fe-Mn-Si-Al-Mg-O 体系相稳定区域

No.1 实验钢为单独硅锰脱氧实验钢。实验钢中典型夹杂物的形貌、能谱及成分分析结果如图 3.36 所示。夹杂物为 $SiO_2 \cdot MnO \cdot Al_2O_3$ 系球形复合夹杂物，成分均匀，无分层现象，夹杂物中铝原子百分数在 10%以下。

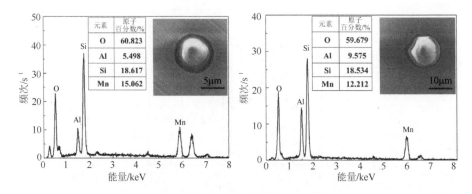

图 3.36　No.1 实验钢硅锰脱氧后夹杂物 SEM-EDS 分析

No.2 实验钢是先添加硅锰进行脱氧，然后加入镁进行变质夹杂物。图 3.37 是 No.2 实验钢硅锰脱氧 5min 后钢中典型夹杂物的扫描电镜及能谱分析示意图。从夹杂物成分上看，$SiO_2 \cdot MnO \cdot Al_2O_3$ 系夹杂物中硅的原子百分数大约为 20%，铝的原子百分数大约为 9%。从夹杂物形貌上看，夹杂物为近球形。

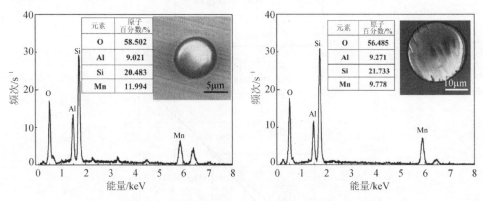

图 3.37　No.2 实验钢硅锰脱氧 5min 后夹杂物 SEM-EDS 分析

图 3.38 是 No.2 实验钢加镁后 1min、5min、10min 时典型夹杂物扫描电镜图片及能谱分析结果。由图 3.38（a）可知，此时典型夹杂物的形貌均为球形。从夹杂物的成分上看，每个实验钢样品均没有出现分层夹杂物，主要是 $SiO_2 \cdot MnO \cdot Al_2O_3 \cdot MgO$ 系夹杂物，其中硅原子百分数为 20% 左右，镁原子百分数为 5% 左右。各个时间点的实验钢中典型夹杂物的形貌没有发生变化，均为球形夹杂物。典型夹杂物中镁原子百分数增至 10% 左右，这说明随着时间的推移，变质反应继续进行。

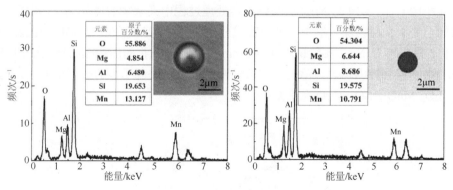

（a）加镁后1min时夹杂物SEM-EDS分析结果

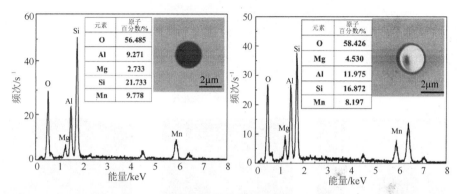

（b）加镁后5min时夹杂物SEM-EDS分析结果

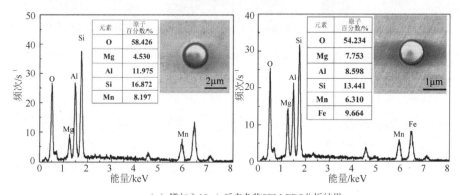

（c）镁加入10min后夹杂物SEM-EDS分析结果

图3.38 No.2 实验钢加镁后不同时间夹杂物的 SEM-EDS 分析结果

　　为了更好地显示镁处理过程钢中夹杂物的成分变化过程，将实验中统计的夹杂物换算成氧化物质量分数标注于 $SiO_2 \cdot MnO \cdot Al_2O_3 \cdot 5\%MgO$ 相图中（注：由于夹杂成分 MgO 的比例大约为5%，故选用 MgO 为5%时的 $SiO_2 \cdot MnO \cdot Al_2O_3$ 系伪三元相图）。图 3.39 是 No.2 实验钢中镁处理过程中夹杂物的成分变化。由图 3.39 可知，随着金属镁加入钢中，夹杂物成分有所波动，但始终在 1473K 的低温液相区内。图 3.40 是 No.2 实验钢加镁后 5min 时典型夹杂物的面扫描结果，由图可知，该夹杂物成分较为均匀，沿夹杂物表面至内核，未发现明显的分层现象，为均一的 $SiO_2 \cdot MnO \cdot Al_2O_3 \cdot MgO$ 系夹杂物。

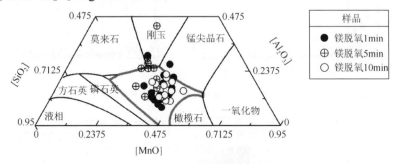

图 3.39　No.2 实验钢夹杂物成分变化

粗线表示 1473K 的液相线

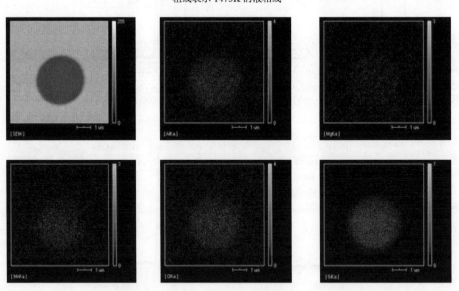

图 3.40　No.2 实验钢加镁后 5min 时典型夹杂物的面扫描结果

综上所述，硅锰脱氧钢中加入微量金属镁后（[Mg]=0.0002%），夹杂物形状大多为球形。随着时间的延长，$SiO_2 \cdot MnO \cdot Al_2O_3 \cdot MgO$ 系液相夹杂物中的镁原子质量比小幅度增加，加镁后 10min 时的夹杂物中镁原子百分数可达 10% 左右，在实验温度下，仍然为典型的低熔点液相夹杂物。

No.3 实验钢镁处理前夹杂物的 SEM-EDS 分析结果，如图 3.41 所示。从夹杂物的形貌上看，为典型球状。从夹杂物的成分上看，为 $SiO_2 \cdot MnO \cdot Al_2O_3$ 系夹杂，其中铝的原子百分数在 20%左右。

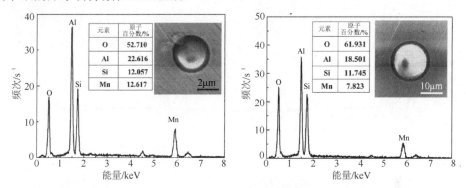

图 3.41　No.3 实验钢硅锰脱氧后夹杂物 SEM-EDS 分析

　　图 3.42（a）是 No.3 实验钢加镁后 1min 时夹杂物的 SEM-EDS 分析结果，从夹杂物的形貌上看，仍为球形夹杂物。从夹杂物的成分上看，为 $SiO_2 \cdot MnO \cdot Al_2O_3 \cdot MgO$ 系夹杂物，其中铝的原子百分数已经减少至 10%以下，而镁的原子百分数为 5%左右，此时的夹杂物位于图 3.43 的液相区内。

　　图 3.42（b）、图 3.42（c）是 No.3 实验钢加镁后 5min、10min 时夹杂物的 SEM-EDS 分析结果。随着保温时间的延长，夹杂物形状没有明显变化。结合图 3.43 可以发现，随着镁的加入，Si-Mn-Al-Mg-O 系夹杂物具有逐渐向 $SiO_2 \cdot MnO \cdot Al_2O_3$ 相图右上方移动的趋势，但基本稳定在液相区内。

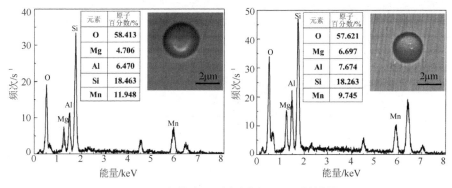

（a）加镁后1min时夹杂物SEM-EDS分析结果

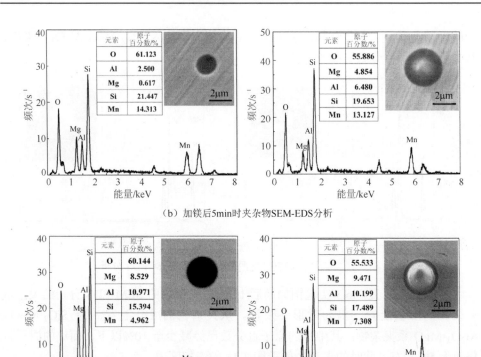

（b）加镁后5min时夹杂物SEM-EDS分析

（c）加镁后10min时夹杂物SEM-EDS分析结果

图 3.42　No.3 实验钢镁加入后不同时间夹杂物的 SEM-EDS 分析结果

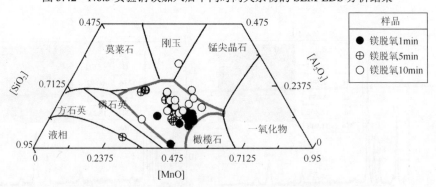

图 3.43　No.3 实验钢镁处理后夹杂物的成分变化

粗线表示 1473K 的液相线

No.4 实验钢是高强度镁处理条件,添加合金的顺序仍然是先硅锰后镁。图 3.44
是镁处理前实验钢中典型夹杂物的 SEM-EDS 分析结果,从夹杂物的形貌上看,
生成球形夹杂物。从夹杂物的成分上看,生成的夹杂物为 $SiO_2·MnO·Al_2O_3$ 系夹杂

物，其中铝原子百分数为 10%左右，而硅原子百分数约为 18%，较 No.3 实验钢相比并没有显著改变。结合钢水化学成分可知，钢液中的硅锰含量改变并没有导致夹杂物中硅锰原子百分数的变化。

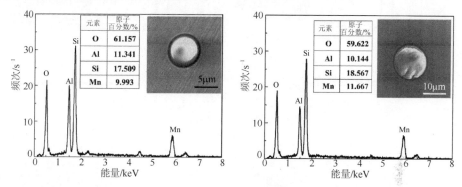

图 3.44　No.4 实验钢镁处理前夹杂物 SEM-EDS 分析

　　图 3.45（a）是 No.4 实验钢镁加入后 1min 时夹杂物 SEM-EDS 分析，从夹杂物的形貌上看，为球形夹杂物；从夹杂物的成分上看，镁将 $SiO_2·MnO·Al_2O_3$ 系夹杂物变质为 $SiO_2·MnO·Al_2O_3·MgO$ 系夹杂物，其中铝原子百分数保持在 10%以下，镁原子百分数为 15%左右，结合图 3.46 可知，此时夹杂物处于相图的液相区以外。

　　图 3.45（b）和 3.45（c）是 No.4 实验钢镁加入后 5min 和 10min 时夹杂物 SEM-EDS 分析结果。此时夹杂物已经呈现不规则形状，甚至有矩形夹杂物出现，而且夹杂物粒径降低的程度并不明显。从夹杂物的成分上看，生成的 $SiO_2·MnO·Al_2O_3·MgO$ 系夹杂物，其中镁原子百分数并没有发生很大变化，仍然在 17%左右。即随着时间的推移，高强度镁处理后生成的 $SiO_2·MnO·Al_2O_3·MgO$ 系液相夹杂物。

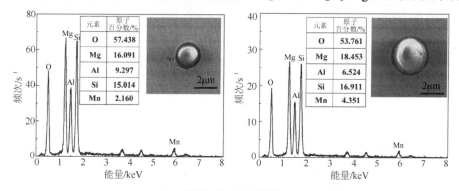

（a）镁添加后1min时夹杂物SEM-EDS分析

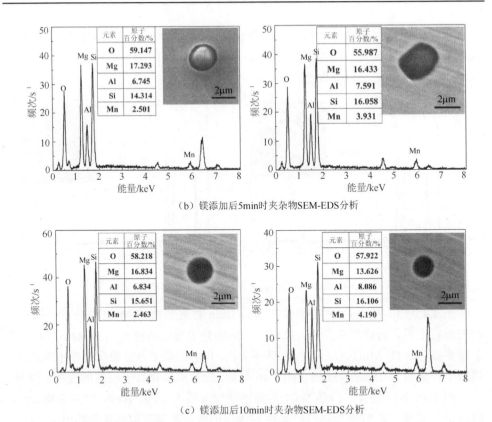

（b）镁添加后5min时夹杂物SEM-EDS分析

（c）镁添加后10min时夹杂物SEM-EDS分析

图 3.45　No.4 实验钢镁加入后不同时间夹杂物的 SEM-EDS 分析结果

图 3.46 是 No.4 实验钢中镁处理前后的夹杂物成分变化情况。将实验中统计的夹杂物成分标于 $SiO_2 \cdot MnO \cdot Al_2O_3 \cdot 20\%MgO$ 相图中（由于夹杂物成分 MgO 的比例大约为 20%，故选用[MgO]为 20%时的 $SiO_2 \cdot MnO \cdot Al_2O_3$ 系伪三元相图）。由图 3.46 可知，此时相图中 1473K 液相区已经消失，粗线表示为 1673K 液相线。结合 Fe-Si-Mg-Al-O 钢液体系中夹杂物相稳定区域图可以看出，镁处理前生成的

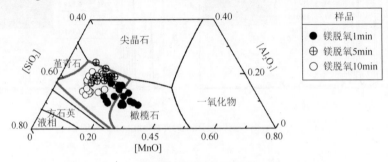

图 3.46　No.4 实验钢镁处理后夹杂物的成分变化情况

粗线表示 1673K 的液相线

夹杂物在低温的液相区，如图 3.35 所示。在镁变质处理后，复合夹杂物并没有向低温液相区偏近的趋势，随着时间的延长，夹杂物仍然在低温液相区以外，即钢中的溶解镁含量为 5×10^{-6} 时，已经使生成的夹杂物成分偏离了 1473K 的液相区。比较 No.2 实验钢镁处理前后的夹杂物形貌变化可以得到，镁的增加使钢中夹杂物的形状已经变得不规则。

No.5 为单独镁脱氧空白实验钢，典型夹杂物的扫描电镜及能谱分析示意图如图 3.47 所示。当钢中先加入金属镁后，会迅速生成纯 MgO 夹杂物，夹杂物形貌为近乎球形。夹杂物中镁的原子百分数约为 48%。

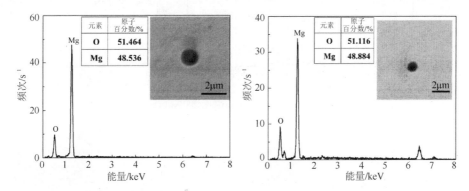

图 3.47 No.5 实验钢镁单独脱氧后夹杂物的 SEM-EDS 分析结果

No.6 实验钢与 No.2 实验钢成分基本相同，钢液中硅含量为 0.475%，溶解镁含量为 0.0002%，但采用的合金添加顺序不同，采用先添加镁后添加硅锰控制工艺。图 3.48 是 No.6 实验钢加镁后 5min 时钢中典型夹杂物的扫描电镜及能谱分析结果。与 No.5 实验钢的结果类似，样品中观察到大量的小颗粒 MgO 夹杂物，其中镁氧的原子百分数接近一比一。

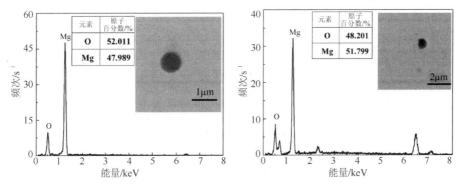

图 3.48 No.6 实验钢加镁后 5min 时夹杂物的 SEM-EDS 分析结果

图 3.49（a）是 No.6 实验钢加入硅锰后 1min 时夹杂物的 SEM-EDS 分析结果。典型夹杂物为球形夹杂物，尺寸比纯 MgO 夹杂物要大。从夹杂物整体成分上看，

硅锰的添加使 MgO 夹杂物变质成液相的 $SiO_2 \cdot MnO \cdot Al_2O_3 \cdot MgO$ 系夹杂物，夹杂物中镁原子百分数为 1%左右。但从扫描电镜图片上，不难观察到此时的夹杂物并不是均相夹杂物，夹杂物的中心有未反应的 MgO 存在，外围包裹着由硅锰变质 MgO 生成的液相 $SiO_2 \cdot MnO \cdot Al_2O_3 \cdot MgO$ 系夹杂物。

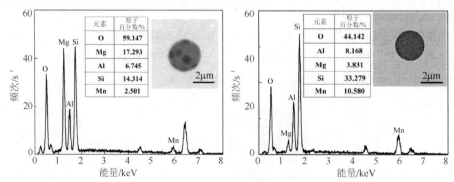

（a）硅锰加入后1min时夹杂物SEM-EDS分析结果

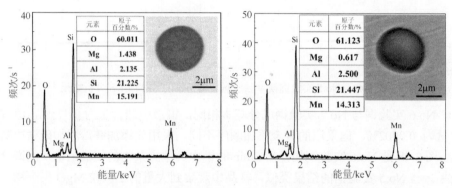

（b）硅锰加入后5min时夹杂物SEM-EDS分析结果

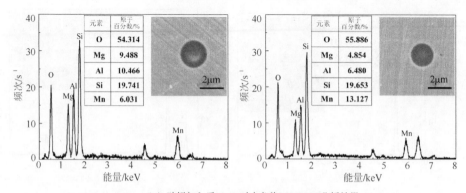

（c）硅锰加入后10min时夹杂物SEM-EDS分析结果

图 3.49　No.6 实验钢硅锰加入后不同时间夹杂物的 SEM-EDS 分析结果

图 3.49（b）是 No.6 实验钢硅锰加入后 5min 时夹杂物的 SEM-EDS 分析结果。典型夹杂物形貌仍为近球形，其尺寸大约在 2μm 左右，并且夹杂物中镁原子百分数也没有发生变化，维持在 1%左右。但从 SEM 结果上可以看出，夹杂物内部虽然仍有 MgO 小颗粒存在，但其尺寸已经减小。而从图 3.49（c）中可以清晰地观察到，此时钢中的液相 $SiO_2 \cdot MnO \cdot Al_2O_3 \cdot MgO$ 夹杂物已经由 5min 时的非均相转变为均相。这说明随这时间延长，中心的 MgO 颗粒质点已逐渐被液相夹杂物溶解。图 3.50 为硅锰加入后 5min 时典型夹杂物的面扫描结果，由图 3.50 可知，夹杂物的中心有未反应的 MgO 核存在，外围包裹着 $SiO_2 \cdot MnO \cdot Al_2O_3 \cdot MgO$ 系夹杂物。No.6 实验钢与 No.2 实验钢的脱氧剂添加顺序不同，但最终都形成了均相液相的 $SiO_2 \cdot MnO \cdot Al_2O_3 \cdot MgO$ 系夹杂物，而且比较 No.1 实验钢中夹杂物尺寸都有降低的趋势。

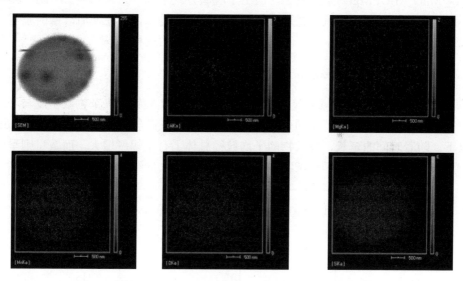

图 3.50　No.6 实验钢典型夹杂物的面扫描结果

图 3.51 是 No.6 实验钢中添加硅锰后的夹杂物成分变化。由于夹杂物中 MgO 含量大约为 5%，故选用 $SiO_2 \cdot MnO \cdot Al_2O_3 \cdot 5\%MgO$ 系相图，并将 No.6 实验钢中的典型夹杂物的成分标于图中。从图上可以看出加入硅锰后变质生成的夹杂物从反应开始阶段便处于 1473K 液相区内。随着时间的延长，5min 后夹杂物仍然保持在液相区内，从图上可以看出各点之间距离非常接近，说明复合夹杂物中氧化物的质量分数变化很小。

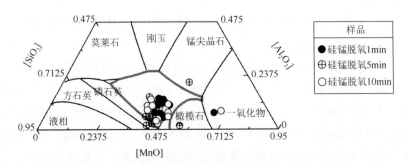

图 3.51 No.6 实验钢添加硅锰后的夹杂物成分变化

粗线表示 1473K 的液相线

综上所述，虽然不同的镁与硅锰合金的添加顺序最终都形成了均相的液相 $SiO_2 \cdot MnO \cdot Al_2O_3 \cdot MgO$ 系夹杂物，但由于脱氧方式不同，夹杂物演变机制则完全不同。先硅锰后镁的脱氧方式形成的液相夹杂物为均相，而先镁后硅锰的脱氧方式形成的夹杂物为非均相，接着经历一个内部溶解的过程。

3.2.3 非金属夹杂物的数量、粒度及分布

No.1 为单独硅锰脱氧实验钢，图 3.52 是 No.1 实验钢中夹杂物数密度与平均粒径随时间的变化情况。由图可知，不同时间节点夹杂物的平均粒径均在 1.5μm 以下。随着时间的延长，夹杂物的平均粒径总体上有小幅度增大，而数量则呈现相反的规律，推测是由于夹杂物彼此发生了碰撞长大的缘故。

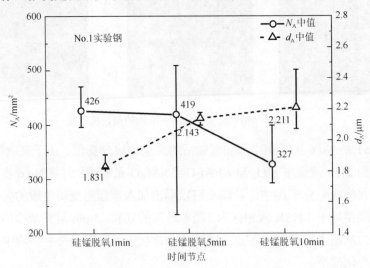

图 3.52 No.1 实验钢夹杂物数密度与平均粒径随时间的变化规律

No.2 为低强度镁处理实验钢，图 3.53 是 No.2 实验钢中夹杂物数密度与平均粒径随时间的变化情况。由图可知，不同时间节点夹杂物的平均粒径均在 2μm 以下，随着镁合金的加入，夹杂物的尺寸开始有所减小，随着时间的推移，夹杂物的平均粒径基本上不变化。

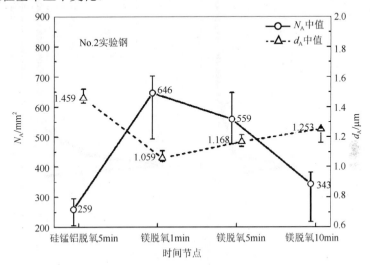

图 3.53　No.2 实验钢夹杂物数密度与平均粒径随时间的变化规律

图 3.54 和图 3.55 是 No.3 实验钢中夹杂物数量和平均粒径随时间变化趋势图

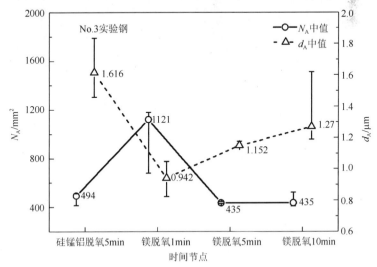

图 3.54　No.3 实验钢夹杂物数密度与平均粒径随镁处理时间的变化规律

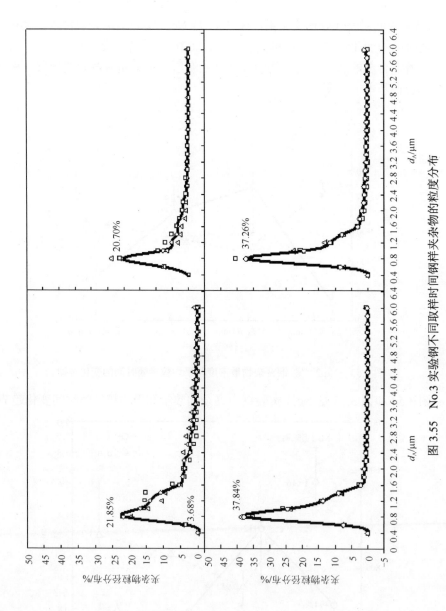

图 3.55　No.3 实验钢不同取样时间钢样夹杂物的粒度分布

以及不同取样时间钢样的粒度分布图。No.3 是低强度镁处理实验钢，由图 3.54 可知，硅锰脱氧后夹杂物的平均粒径为 1.616μm，加镁后，夹杂物的尺寸开始下降，到加镁后 1min 时，夹杂物平均尺寸减小至 1μm 以下。夹杂物的数密度在镁处理后呈现增大的趋势，从硅锰脱氧后 5min 时的 494 个/mm² 增加到加镁后 1min 时的 1121 个/mm²。与硅锰脱氧钢结果比较（图 3.52）可知，硅锰脱氧钢中镁处理能够提高夹杂物的数量。

由图 3.55 可知，No.3 实验钢硅锰脱氧后 5min 时尺寸小于 2μm 的夹杂物所占的比例为 80.9%，到加镁后 1min 时，尺寸小于 2μm 的夹杂物所占比例增加到 93%。随着时间的延长，虽然尺寸小于 2μm 的夹杂物比例有所减小，到加镁后 10min 时，小于 2μm 的夹杂物依然占 92%。这说明镁处理对夹杂物有显著细化作用，降低了夹杂物的平均粒度。

图 3.56 和图 3.57 是 No.4 实验钢中夹杂物数量和平均粒径随时间变化趋势图以及不同粒径夹杂物所占比例图。No.4 实验钢是高硅高镁条件。由图 3.56 可知，加镁后夹杂物平均粒径由 1.4μm 降低至 1.0μm。对比低强度镁处理条件，镁处理前后夹杂物的平均粒径由 1.5μm 降低至 1.0μm，这说明镁处理强度的增大对夹杂物粒径的控制效果并没有显著变化。

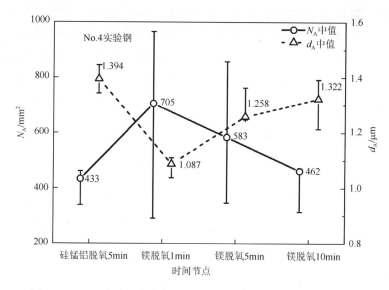

图 3.56　No.4 实验钢夹杂物数密度与平均粒径随时间的变化规律

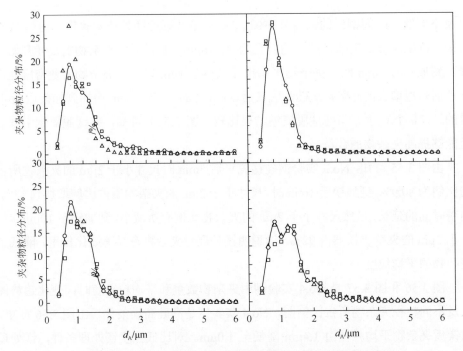

图 3.57　No.4 实验钢不同取样时间钢样夹杂物的粒度分布

由图 3.57 可知,硅锰脱氧 5min 后,钢中 0.8～1μm 夹杂物所占的比例为 17.6%,随着时间的延长,到加镁后 1min 时,小尺寸夹杂物的数量明显增加,而大尺寸夹杂物的数量减小,到加镁后 5min 和 10min 时,夹杂物粒度分布情况基本上没有变化。

No.5 为单独镁脱氧空白实验钢。图 3.58 是 No.5 实验钢中夹杂物数密度与平

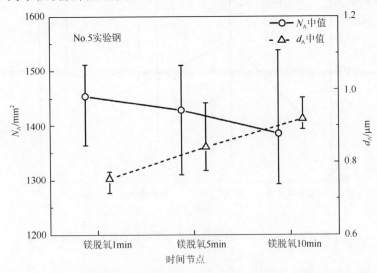

图 3.58　No.5 实验钢夹杂物数密度与平均粒径随镁处理时间的变化规律

均粒径随时间的变化规律。图 3.58 中清楚地显示出，不同时间节点夹杂物的平均粒径均在 1μm 以下，随着保温时间的延长，夹杂物的平均粒径总体上呈小幅度增大，而数量呈小幅度减小的变化趋势，推测是由于夹杂物上浮去除作用导致的。

图 3.59 是 No.6 实验钢中夹杂物数密度与平均粒径随镁处理时间的变化规律。由图 3.59 可知，加入镁后，生成了粒径细小的 MgO 夹杂物，在 1μm 左右。硅锰加入后，变质 MgO 夹杂物，生成的夹杂物的粒径增大，这和扫描电镜观察结果一致。大量 MgO 夹杂物被新形成的 Si-Mn-Al-O 复合夹杂物包裹，导致其数量减小，并且尺寸有所增大。随着时间的推移，反应逐渐完全，夹杂物的平均粒径和数密度的变化区域平缓。

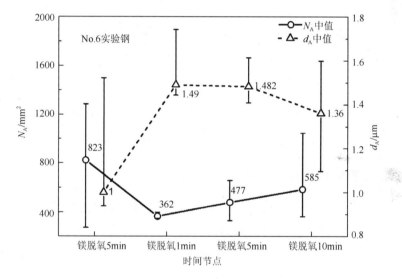

图 3.59　No.6 实验钢夹杂物数密度与平均粒径随时间的变化规律

图 3.60 是 No.6 实验钢不同时间夹杂物粒径分布情况。由图可知，加镁后 5min 时，钢中 0.8～1μm 尺寸范围内的夹杂物所占比例最大，为 28.4%，尺寸小于 2μm 的夹杂物达到 97%。加入硅锰后 1min 时，夹杂物粒径为 0.8～1μm 的比例占 18.7%，在加入硅锰后 1min、5min 和 10min 时，夹杂物尺寸小于 2μm 的分别占 80.8%、85.4% 和 89.4%。对比可知，先镁后硅锰的脱氧方式，夹杂物的尺寸和数密度的变化与 No.2 实验钢呈现相反的规律。

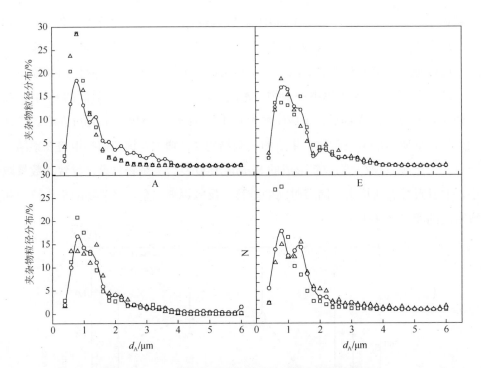

图 3.60　No.6 实验钢不同取样时间钢样夹杂物粒度分布

3.2.4　非金属夹杂物的变质机制

由 3.2.2 节可知，实验过程中各时间节点实验钢样品中典型夹杂物类型主要包括：第一种是球形的 $MnO \cdot SiO_2 \cdot Al_2O_3$ 系复合夹杂物；第二种是球形的 $MnO \cdot SiO_2 \cdot Al_2O_3 \cdot MgO$ 系复合夹杂物；第三种是 $MnO \cdot SiO_2 \cdot Al_2O_3 \cdot MgO$ 系复合夹杂内部附着未反应的 MgO 夹杂物。图 3.61 是典型夹杂物的面扫描分析结果。

结合夹杂物的形貌和成分分析以及热力学计算，分析得出镁处理夹杂物的变质机制与合金加入的顺序有关，钢中典型夹杂物共有 3 种变质机制，如图 3.62 所示。图 3.62（a）是实验钢先加入硅锰脱氧后进行低强度镁处理的夹杂物演变机制，图 3.62（b）是实验钢先加入硅锰脱氧后进行高强度镁处理的夹杂物演变机制，图 3.62（c）是先加镁后加入硅锰的夹杂物演变机制。

（1）硅锰脱氧后镁处理。

No.2、No.3 实验钢（先加入的 SiMn 后加入 Mg）的夹杂物变质机制相似，如图 3.62（a）所示，由于 Si、Mn、Al 在钢液里和 O 有着很强的结合能力，当加入硅铁和锰铁时首先生成的是 $MnO \cdot SiO_2 \cdot Al_2O_3$ 系夹杂物。

$$x SiO_2 \cdot y MnO \cdot z Al_2O_3 \Longrightarrow x[Si] + y[Mn] + 2z[Al] + (2x + y + 3z)[O] \qquad (3.10)$$

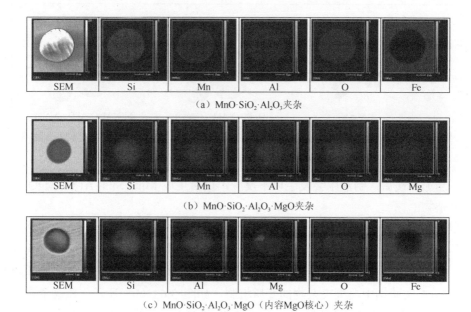

（a）MnO·SiO$_2$·Al$_2$O$_3$夹杂

（b）MnO·SiO$_2$·Al$_2$O$_3$·MgO夹杂

（c）MnO·SiO$_2$·Al$_2$O$_3$·MgO（内容MgO核心）夹杂

图 3.61　实验钢中典型夹杂物的面扫描结果

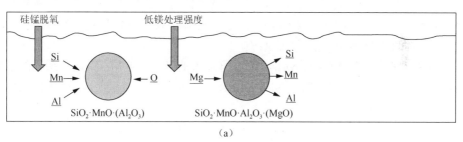

（a）

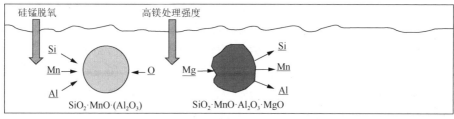

（b）

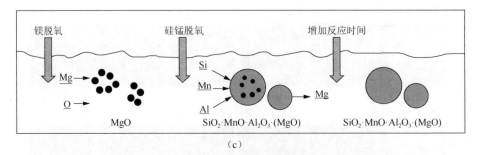

（c）

图 3.62　Fe-Si-Mn-Al-Mg-O 钢液体系夹杂物的变质机制

当加入镁后，钢液中会发生以下反应，最后生成 $MnO \cdot SiO_2 \cdot Al_2O_3 \cdot MgO$ 系复合夹杂物：

$$SiO_2(s) + 2[Mg] \rule[0.5ex]{3em}{0.4pt} 2MgO(s) + [Si] \tag{3.11}$$

$$Al_2O_3(s) + 3[Mg] \rule[0.5ex]{3em}{0.4pt} 3MgO(s) + 2[Al] \tag{3.12}$$

$$MnO(s) + [Mg] \rule[0.5ex]{3em}{0.4pt} MgO(s) + [Mn] \tag{3.13}$$

No.4 实验钢中典型夹杂物的变质机制，如图 3.62（b）所示。镁含量过量会通过变质夹杂物生成固相夹杂物，复合夹杂物中 MgO 的含量很大程度上会影响着夹杂物的形态，为了控制夹杂物的形态，一定要合理控制钢液中溶解镁的含量。从夹杂物的形貌分析结果可以看出，镁含量较低时，生成的复合夹杂物从外貌上看呈球形，当镁过量时，生成的复合夹杂物一部分从外貌上看呈不规则形状。

（2）不完全镁脱氧后硅锰处理。

No.6 实验钢是先加入的 Ni-Mg 合金再加入的 Si-Fe 和 Mn-Fe，夹杂物的变质机制如图 3.62（c）所示，加入 Ni-Mg 合金后，首先在钢液里生成单一的 MgO 夹杂，反应式如下：

$$MgO(s) \rule[0.5ex]{3em}{0.4pt} [Mg] + [O] \tag{3.14}$$

当加入 Si-Fe 和 Mn-Fe 后，钢中很快形成液相 $SiO_2 \cdot MnO \cdot Al_2O_3$ 系夹杂物，形成的液相夹杂与已经形成的固相 MgO 颗粒发生反应。由于钢中溶解的[Si]、[Mn]不具备还原已形成 MgO 的热力学条件，而固相 MgO 颗粒更容易被液相包裹，形成了如图 3.62（c）所示的中间产物。但随着反应时间的延长（10min），被液相包裹的 MgO 颗粒会逐渐被液相溶解，进而生成了均相的 $SiO_2 \cdot MnO \cdot Al_2O_3 \cdot MgO$ 系复合夹杂物，即夹杂物按 $MgO \rightarrow SiO_2 \cdot MnO \cdot Al_2O_3 + MgO \rightarrow SiO_2 \cdot MnO \cdot Al_2O_3 \cdot MgO$ 进行转变。

3.3　Fe-Mg-Al-Ca-O 钢液体系

3.3.1　实验方案

为全面考察 Fe-Si-Mn-Al-Mg-O 体系中夹杂物的变质行为与影响机制，根据热力学计算结果，设计了不同钙添加量和不同镁添加量的实验，分别考察钢液体系钙处理强度和镁处理强度对非金属夹杂物演变行为的影响。为便于对比，同时设计了单独铝钙脱氧的空白实验。

3.3.1.1 实验原料

实验原料主要包括工业纯铁、高纯铝线、钙铁合金和镍镁合金，其中工业纯铁、高纯铝线和镍镁合金成分如表 3.1 所示，钙铁合金成分如表 3.6 所示。

表 3.6 实验原料成分（质量分数）　　　（单位：%）

成分	钙铁合金
Fe	69.800
Ca	30.100
其他	0.100

3.3.1.2 实验步骤

（1）将称量好的工业纯铁（400～450 g）放入 MgO 质坩埚内，再将其置于石墨套筒中，并一起置于高温管式炉恒温区域内。

（2）管式炉升温前，氩气经气体净化装置（变色硅胶、镁净化装置）通入炉膛内，流量控制在 5L/min。

（3）管式炉升温至 1600℃，恒温 1h。

（4）待钢液完全熔化，进行第一次定氧（No.1 [O]），并根据 No.1 [O]计算得到高纯铝线加入量。

（5）称量高纯铝线，使用铁皮包裹铝线通过钼棒钼丝固定，然后将其迅速加入钢液中，搅拌后抽取钼棒。

（6）高纯铝线加入 5min 后，进行第二次定氧（No.2 [O]）。根据合金收得率，计算得出钙铁合金加入量（No.1 合金加入），然后使用 Φ4mm 石英管进行第一次取样（试样 1）。

（7）使用铁皮包裹钙铁合金通过钼棒钼丝固定，然后将其迅速加入钢液中，搅拌后抽取钼棒（No.1 合金加入）；随后在钙铁合金加入 5min 后使用 Φ4mm 石英管进行第二次取样（试样 2）。

（8）使用铁皮包裹镍镁合金通过钼棒钼丝固定，然后将其迅速加入钢液中，搅拌后抽取钼棒（No.2 合金加入）；并在镍镁合金加入 1min、5min 和 10min 分别使用 Φ4mm 石英管进行第三、第四和第五次取样（试样 3、试样 4、试样 5），第二种合金加入 1min 后进行第三次定氧（No.3 [O]）。

（9）实验结束，待炉温降至 1100℃，关闭气路、电路、水路。

整个实验过程如图 3.63 所示。检测方法与试样制备方法同 3.1 节相同。

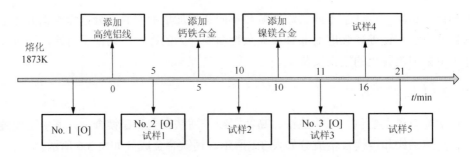

图 3.63　实验操作过程示意图

3.3.2　非金属夹杂物的形态与成分

实验共冶炼了 4 组实验钢，化学成分结果如表 3.7 所示。本节以钙含量为考察目标，No.1～No.3 实验钢中钙含量为 0.0003%～0.0006%，对应为液相钙铝酸盐夹杂物。No.4 实验钢钙含量较低，约为 0.0001%，热力学分析其稳定生成的夹杂物为 $CaO \cdot 2Al_2O_3$，对应的是固相钙铝酸盐夹杂物的镁处理工艺。以镁考察目标，No.2 实验钢为低镁含量实验钢，而 No.3 实验钢对应的是高强度的镁处理实验钢。

表 3.7　实验钢成分分析（质量分数）　　　　　　　　（单位：%）

No.	[Al]	[Mg]	[Ca]	[O]
1	0.112	—	0.0003	0.0003
2	0.102	0.0004	0.0006	0.0004
3	0.096	0.0015	0.0003	0.0005
4	0.202	0.0008	0.0001	0.0004

No.1 实验钢对应的是铝脱氧钢单独钙处理工艺。图 3.64 是 No.1 实验钢铝脱氧后典型夹杂物的扫描电镜及能谱分析结果。夹杂物为纯 Al_2O_3，形状为不规则形状和团簇状。

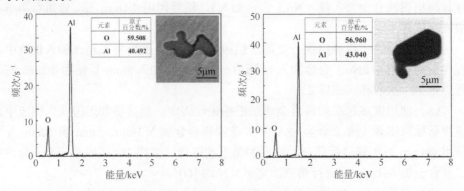

图 3.64　No.1 实验钢铝脱氧后夹杂物 SEM-EDS 分析

  图 3.65 是 No.1 实验钢加钙后钢中典型夹杂物的扫描电镜及能谱分析结果。从夹杂物成分上看，$CaO \cdot Al_2O_3$ 系夹杂物中钙的原子百分数在 15%～20%，而铝的原子百分数均低于 30%。随着保温时间的延长，夹杂物中钙的原子百分数有小幅度的提升。从夹杂物形貌上看，样品中所观察到的夹杂物均为球形夹杂物。

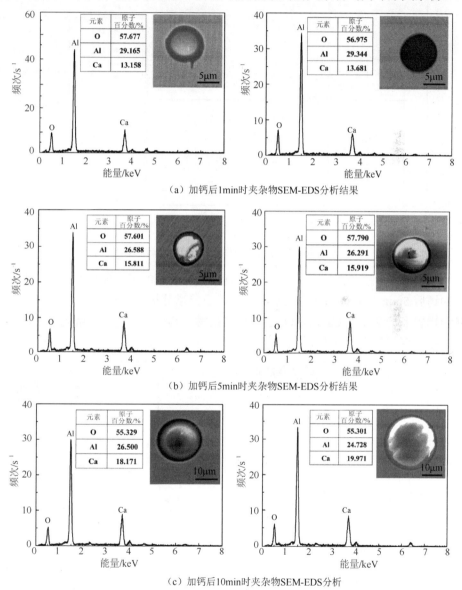

(a) 加钙后1min时夹杂物SEM-EDS分析结果

(b) 加钙后5min时夹杂物SEM-EDS分析结果

(c) 加钙后10min时夹杂物SEM-EDS分析

图 3.65 No.1 实验钢加钙后夹杂物 SEM-EDS 分析结果

  为了清楚显示出变质处理过程中夹杂物的成分变化过程，将实验中统计的夹杂物换算成氧化物质量分数标注于 CaO·Al₂O₃ 相图中，如图 3.66 所示。夹杂物所在尺寸范围使用图形的大小来表示。No.1 实验钢中钙处理效果是比较好的，夹杂物几乎全部位于 1873K 液相区内，而夹杂物尺寸较大，以大于 5μm 的居多。

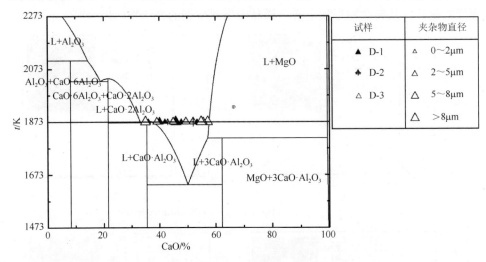

图 3.66　No.1 实验钢加钙后的夹杂物的成分变化情况

　　No.2 实验钢为先进行钙处理，后进行镁变质处理的工艺条件。图 3.67 是实验钢加钙后 5min 时典型夹杂物扫描电镜图片及能谱分析结果。此时，夹杂物以球形夹杂物居多，主要是 CaO·Al₂O₃ 系均相夹杂物，其中钙原子百分数为 15%左右，铝的原子百分数为 28%左右。

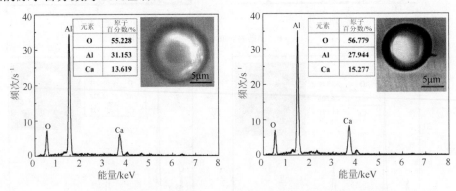

图 3.67　No.2 实验钢加钙后 5min 时夹杂物 SEM-EDS 分析结果

　　图 3.68 是 No.2 实验钢镁处理后钢中夹杂物的 SEM-EDS 分析结果。与加钙后 5min 时相比，夹杂物形貌没有发生变化，仍为球形夹杂物，但尺寸大幅度减小。从夹杂物的成分上看，没有出现分层夹杂物，为均相的 CaO·Al₂O₃·MgO 系夹杂物，镁的原子百分数位于 2%～5%范围内，钙原子百分数仍为 15%左右，铝元素原子

百分数在 25% 左右，较镁处理前略有下降。

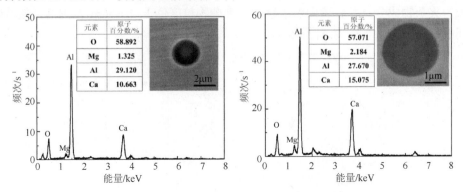

（a）加镁后1min时夹杂物SEM-EDS分析结果

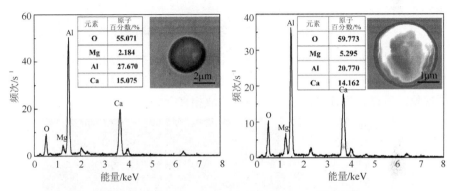

（b）加镁后5min时夹杂物SEM-EDS分析结果

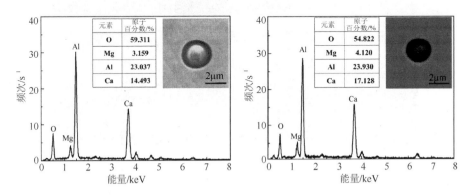

（c）加镁后10min时夹杂物时SEM-EDS分析结果

图 3.68　No.2 实验钢加镁后夹杂物的 SEM-EDS 分析结果

将 No.2 实验钢夹杂物成分变化标于 $CaO \cdot Al_2O_3 \cdot MgO$ 相图中，如图 3.69 所示。

金属镁加入钢液后，夹杂物成分基本处于 1873K 的液相区内，随着保温时间的延长，夹杂物成分点有轻微向右上移动。夹杂物粒度位于 2～5μm 范围内，随着时间的延长，夹杂物粒度逐渐减小。

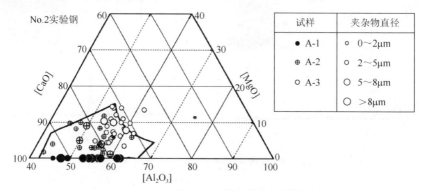

试样		夹杂物直径	
●	A-1	○	0～2μm
⊕	A-2	○	2～5μm
○	A-3	○	5～8μm
		○	>8μm

图 3.69　No.2 实验钢镁处理前后的夹杂物的成分变化

图 3.70 是 No.2 实验钢镁处理后典型夹杂物的面扫描结果。由图可知，夹杂物与钢相界面清晰圆润，夹杂物成分均匀，沿夹杂物表面至内核，未发现明显的分层现象，可以认为该类夹杂物为均相的液相夹杂。

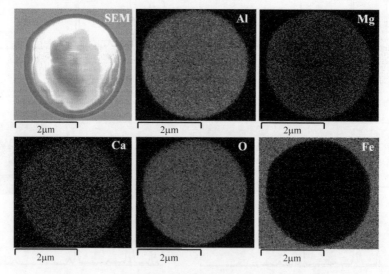

图 3.70　No.2 实验钢加镁后典型夹杂物的面扫描结果

No.3 实验钢与 No.2 实验钢相近，同样是铝脱氧钢先钙处理，后进行镁变质处理的工艺条件，但镁处理强度较高，钢液中溶解镁含量为 0.0015%。图 3.71 是 No.3 实验钢加钙后 5min 时典型夹杂物的扫描电镜及能谱分析结果，为典型的液态钙铝酸盐夹杂。

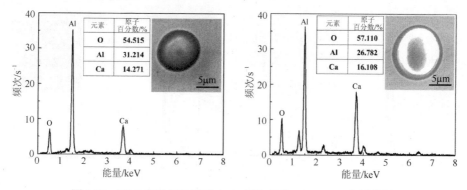

图 3.71 No.3 实验钢加钙后 5min 时夹杂物 SEM-EDS 分析结果

图 3.72（a）是 No.3 实验钢镁加镁后 1min 时夹杂物的 SEM·EDS 分析结果。从夹杂物的形貌上看，为典型的球形，从夹杂物的成分上看，镁将液相 CaO·Al$_2$O$_3$ 夹杂物变质为 CaO·Al$_2$O$_3$·MgO 系夹杂物，其中铝原子百分数在 20%左右，镁原子百分数为 10%左右。图 3.72（b）、图 3.72（c）是 No.3 实验钢加镁后 5min 和 10min 时夹杂物的 SEM-EDS 分析结果。此时，典型夹杂物仍为球形。从夹杂物的成分上看，生成的 CaO·Al$_2$O$_3$·MgO 系夹杂物中镁原子有增加的趋势，但并不明显。

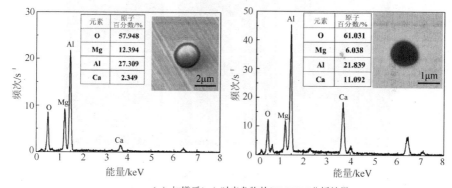

（a）加镁后1min时夹杂物的SEM-EDS分析结果

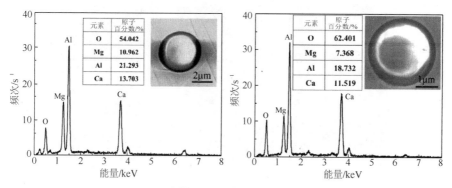

（b）加镁后5min时夹杂物的SEM-EDS分析结果

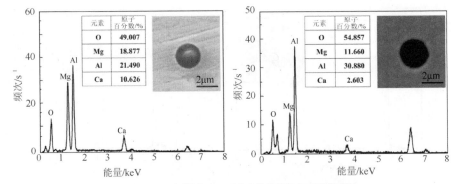

（c）加镁后10min时夹杂物的SEM-EDS分析结果

图 3.72　No.3 实验钢加镁后夹杂物的 SEM-EDS 分析

图 3.73 是 No.3 实验钢加镁后 5min 时典型夹杂物的面扫描结果。由图可知，该夹杂物成分均匀，沿夹杂物表面至内核，未发现明显的分层现象，可认为是均相的 $CaO \cdot Al_2O_3 \cdot MgO$ 系夹杂物。

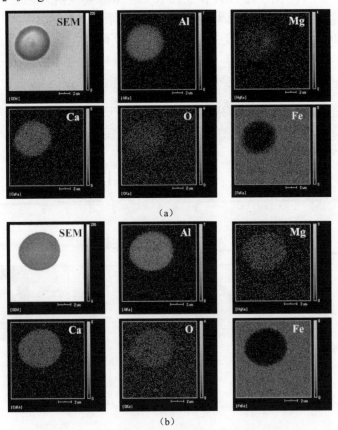

图 3.73　No.3 实验钢镁处理前后典型夹杂物的面扫描结果

　　将实验中统计的夹杂物成分标于 $CaO \cdot Al_2O_3 \cdot MgO$ 相图中，可更清晰的标志 No.3 实验钢中镁处理前后夹杂物的成分变化趋势，如图 3.74 所示。从图中可以看出，镁处理前生成的夹杂物在 1873K 的液相区。加入镁后，生成的 $CaO \cdot Al_2O_3 \cdot MgO$ 系夹杂物中铝原子百分数基本没变化，推测是镁和夹杂物中钙元素发生了更多的置换反应，而镁的原子百分数逐渐增大。随着时间的延长，夹杂物逐渐远离 1873K 的液相区。也就是说，在高强度镁处理条件下，生成的 $CaO \cdot Al_2O_3 \cdot MgO$ 系夹杂物并不能保持液相化，但夹杂物仍呈球形状态，并有效地降低了夹杂物的粒度。

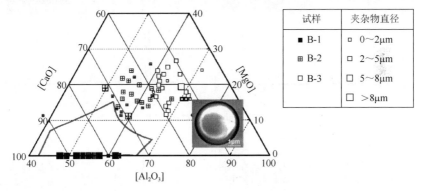

试样		夹杂物直径	
■	B-1	□	0~2μm
⊞	B-2	□	2~5μm
□	B-3	□	5~8μm
		□	>8μm

图 3.74　No.3 实验钢镁处理前后钢中夹杂物成分变化情况

　　No.4 实验钢为低强度钙处理后进行镁处理的实验钢，典型夹杂物的扫描电镜及能谱分析结果如图 3.75 所示。钢中先加入 Ca-Fe 合金后，$CaO \cdot Al_2O_3$ 夹杂物会迅速生成，其形状为不规则形状。由能谱分析结果显示，此时夹杂物的钙原子百分数约为 5%。

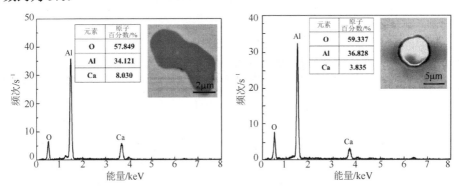

元素	原子百分数/%
O	57.849
Al	34.121
Ca	8.030

元素	原子百分数/%
O	59.337
Al	36.828
Ca	3.835

图 3.75　No.4 实验钢钙处理后夹杂物的 SEM-EDS 分析

图 3.76 是 No.4 实验钢加镁后夹杂物的 SEM-EDS 分析结果。典型夹杂物为球形夹杂物，从夹杂物整体成分上看，夹杂物中镁原子百分数在 10%以上。由图 3.77 面扫描分析结果可知，夹杂物并不是均相夹杂物，夹杂物的中心有未反应的 $CaO \cdot Al_2O_3$ 相存在，外围包裹着镁处理生成的 $CaO \cdot Al_2O_3 \cdot MgO$ 相。

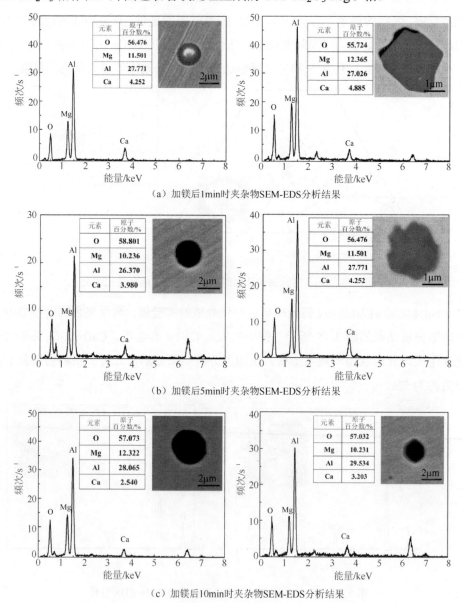

（a）加镁后1min时夹杂物SEM-EDS分析结果

（b）加镁后5min时夹杂物SEM-EDS分析结果

（c）加镁后10min时夹杂物SEM-EDS分析结果

图 3.76　No.4 实验钢加镁后夹杂物的 SEM-EDS 分析结果

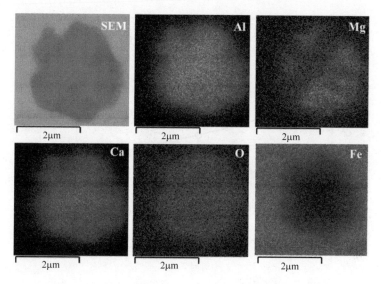

图 3.77 No.4 实验钢加镁后典型夹杂物的面扫描结果

图 3.78 是 No.4 实验钢中镁处理前后的夹杂物成分变化情况。由图可知，镁处理前后夹杂物成分均处于 CaO·Al$_2$O$_3$·MgO 相图的 1873K 液相区域之外。随着时间的增加夹杂物成分并没有发生明显变化，仍然为固相夹杂物。

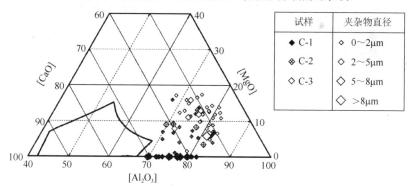

试样		夹杂物直径
◆ C-1	◇	0~2μm
✤ C-2	◇	2~5μm
◇ C-3	◇	5~8μm
	◇	>8μm

图 3.78 No.4 实验钢镁处理前后的夹杂物成分变化

3.3.3 非金属夹杂物的数量、粒度及分布

No.1 实验钢为铝脱氧后单独钙处理的空白实验钢，图 3.79 是 No.1 实验钢中夹杂物数密度与平均粒径随时间的变化情况。由图可知，试样中夹杂物的平均粒径较大，各个时间点的都在 1.8μm 以上。随着保温时间的延长，夹杂物的平均粒径有明显增加趋势，夹杂物数量总体上有小幅度减少。分析认为，这是由于液相夹杂物自身物理化学性质所决定的其易于聚合长大的缘故。

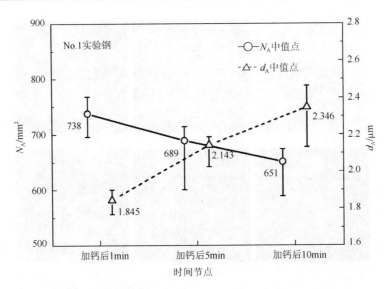

图 3.79　No.1 实验钢夹杂物数密度与平均粒径随时间的变化

　　No.2 实验钢为高钙低镁处理强度钢，图 3.80 是 No.2 实验钢中夹杂物数密度与平均粒径随时间的变化情况。由图可知，实验钢中夹杂物数量由加钙处理后 5min 时的 553 个/mm² 升高到加镁处理后 1min 时的 664 个/mm²，而夹杂物平均粒径则由 1.74μm 下降到 1.25μm。所有时间节点样品中夹杂物的平均粒径均在 2μm 以下，但随着时间的延长，夹杂物粒径有轻微的回升趋势。

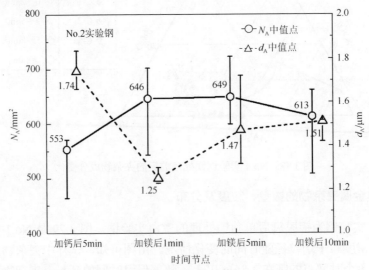

图 3.80　No.2 实验钢夹杂物数密度与平均粒径随时间的变化

　　图 3.81 是 No.3 实验钢中夹杂物数量和平均粒径随时间的变化情况。No.3 实验钢是高钙高镁条件，夹杂物数量与平均粒径的变化趋势与 No.2 实验钢基本相

同。结合前面扫描电镜图片和能谱分析结果可知，由于镁合金加入量较高，实验钢中生成的夹杂物偏离液相区，夹杂物的粒径更加小一些。由图 3.81 可知，加镁处理后 1min 时夹杂物的平均粒径降到了 1.087μm，随着时间的延长，夹杂物的尺寸会保持在这个水平。结合之前的扫描电镜分析可知，此时钢液中的夹杂物为固相的球形 $CaO \cdot MgO \cdot Al_2O_3$ 系固相复合夹杂物。而夹杂物数量由于上浮去除等因素有明显的下降趋势。

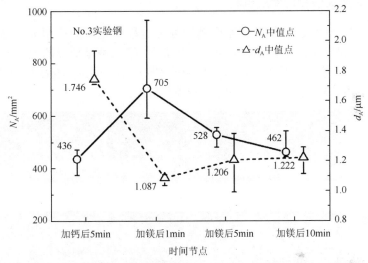

图 3.81　No.3 实验钢夹杂物数密度与平均粒径随时间的变化规律

图 3.82 是 No.4 实验钢中夹杂物数量和平均粒径随时间的变化情况。No.4 实

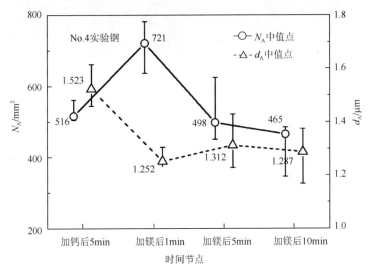

图 3.82　No.4 实验钢夹杂物数密度与平均粒径随时间的变化

验钢是低钙高镁条件下，钙的含量不足 0.0001%，镁的含量为 0.0008%。由图可知，不足量的钙处理后夹杂物粒径并不是很大，约为 1.523μm。随着镁的加入，夹杂物平均粒径减小至 1.252μm。随着保温时间的延长，夹杂物的平均粒径稳定在 1.3μm 左右，聚合趋势并不明显。结合之前的扫描电镜图片可知，此种夹杂物为 CaO·MgO·Al₂O₃ 系固相复合夹杂物。

3.3.4　非金属夹杂物的变质机制

Fe-Si-Mn-Al-Mg-O 钢液体系中钙镁处理过程中生成的典型夹杂物类型主要包括：第一种是球形的 CaO·Al₂O₃ 系复合夹杂物；第二种是球形的 MgO·CaO·Al₂O₃ 系复合夹杂物；第三种是内部附着未反应的 CaO·Al₂O₃ 相的 MgO·CaO·Al₂O₃ 系复合夹杂物。图 3.83 是典型夹杂物的面扫描分析结果。

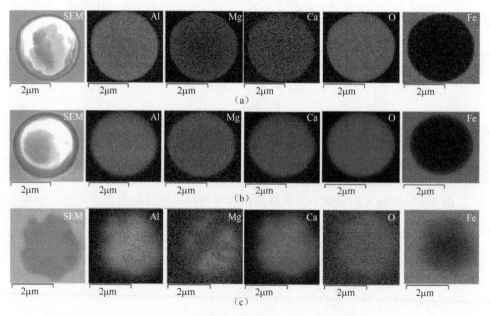

图 3.83　实验钢中典型夹杂物的面扫描结果

结合夹杂物的形貌和成分分析以及热力学计算，可以认为镁处理夹杂物的变质机制与变质合金加入量有关，典型夹杂物在钢液中的变质机制如图 3.84 所示。

No.2 实验钢的夹杂物变质如图 3.84（a）所示，由于钙、铝在钢液里和氧有很强的结合能力，当铝脱氧钢中加入钙进行变质处理时，首先生成的是 CaO·Al₂O₃ 系液相夹杂物。

$$Al_2O_3(s) = 2[Al] + 3[O] \tag{3.15}$$

$$x[Ca] + yAl_2O_3(s) = xCaO \cdot \left(y - \frac{x}{3} \right) Al_2O_3(l) + \frac{2x}{3}[Al] \tag{3.16}$$

当镁添加入钢液，与 CaO·Al₂O₃ 系液相夹杂物发生以下反应，最后生成 CaO·Al₂O₃·MgO 系均相复合夹杂物：

$$x\text{CaO} \cdot y\text{Al}_2\text{O}_3(l) + x[\text{Mg}] \Longrightarrow x\text{MgO} \cdot y\text{Al}_2\text{O}_3(s) + x[\text{Ca}] \qquad (3.17)$$

No.3 实验钢的夹杂物变质机制如图 3.84（b）所示，高强度的镁处理会通过反应（3.17）变质生成固相夹杂物，复合夹杂物中 MgO 的含量很大程度上会影响着夹杂物的形态，为了控制夹杂物的形态，要合理控制钢液中溶解镁的含量。从前文夹杂物的形貌结果上可以看出，低镁含量可以生成液相夹杂物，而当镁过量时，将生成复合夹固相夹杂物。

当 No.4 实验钢为钙处理不充分的情况，钢液中存在固相钙铝酸盐夹杂物，反应机制如图 3.84（c）。此时进行镁处理，将会在夹杂物的外周生成 CaO·Al₂O₃·MgO 系复合夹杂物，而核心依然是固相的钙铝酸盐夹杂物。

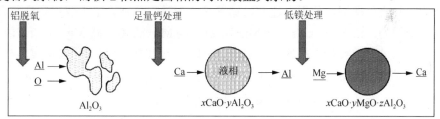

（a）充分钙处理后低强度镁处理

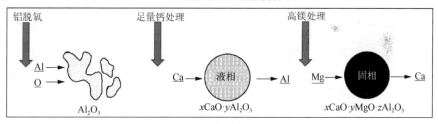

（b）充分钙处理后高强度镁处理

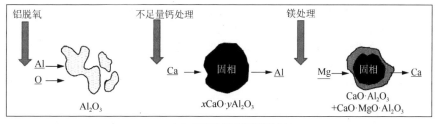

（c）不充分钙处理后镁处理

图 3.84　Fe-Si-Mn-Al-Mg-O 钢液体系中夹杂物的变质机制

3.4　Fe-Mg-Al-Zr-O 钢液体系

本节内容参照 FH40 级船板钢国标化学成分，结合工业生产实践，设计并制备 Mg、Zr 及 Mg-Zr 处理实验钢，考察钢中典型非金属夹杂物的成分、粒度和形貌特征。本节实验钢采用真空感应炉进行冶炼，为后续进一步探讨镁锆系非金属夹杂物对铁素体形核的作用及其机理做好准备。

3.4.1　镁锆处理船板钢的制备

3.4.1.1　成分设计

依据国内某企业提供的成分范围，结合相关文献设计出 FH40 级船板钢基准成分范围，如表 3.8 所示。实际冶炼过程中，在铝脱氧工艺基础上，进行不同强度的镁锆处理。对于镁处理钢，金属镁添加量分别为 0.024%和 0.072%，以体现不同的处理强度；对于锆处理钢，添加了 0.005%、0.015%和 0.030%的金属锆；对于镁锆复合处理钢，基于上述镁、锆单独添加量，分别设定了四组镁锆复合处理钢，分别为：低 Mg+低 Zr、低 Mg+高 Zr、高 Mg+低 Zr、高 Mg+高 Zr。表 3.9 给出了冶炼过程中实验原料的化学成分，其中镁合金的成分与坩埚模拟实验相同，见表 3.1。此外，P≤0.025，S≤0.025，Cr≤0.20、Ni≤0.80、Cu≤0.35、Mo≤0.08。

表 3.8　FH40 级船板的化学成分范围（质量分数）　　　　（单位：%）

元素	C	Si	Mn	Ni	Al	Nb	Ti
含量	≤0.16	≤0.50	0.9～1.6	0.20～0.40	≥0.015	0.02～0.05	≤0.02

表 3.9　实验原料化学成分（质量分数）　　　　（单位：%）

原料	C	Si	Mn	P	S	Ni	Al	Nb	Ti	Zr	Fe
工业纯铁	0.002	0.007	0.029	0.004	0.004	0.01	0.01	—	—	—	99.901
锰	0.02	0.02	99.94	0.002	0.035	—	—	—	—	—	—
硅铁	0.20	77.8	0.50	0.040	0.020	—	—	—	—	—	21.44
铌铁	0.04	1.25	—	0.037	0.008	—	1.23	62.59	—	—	34.845
铝粒	—	—	—	—	—	—	50	—	—	—	50
钛铁	0.20	5.50	2.50	0.060	0.040	—	—	—	30	—	61.3
镍	0.01	0.002	—	0.001	0.001	99.98	0.014	—	—	—	—
锆铁	—	—	—	—	—	—	—	—	—	50	50

3.4.1.2　冶炼过程

基于上述镁锆处理实验钢成分设计，在实验室使用 50kg 真空感应电炉冶炼了 10 炉不同处理方式的实验钢，包括四种冶炼工艺：①铝脱氧工艺；②铝脱氧+镁处理工艺；③铝脱氧+锆处理工艺；④铝脱氧+镁锆复合处理工艺。

实际冶炼工艺路线如下。

（1）在真空感应炉的内衬镁砂坩埚内装入约 30kg 工业纯铁、镍，原料高度控制在坩埚高度的 2/3 处左右，然后封闭炉盖。

（2）对合金料收得率进行估测后，按设计成分进行称重配料，并放置于炉顶加料器中，上述合金分 3 批入炉：①碳片、硅铁、锰金属、铝粒、钛铁、铌铁。②锆铁。③镍镁合金。

（3）打开阀门，接通真空泵，抽出熔炼室空气使系统真空度达到 10～30 Pa。然后，送电加热，并将真空度保持。

（4）钢料熔清后，向炉内充入氩气至 $5.0×10^4$Pa，保持 2min 后，依次加入碳片、硅铁、锰金属、铝粒、钛铁、铌铁。

（5）锆处理钢加入锆铁，镁处理钢最后加入镍镁合金，搅拌 30s 后出钢。

（6）待所有合金全部熔清后，将钢液温度控制在大约 1600℃，进行浇铸。浇铸完毕后，继续向真空感应炉中充入空气至炉内外压力一致，打开感应炉，取出铸模。

（7）钢锭在铸模中完全凝固并冷却至 600℃左右时，进行脱模。

冶炼后铸锭为锥形，高度 210mm，上底面为 150mm×150mm，下底面为 120mm×120mm，如图 3.85 所示。

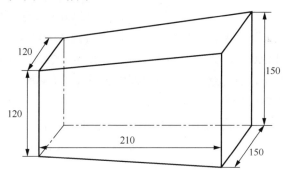

图 3.85　真空感应炉冶炼铸锭形状（单位：mm）

3.4.1.3　实验钢成分

铸锭取样进行成分分析。其中，C、Si、Mn、Ni、Nb、Ti、Al、P、S 等元素的质量分数采用 Spectro-Lab 光谱分析仪进行测量，O 和 N 的质量分数采用 TC-600 氧氮分析仪测定，Mg 和 Zr 的质量分数采用感应耦合等离子体原子发射能谱分析法（ICP-IES）进行测定，测试成分见表 3.10。其中 S1 为基准钢，S2～S3 为 Mg 处理钢，S4～S6 为 Zr 处理钢，S7～S10 为 Mg-Zr 复合处理钢（分别为低 Mg+低 Zr、低 Mg+高 Zr、高 Mg+低 Zr、高 Mg+高 Zr）。对比表 3.8 给出的 FH40 船板钢标准成分可看出，冶炼的 10 炉次实验钢均满足上述成分要求。

表 3.10　冶炼后实验钢成分（质量分数）　　　　（单位：%）

No.	C	Si	Mn	P	S	Ni	Al	Nb	Ti	N	O	Mg	Zr
S1	0.05	0.23	1.53	0.009	0.003	0.29	0.03	0.04	0.014	0.0076	0.0037	—	—
S2	0.05	0.21	1.51	0.008	0.005	0.29	0.03	0.04	0.014	0.0066	0.0041	0.0008	—
S3	0.05	0.20	1.55	0.008	0.005	0.31	0.03	0.04	0.013	0.0065	0.0040	0.0026	—
S4	0.05	0.18	1.48	0.008	0.004	0.30	0.03	0.04	0.013	0.0069	0.0030	—	0.0005
S5	0.05	0.18	1.48	0.007	0.006	0.29	0.03	0.04	0.013	0.0070	0.0035	—	0.0022
S6	0.05	0.20	1.53	0.008	0.004	0.28	0.03	0.04	0.013	0.0071	0.0035	—	0.0050
S7	0.05	0.22	1.55	0.008	0.003	0.29	0.03	0.04	0.014	0.0069	0.0050	0.0008	0.0009
S8	0.05	0.22	1.53	0.008	0.004	0.30	0.03	0.04	0.0065	0.0061	0.0006	0.0050
S9	0.05	0.20	1.49	0.008	0.006	0.31	0.03	0.04	0.0067	0.0030	0.0026	0.0012
S10	0.05	0.22	1.55	0.008	0.006	0.31	0.03	0.04	0.012	0.0065	0.0034	0.0024	0.0054

3.4.2　镁锆处理船板钢的非金属夹杂物

3.4.2.1　非金属夹杂物检测方法

（1）金相试样制备。

研究过程涉及的金相试样制备方法一致，具体步骤如下：①铸锭经切头去尾后，在铸锭两个横截面中心部分分别截取 12mm×12mm×10mm 金相试样。②用自动磨抛机将金相试样进行磨抛。采用 SiC 砂纸在转速为 800r/min 的转速下进行湿磨，依次分别使用 240 号、600 号、1000 号、1500 号、2000 号的金相砂纸将观察面由粗到细逐级磨平，最后使用电吹风机吹干水分。③将磨好的金相试样进行抛光去划痕处理。④完成抛光后，用清水冲洗干净，在抛光面上滴上酒精用电吹风吹干水分。当在金相显微镜（ZEISS-Axio Imager M2m）下进行观察时，如果抛光面无划痕、水迹、脏迹、抛光坑，则金相试样制备完成。⑤用脱脂棉将抛光好的金相试样包好放入试样袋中备用。

（2）夹杂物粒径统计。

采用金相显微镜（ZEISS-Axio Imager M2m）对制备好的金相试样进行夹杂物定量金相分析，具体步骤如下：①利用 ZEISS-Axio Imager M2m 型金相显微镜在 500 倍的倍率下连续观察 64 个视场，总视场面积约为 3.79mm^2。②基于光学显微镜拍摄照片中钢基体和夹杂物间存在的色泽差异，采用专业图像分析软件 ipp6.0 对夹杂物进行统计分析。根据软件分析结果，计算并统计每个试样中夹杂物的平均粒径（d_A）、夹杂物总数量（Sum）、总面积（A_t）等参数。③根据文献报道[6-10]，适宜于铁素体形核夹杂物粒径普遍位于 0.4～3.0μm 范围内，基于此，主要统计分析 0.4～3.0μm 范围内的夹杂物。

（3）夹杂物形貌、成分分析。

采用 SSX-550^{TM} 扫描电镜对上述金相试样中典型夹杂物成分和形貌进行检测，即利用 SEM 在 2000 倍以上的倍率下观察任意的 30 个夹杂物，求取夹杂物的平均成分。

3.4.2.2 非金属夹杂物特征

（1）非金属夹杂物粒径。

表 3.11 为不同炉次粒径大于 0.4μm 的夹杂物数量及粒径统计结果。结果显示 Mg、Zr 和 Mg-Zr 复合处理对钢中夹杂物数密度、粒径均有一定程度的影响。

表 3.11 钢中夹杂物定量金相分析结果

炉次	夹杂物粒径分布/（个/%）					Sum/个	$A_t/μm^2$	$d_A/μm$	$N_A/$（个/mm^2）
	0.4～1.5/μm	1.5～2.0/μm	2.0～2.5/μm	2.5～3.0/μm	>3.0/μm				
S1	510/56.17	144/15.86	97/10.68	77/8.48	80/8.81	908	2210.3	1.695	239.6
S2	610/66.02	131/13.79	70/7.71	44/4.99	65/7.49	920	1745.8	1.509	242.7
S3	1162/73.68	177/10.72	112/7.00	45/3.02	85/5.58	1581	2421.3	1.401	417.2
S4	821/69.40	158/13.36	80/6.76	55/6.68	69/5.83	1183	1991.8	1.376	424.0
S5	520/56.89	136/14.88	102/11.16	54/5.91	102/11.16	914	2240.1	1.691	241.2
S6	427/51.88	150/18.23	95/11.54	68/8.26	83/10.09	823	1948.3	1.712	217.2
S7	842/70.23	174/14.51	79/6.59	39/3.25	65/5.42	1199	1833.7	1.399	316.4
S8	763/60.75	223/17.75	109/8.68	59/4.70	102/8.12	1256	2761.3	1.595	331.4
S9	857/71.84	146/12.24	82/6.87	36/3.02	72/6.04	1193	2015.1	1.369	314.8
S10	790/69.48	149/13.10	83/7.30	48/4.22	67/5.89	1137	2053.8	1.514	300.0

注：夹杂物粒径分布中 510/56.17 表示的是定量金相视场总面积 3.79 mm^2 对应夹杂物数量为 510，在夹杂物统计总数量中所占比例为 56.17%。

对比 S1～S3 实验钢统计结果可知，FH40 船板钢经 Mg 处理后，夹杂物平均粒径降低，单位面积上夹杂物数密度略微增加，从 239.6 个/mm^2 增加至 242.7 个/mm^2 和 417.2 个/mm^2。采用 0.0008%Mg 处理工艺（S2），夹杂物的数量只有小幅度的上升，即单位面积内微米级夹杂物（大于 0.4μm）的数量没有明显增加；较高 Mg 处理强度时（S3），夹杂物数量有了较为明显的上升，夹杂物总数量由 908个增加到了 1581 个。从夹杂物粒径分布来看，虽然 S1～S3 试验钢中大于 3.0μm夹杂物数量并没发生明显变化，但是所占比例依次降低。与此同时，0.4～1.5μm内夹杂物数量及所占比例均得到了一定幅度的提升。可见，采用 Mg 处理后，夹杂物粒径有细化的趋势。

经 Zr 处理钢后，Zr 处理量为 0.0005%时，夹杂物平均粒径较小，数密度为 424.0 个/mm^2。随着 Zr 含量的增加，夹杂物平均粒径随之增加，0.4～1.5μm 范围内夹杂物数量及比例均减少。特别地，当 Zr 处理量为 0.0050%时，夹杂物平均粒径较基准钢更大，而夹杂物数量较基准钢变化并不明显。

相对于基准钢，Mg-Zr 复合处理实验钢（S7~S10）中夹杂物总数增加，增加幅度保持在 25.5%~38.6%之间，复合处理实验钢之间变化趋势并不明显。复合处理炉次中，低 Zr（S7 和 S9）炉次实验钢夹杂物平均粒径均处于 1.5μm 以内，高 Zr（S8 和 S10）实验钢夹杂物平均粒径高于 1.5μm。

（2）非金属夹杂物形态与成分。

表 3.12 是对 S1~S10 不同炉次实验钢中氧化物成分类型统计结果。结果显示 Mg、Zr 和 Mg-Zr 复合处理对钢中氧化物成分类型也会有显著影响。

表 3.12　S1~S10 实验钢中氧化物成分类型统计结果

钢号（工艺条件）	Al-O	Al-Mg-O	Al-Zr-O	Al-Mg-Zr-O
S1（Al 脱氧）	√	nd	nd	nd
S2（Al 脱氧+低 Mg 处理）	nd	√	nd	nd
S3（Al 脱氧+高 Mg 处理）	nd	√	nd	nd
S4（Al 脱氧+低 Zr 处理）	√	nd	nd	nd
S5（Al 脱氧+中 Zr 处理）	√	nd	√	nd
S6（Al 脱氧+高 Zr 处理）	√	nd	√	nd
S7（Al 脱氧+低 Mg-低 Zr 处理）	√	√	√	nd
S8（Al 脱氧+低 Mg-高 Zr 处理）	√	√	√	√
S9（Al 脱氧+高 Mg-低 Zr 处理）	nd	√	√	√
S10（Al 脱氧+高 Mg-高 Zr 处理）	nd	nd	nd	√

注：√为 SEM-EDS 检测到；nd 为 SEM-EDS 未被检测到。

图 3.86 是 Al 脱氧工艺钢（S1）中典型夹杂物 SEM-EDS 的分析结果。由于原始工艺实验钢采用 Al 脱氧工艺，因此钢中典型氧化物以 Al_2O_3 为主，且部分氧化物表面附着一定量的 MnS。

图 3.87 是 Mg 处理钢中典型夹杂物 SEM 形貌和 EDS 成分对比图。由图 3.87 可知，钢中加入微量镁合金后，夹杂物中 Al 平均质量分数较 S1 钢逐渐降低，而 Mg 平均质量分数逐渐增加。典型 EDS 能谱图也证实，随着 Mg 量的增加，对应夹杂物的 Al 峰值逐渐减弱，Mg 峰值逐渐增强。Mg 处理量为 0.0008%时（S2），夹杂物形貌类似于 S1 钢，但核心氧化物大部分已变质为 Al-Mg-O 相，且此类夹杂物中 Mg 平均质量分数为 7.54%，此时，钢中夹杂物 MgO 质量分数约为 12.57%，小于纯尖晶石中 MgO 的含量（纯镁铝尖晶石相 MgO 组分质量分数为 28.17%），这说明此时氧化铝并未完全转变为尖晶石。当钢中 Mg 处理量为 0.0026%时，钢中并未检测到 Al_2O_3，且夹杂物中 Mg 平均质量分数为 21.35%，即钢中含 Mg 夹杂物中 MgO 平均质量分数达到 35.58%，由此表明，钢中大部分夹杂物已实现了由氧化铝到尖晶石的充分转变。

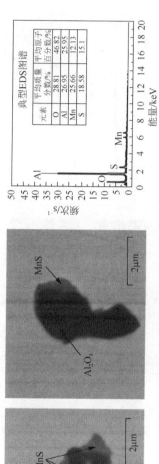

图 3.86 S1 钢中典型夹杂物 SEM 形貌和 EDS 成分

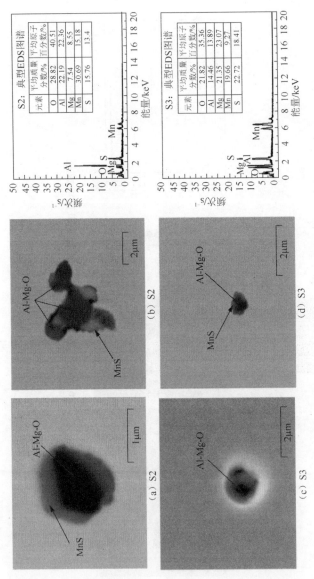

图 3.87 S2～S3 钢中典型夹杂物 SEM 形貌和 EDS 成分

图 3.88 是 Zr 处理实验钢中典型夹杂物 SEM 和 EDS 分析结果。分析结果表明，Zr 处理量为 0.0005%时（S4），扫描电镜检测结果中并未发现含 Zr 的夹杂物，钢中夹杂物仍以 $Al_2O_3 \cdot MnS$ 复合相为主。随着 Zr 处理量增加至 0.0022%和 0.0050%，钢中除了少量 $Al_2O_3 \cdot MnS$，还出现了含 Zr 夹杂，且部分富 Zr 夹杂物位于夹杂物核心，在背散射环境观测下，该相呈亮白色。推测可能是由于 Zr 脱氧能力强于 Al，在添加适量 Zr 后，Zr 脱氧产物 ZrO_2 将成为 Al_2O_3 的异质形核核心，提高了 Al_2O_3 的形核率，实现了对 Al_2O_3 夹杂物的变质。

图 3.89 为 Mg-Zr 复合处理后船板钢中夹杂物 SEM-EDS 结果。在低 Mg+低 Zr（S7）炉次中，夹杂物主要成分为 $Al_2O_3 \cdot MnS$、Al-Mg-O-MnS，Al-Mg-O 相位于夹杂物核心，其中 Mg 平均质量分数为 3.98%，周围覆盖 MnS 夹杂物，并没发现含 Zr 夹杂物。在低 Mg+高 Zr（S8）炉次中，钢中检测到 $Al_2O_3 \cdot MnS$、Al-Mg-O-MnS、Al-Mg-Zr-O-MnS 等三类夹杂物。Al-Mg-Zr-O-MnS 夹杂物主要包括三部分组成，由内到外依次是核心部分富 ZrO_2 相、次外层 Al-Mg-（Zr）-O 复合相及最外层 MnS 相。且复合相各部分相界面明显，夹杂物尺寸相对较大，为 2～4μm。中心部分是富 ZrO_2 相，颜色为亮白色，其特征与单一 Zr 处理钢（S5 和 S6）类似。

在高 Mg+低 Zr（S9）炉次中，几乎检测不到 Al_2O_3 夹杂物，钢中夹杂物主要包括 Al-Mg-O-MnS、Al-Mg-Zr-O-MnS 两类。富 Zr 夹杂物仍多位于夹杂物核心，Zr 的平均质量分数为 13.17%，Mg 的平均质量分数为 3.18%，即 ZrO_2、MgO 和 Al_2O_3 质量分数分别为 17.79%、5.3%和 76.91%。在高 Mg+高 Zr（S10）炉次中，由于 Mg 和 Zr 含量均具有较高水平，因此钢中几乎检测不到 Al_2O_3-MnS 和 Al-Mg-O-MnS，钢中氧化物均以 Al-Mg-Zr-O 复合相为主。部分含 Zr 夹杂物核心仍存在亮白色的富 ZrO_2 相。

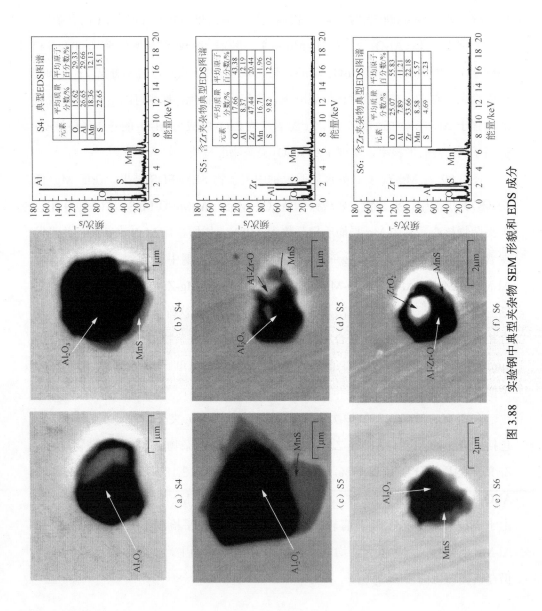

图 3.88　实验钢中典型夹杂物 SEM 形貌和 EDS 成分

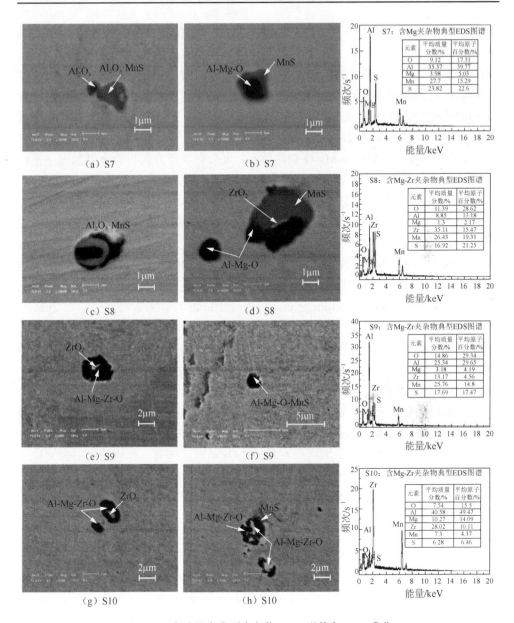

图 3.89   实验钢中典型夹杂物 SEM 形貌和 EDS 成分

3.5   本 章 小 结

（1）对于 Fe-Mg-Al-O-S 钢液体系，在低硫含量条件下，镁处理可将 Al_2O_3 变质成为 $MgO-Al_2O_3$ 夹杂物。随着时间的推移，复合夹杂物中镁的原子百分数逐渐增加。镁处理 5min 时，尺寸小于 2μm 的夹杂物所占的比例由铝脱氧后的 80.23% 增加至 90.55%，其中 0.8～1μm 的夹杂物比例由铝脱氧后的 32.82% 上升到 37.41%。在高硫含量条件下，镁处理前硫化物的存在形式，包括附着氧化物析出的 MnS 以及链状析出的 MnS，使得夹杂物尺寸增大。在镁处理后实验钢中生成了大量离散分布的硫化物。镁处理对高硫钢的夹杂物尺寸同样有控制作用，但随着镁处理强度增大，对降低夹杂物尺寸的效果提升并不明显。

（2）对于 Fe-Si-Mn-Al-Mg-O 钢液体系，夹杂物变质方式与合金添加顺序密切相关。在硅锰脱氧后分别进行低镁、高镁处理条件下，镁主要与液态 $SiO_2 \cdot MnO \cdot Al_2O_3$ 系复合夹杂物反应生成 $SiO_2 \cdot MnO \cdot Al_2O_3 \cdot MgO$ 系均相的液相、固相夹杂物；在先镁脱氧后硅锰脱氧条件下，在硅锰加入钢液后钢液中会形成液相包裹固相 MgO 颗粒的中间产物，随着时间的延长，最终夹杂物内部溶解形成均相 $SiO_2 \cdot MnO \cdot Al_2O_3 \cdot MgO$ 系夹杂物。硅锰复合脱氧空白实验钢中液相夹杂物的平均粒径为 2.2μm。在镁处理 1min 之后，夹杂物粒径降低明显，平均尺寸与硅锰脱氧空白实验钢相比降低了 0.95μm 左右。镁处理 10min 时，夹杂物尺寸小于 2μm 的夹杂物所占比例由处理前的 80.90% 增加至 92.34%，其中 0.8～1μm 的夹杂物比例由镁处理前的 21.85% 上升至 37.26%。随着镁含量的提高，硅锰脱氧钢中夹杂物尺寸有进一步降低的趋势，但此时夹杂物的成分已经脱离了 1473K 液相区。

（3）对于 Fe-Mg-Al-Ca-O 钢液体系，夹杂物反应机理与脱氧合金添加量直接相关。如果钙处理充分，首先形成液相 $CaO \cdot Al_2O_3$ 系夹杂物，低强度和高强度镁处理分别会将其变质为均相的液相或者固相的 $CaO \cdot Al_2O_3 \cdot MgO$ 系夹杂物；而当钙处理不充分，钢中首先生成固相 $CaO \cdot Al_2O_3$ 系夹杂物时，在镁处理后会变质生成典型的包裹型夹杂物。单独钙处理钢生成的液相 $CaO \cdot Al_2O_3$ 系夹杂物平均粒径为 2.4μm 左右。实验钢在进行镁处理之后，变质生成的液相 $CaO \cdot Al_2O_3 \cdot MgO$ 系夹杂物粒径降低明显，平均尺寸可降低至 1.5μm 左右；若提高镁处理强度，生成的固相 $CaO \cdot Al_2O_3 \cdot MgO$ 夹杂物尺寸会有进一步降低，达到 1.2μm 左右，先钙后镁处理对于钢中夹杂物的细化作用显著。

（4）对于 Fe-Mg-Al-Zr-O 钢液体系，在较低强度锆处理条件下（0.0005%Zr），钢中氧化物夹杂以 Al_2O_3 为主，未检测到含 Zr 的夹杂物。随着锆处理量由 0.0005% 增加至 0.0022% 和 0.0050%，钢中氧化物以 Al_2O_3 和 Al-Zr-O 为主。在 Mg-Zr 复合处理条件下，0.0008%Mg 和 0.0009%Zr 处理时，钢中氧化物以 Al_2O_3 和 Al-Mg-O 为主，将 Zr 量增加至 0.0050%，钢中氧化物以 Al_2O_3、Al-Mg-O、Al-Mg-Zr-O 为主。0.0024%Mg 和 0.0012%Zr 时，Al_2O_3 并未检测到，钢中氧化物主要以 Al-Mg-O 和 Al-Mg-Zr-O 为主，将 Zr 量增加至 0.0054%，氧化物已充分变质为 Al-Mg-Zr-O。

（5）对于含硫钢来说，如果采取合适的镁处理技术，均不同程度实现钢中硫化物粒度细小和弥散分布的效果，预期将有利于改善钢材的加工性能和机械性能。

对于硅锰脱氧钢来说，如果采用合适的强度进行镁处理，可在保证钢中夹杂物液相化的同时，实现夹杂物粒度的细小化控制，预期将有利于提高钢材的加工性能和机械性能。对于铝脱氧钢来说，在钙处理后，如果采用合适的强度进行镁处理，可在保证钢中夹杂物液相化的同时，实现对夹杂物粒径的控制，可以有效避免残留钢中夹杂物的尺寸超标现象的发生。

参 考 文 献

[1] 王世俊, 董元篪, 徐长青, 等. 钡系合金脱氧基础研究 [J]. 铁合金, 1995 (6): 16-18.

[2] 幸伟, 倪红卫, 张华, 等. 钢液脱氧工艺的发展状况分析 [J]. 过程工程学报, 2009, 9(增刊 1): 443-447.

[3] Armstrong R W. Advances in research on the strength and fracture of materials [C]. In Proceedings of the Fourth International Conference on Fracture. New York: Pergamon Press, 1977, 61-74.

[4] Guo M, Suito H. Influence of dissolved cerium and primary inclusion particles of Ce_2O_3 and CeS on solidification behavior of Fe-0.20mass%C-0.02mass%P alloy [J]. ISIJ international, 1999, 39(7): 722-729.

[5] Choudhary S K, Ghosh A. Mathematical model for prediction of composition of inclusions formed during solidification of liquid steel [J]. ISIJ International, 2009, 49(12): 1819-1827.

[6] Lee T K, Kim H J, Kang B Y, et al. Effect of inclusion size on nucleation of acicular ferrite in welds [J]. ISIJ International, 2000, 40(12): 1260-1268.

[7] Barbaro F J, Krauklis P, Easterling K E. Formation of acicular ferrite at oxide particles in steels [J]. Materials Science and Technology, 1989, 5(11): 1057-1068.

[8] Laurent S S, Espérance G L. Effects of chemistry, density and size distribution of inclusions on the nucleation of acicular ferrite of C-Mn steel shielded-metal-arc-welding weldments [J]. Materials Science and Engineering A, 1992, 149(2): 203-216.

[9] Grong Ø, Kolbeinsen L, Casper Van Der Eijk, et al. Microstructure control of steels through dispersoid metallurgy using novel grain refining alloys [J]. ISIJ International, 2006, 46(6): 824-831.

[10] Huang Q, Wang X H, Jiang M, et al. Effects of Ti-Al complex deoxidization inclusionson nucleation of intragranular acicular ferritein C-Mn steel [J]. Steel Research International, 2016, 87(4): 445-455.

4 镁锆处理船板钢的凝固组织

本章内容是以第 3 章中采用真空感应炉制备的实验钢铸锭为研究对象，通过凝固组织检测分析，考察镁锆处理及处理强度对凝固组织的影响，并进一步探讨分析镁锆系非金属夹杂物诱导晶内针状铁素体形核行为及其形核机制。

4.1 组织识别原则

FH40 级船板钢是一种低碳微合金钢。目前，关于低碳微合金钢组织的定义比较复杂。因其碳含量很低，铁素体和贝氏体形态以及转变机理等发生变化，传统的铁素体和贝氏体概念也不再适用，目前关于低碳钢组织的分类也依然没有统一的标准[1]。为便于分析，本书中所有涉及的组织认定原则采纳日本钢铁研究所贝氏体研究委员会及 Krauss 和 Thompson 提出的铁素体 6 种类型[2-3]。为便于后文中涉及的凝固、轧制和焊接等组织的分析，下面将针对该 6 种类型的组织进行具体说明。

（1）多边形铁素体（polygonal ferrite，PF）。

PF 是在高的转变温度、慢的冷却速度下形成的先共析铁素体，因具有等轴或规则的晶粒外形而称为多边形铁素体或等轴铁素体。PF 优先在原奥氏体晶界形核，形核后，其长大可越过原奥氏体晶界，使原奥氏体晶界轮廓被覆盖。若发生部分多边形铁素体转变，则沿原奥氏体晶界形成网状或仿晶型多边形铁素体，可勾画出原奥氏体晶界的轮廓。图 4.1 为本书中涉及的典型 PF 光学显微镜和扫描电

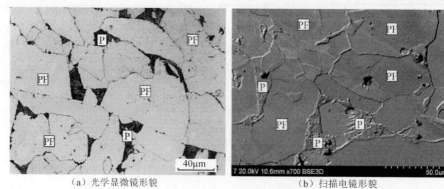

（a）光学显微镜形貌　　　　　　　　（b）扫描电镜形貌

图 4.1　实验中多边形铁素体的典型形貌

镜显微形貌，可见 PF 具有规则的晶粒外形，晶界清晰、光滑、平直，在光学显微镜下呈亮白色，晶界呈灰色；在扫描电镜下，基体呈灰黑色，晶界呈亮白色。

（2）魏氏体铁素体（widmanstätten ferrite, WF）。

WF 是带有位错亚结构的拉长的、粗大的铁素体晶粒，是在比 PF 更快的冷却速度、更低的温度区间形成的。常见的 WF 是沿奥氏体晶界形核的，组织比较粗大，多出现在焊接热循环过程中，容易成为裂纹扩展源。图 4.2 是 WF 典型形貌。由图 4.2 可知，裂纹扩展至 WF 时，并未受到阻碍，直接穿过组织进行扩展。因此，通常认为 WF 对钢材的冲击韧性不利。

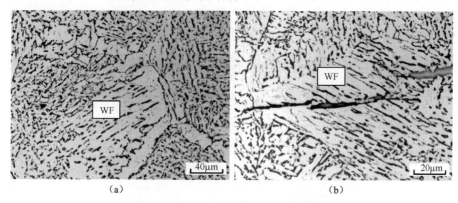

(a)   (b)

图 4.2   实验中魏氏体铁素体的典型形貌

（3）准多边形铁素体（quasi-polygonal ferrite, QF）。

QF 是在略低于 PF 的转变温度下形成，其形状接近于多边形，内部无甚细节，但边界极不规整。在组织形态上，它与 PF 多有相似之处。QF 在母相晶界或晶内形成，当优先在原奥氏体晶界形核时，其生长可越过原奥氏体晶界，使原奥氏体晶界轮廓被覆盖。然而，QF 在较低的温度下以块状转变机制形成。生成相与原奥氏体成分相同，相变过程不需要长程扩散。可以认为，QF 是铁素体和贝氏体中间的一种过渡组织。图 4.3 是典型 QF 形貌。可以看出，在光学显微镜下[图 4.3（a）]，

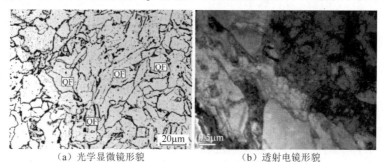

（a）光学显微镜形貌   （b）透射电镜形貌

图 4.3   实验中准多边形铁素体的典型形貌

QF 和 PF 的差别是：①PF 为等轴晶或规则多边形，QF 则为高度不规则。②PF 呈亮白色，QF 则相对较暗。③PF 内部洁净，QF 则可见稀疏的黑色点状蚀刻区。④PF 晶界清晰、完整、平直，QF 晶界则相对模糊、不连续、呈锯齿状。

（4）粒状贝氏体（granular bainitic, GB）。

GB 形成温度介于 QF 和贝氏体铁素体 BF 之间，与板条状铁素体相似，且基体上分布有接近于粒状或等轴状的小岛状组织。在较高温度转变的 GB 组织中，铁素体亚结构并非板条状，而呈等轴状形貌特征，岛状组织排列无序。在较低温度转变的 GB，铁素体亚结构呈板条状，粒状小岛分布板条间，且分布有序。GB 同样具有较高的强度和韧性。图 4.4 是典型 GB 形貌。可以看出，GB 是在大块状铁素体内分布的一些颗粒状小岛，这些小岛在高温下是富碳奥氏体区。

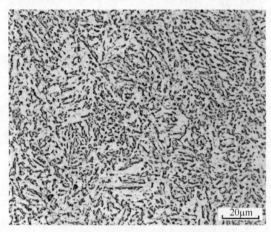

图 4.4　实验中粒状贝氏体的典型形貌

（5）贝氏体铁素体（bainitic ferrite, BF）。

BF 是在较 GB 低的转变温度下形成的，其板条化倾向更为明显。通常而言，BF 由相互平行且具有很高位错密度的铁素体板条束构成，板条界为小角度晶界，板条束界面为大角度晶界；板条间有时有条状分布的 M/A 岛；具有亚晶强化、位错强化和晶粒细化作用，对强度和韧性有益。图 4.5 是典型 BF 形貌。可以看出，BF 是由原奥氏体晶界以相互平行的板条向晶内生长。

（6）晶内针状铁素体（intragranular acicular ferrite, IAF）。

IAF 是在 20 世纪 70 年代由 Smith 等[4]首次在 HAZ 内发现的。最早给出的定义为："针状铁素体是在稍高于上贝氏体的温度范围，通过切变相变和扩散相变而形成的具有高密度位错的非等轴铁素体"。Badu 和 Bhadeshia[5-7]指出，IAF 是形核于晶内夹杂物上的贝氏体，但并未被普遍接受。如 Kim 等[8]在夹杂物含量较少的管线钢中仍然发现了 IAF 的存在，因此他们认为，IAF 除了依附于夹杂物形核外，奥氏体晶粒内存在的位错等缺陷也会成为诱导 IAF 形核的一个重要因素。尽管如此，可以确定的是，IAF 应形成于 B_s 点附近的温度范围，钢中适宜夹杂物的存在会显著促进 IAF 的形核。图 4.6 是 IAF 光学显微镜、扫描电镜和透射电镜形貌。可以看出，与典型的上贝氏体不同的是，IAF 相互交错、呈连锁状，铁素体条间的方位差较大。因此它能有效抑制解理裂纹的快速蔓延，对组织细化和组织强韧化有突出的贡献。

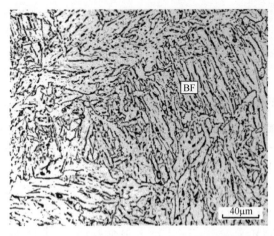

图 4.5　实验中贝氏体铁素体的典型形貌

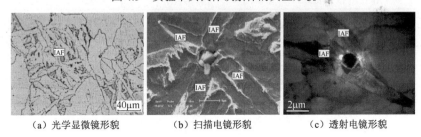

（a）光学显微镜形貌　　　　（b）扫描电镜形貌　　　　（c）透射电镜形貌

图 4.6　实验中针状铁素体形貌

4.2　凝固组织腐蚀与检测

本书中涉及的组织腐蚀方法一致，具体步骤如下。

（1）将打磨抛光后的试样采用 3%硝酸酒精溶液腐蚀 20s 得到凝固组织。

（2）腐蚀后，采用 ZEISS-Axio Imager M2m 型金相显微镜在低倍下观察凝固组织形貌，在 500 倍率下连续拍摄 30 个视场，总面积约为 1.78 mm²，借助专业图像分析软件 VNT.QuantLab-MG 和 ipp6.0 对实验钢凝固组织中多边形铁素体、珠光体和针状铁素体等组织相的面积分数进行定量统计。

（3）采用 Hitachi S-3400N 型扫描显微镜和 TECNAI G20 透射电镜在高倍下观察凝固组织形貌，着重观察典型夹杂物与铁素体组织间的位置关系，阐释不同典型夹杂物对铁素体的形核作用。

（4）为进一步表征实验钢中相关夹杂物自身不同元素分布情况以及其与 IAF 的关系，研究中还采用 Ultra Plus-ZEISS 型场发射扫描显微镜对相关夹杂物进行面扫描和线扫描分析。

4.3 镁锆处理船板钢凝固组织构成

表 4.1 是实验钢凝固组织中 PF、P 和 IAF 的定量统计结果。

表 4.1 实验钢凝固组织中 PF、P 和 IAF 定量统计结果

钢号（工艺条件）	组织构成情况/%		
	PF	P	IAF
S1（Al 脱氧）	91.50±0.90	8.50±0.90	0
S2（Al 脱氧+低 Mg 处理）	90.80±1.20	5.10±1.46	4.12±1.43
S3（Al 脱氧+高 Mg 处理）	83.40±4.80	3.50±0.40	13.1±4.50
S4（Al 脱氧+低 Zr 处理）	93.09±1.13	6.91±0.99	0
S5（Al 脱氧+中 Zr 处理）	93.56±0.90	6.44±0.50	0
S6（Al 脱氧+高 Zr 处理）	95.89±3.63	4.11±0.39	0
S7（Al 脱氧+低 Mg-低 Zr 处理）	95.12±0.39	3.57±0.43	1.31±0.67
S8（Al 脱氧+低 Mg-高 Zr 处理）	92.59±0.98	2.77±0.38	4.64±1.58
S9（Al 脱氧+高 Mg-低 Zr 处理）	88.69±1.80	2.73±0.78	8.58±2.86
S10（Al 脱氧+高 Mg-高 Zr 处理）	80.70±1.60	1.42±0.36	17.9±3.00

图 4.7～图 4.10 为不同处理方式的 FH40 级别船板钢凝固组织的金相组织显微形貌。

图 4.7 是 Al 脱氧工艺钢（S1 钢）凝固组织显微形貌。由于铸锭采用真空感应炉无渣冶炼所得，且铸锭冶炼完毕置于空气中冷却，冷却速率较低，因此，凝固组织主要由 PF 和 P 构成，且铁素体面积分数高达 90%以上。此外，S1 钢组织中铁素体晶粒多为不规则块状，尺寸较大，且组织中奥氏体晶界并不明显，这是因为组织中 PF 转变为典型的界面构型相变，该类铁素体首先在原奥氏体晶界处形核，随着凝固的不断进行，铁素体将自由穿越奥氏体晶界继续向奥氏体晶粒内生长，最终导致原奥氏体晶界特征完全消失。

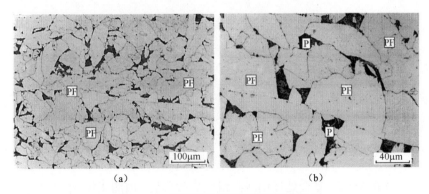

图 4.7 S1 钢凝固组织不同倍率显微特征

图 4.8 是 Mg 处理钢凝固组织显微形貌。由图 4.8 可知，Mg 处理后，凝固组织中除了 PF 和 P 外，还出现了 IAF。显微镜高倍图像［图 4.8（c）和图 4.8（f）］表明，IAF 尺寸显著小于 PF，铁素体条呈交错分布，且多是以夹杂物为核心长大。对比不同 Mg 处理试样可发现，随着 Mg 处理强度增大（镁含量由 0.0008%增加至 0.0026%），IAF 面积分数增加，由 4.12%增加到了 13.1%，相反 P 面积分数呈现降低趋势。从 IAF 存在的位置可知，大部分 IAF 间分布着 P，少量 IAF 还位于 PF 内部。IAF 间分布的 P 呈粒状或短片状。对比认为，该类 IAF 和珠光体混合区域是由基准钢中传统珠光体区域演变而来，最终使钢中珠光体的量随着 Mg 量的增加而呈现降低的趋势，同时因 IAF 的存在也有助于珠光体的细化。

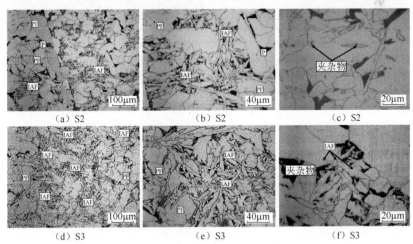

图 4.8 镁处理钢凝固组织不同倍率下显微形貌特征

图 4.9 是 Zr 处理钢凝固组织显微形貌。由图 4.9 可知，Zr 处理量在 0.0005%～0.0050%范围内凝固组织中均未发现明显的 IAF 组织，组织构成情况和基准钢类似。由表 4.1 可知，随着 Zr 处理强度的增大（钢中锆含量由 0.0005%增加至 0.0050%）时，珠光体量有降低趋势。

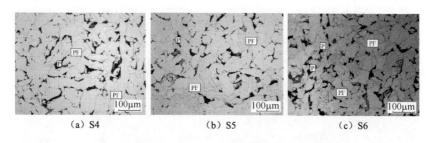

(a) S4　　　　　　　　(b) S5　　　　　　　(c) S6

图 4.9　锆处理钢凝固组织特征

　　图 4.10 是 Mg-Zr 复合处理钢凝固组织显微形貌。由图 4.10 可知，Mg-Zr 复合处理后，凝固组织与单独 Mg 处理钢类似，组织中均包括 PF、P 和 IAF。结合表 4.1 可知，随着 Mg 和 Zr 总量的增加，P 面积分数降低，IAF 面积分数递增，当钢中 Mg 和 Zr 处理量分别为 0.0024% 和 0.0054% 时，IAF 面积分数最高，最高数值为 17.9%。以上结果表明，在凝固组织中，在单独 Zr 处理的基础上添加少量 Mg 将促进 IAF 的形成。与单独 Mg 处理钢样类似，Mg-Zr 复合处理钢中大部分 IAF 间也分布着短片状珠光体相，少部分 IAF 还位于 PF 内部（图 4.11）。

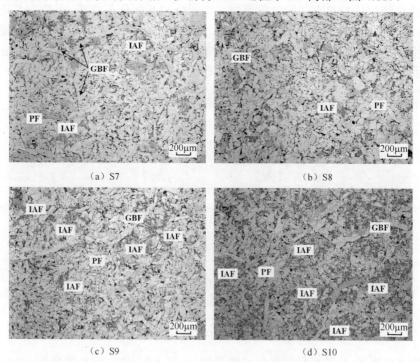

(a) S7　　　　　　　　　　　　　　　(b) S8

(c) S9　　　　　　　　　　　　　　　(d) S10

图 4.10　镁锆处理钢凝固组织特征

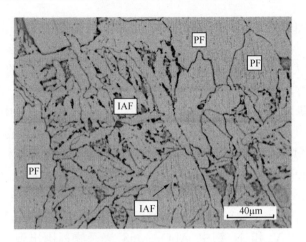

图 4.11　S10 钢凝固组织中退化珠光体典型形貌特征

4.4　凝固组织中 IAF/PF 结构特征

为考察凝固组织中 IAF/PF 与非金属夹杂物的依存关系,对上述腐蚀试样进行了深入分析。研究中每个试样随机选取 20 个与 IAF/PF 相关的夹杂物进行 SEM-EDS 分析,结果如下:

4.4.1　基准钢（Al 脱氧）

图 4.12 是 S1 钢中 Al_2O_3+MnS 在凝固组织中存在的典型位置。其中夹杂物 A 的尺寸为 2.5～3.0μm,夹杂物 B 的尺寸为 5.0～6.5μm。可以发现,凝固组织中,上述 Al_2O_3+MnS 复合夹杂物周围形成的铁素体普遍为 PF,并没有形成 IAF。

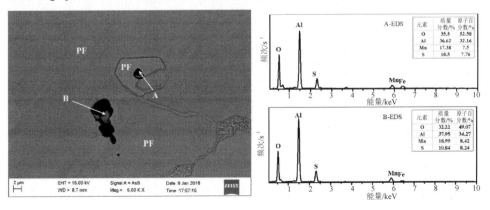

图 4.12　S1 钢中 Al_2O_3+MnS 夹杂物周围形成的铁素体典型形貌

现有研究表明,PF 中存在夹杂物时,夹杂物是否是铁素体有效形核核心仍存在争议。如文献[9]～文献[16]均认为如果 PF 中存在夹杂物的话，则该类铁素体是由夹杂物诱发形核产生的，并认为该类夹杂物是有效的铁素体形核核心。相反，文献[17]、[18]认为该形貌的铁素体并不是由夹杂物诱导而产生的。本节认为，PF中存在夹杂物时，均可认为是以夹杂物为核心长大的，但是由于相转变温度和夹杂物自身性质等缘故，最终使夹杂物在该条件下倾向存在于 PF 中。

由现有的研究结果可知[19-20]，Al_2O_3 属于阴离子空位型氧化物，因此并不能从钢基体中吸收 Mn 元素，在夹杂物周围不能形成贫锰区，最终不利于 IAF 的形核。从文献[19]、[20]报道结果看，他们实验中涉及的均是纯 Al_2O_3，其周围并不存在MnS 相。Yang 等[10]在后续的研究中指出，Al_2O_3+MnS 有利于铁素体的形核，但从文献报道的结果看，Al_2O_3+MnS 夹杂物周围的铁素体均为 PF。相反，Shim 等[17]实验中发现在含 V 和 N 钢中 Al_2O_3+MnS 夹杂物周围出现了 IAF，是由于Al_2O_3+MnS 粒子表面存在的 VN 促进铁素体的形核，并非是 Al_2O_3+MnS 的作用。实验结果表明，在凝固组织中，Al_2O_3+MnS 并不能促进 IAF 的形核，最终使基准钢凝固组织为 PF 和 P。

4.4.2 镁处理钢

图 4.13 是 S2 钢样中夹杂物诱导 IAF 形核 SEM-EDS 检测结果。图 4.13（a）中夹杂物 A 是核心为 Al-Mg-O，外部包含 MnS 的复合夹杂物。该夹杂物 Al/Mg原子比约为 6。以此夹杂物为核心形成了 3 个 IAF 条（α_1，α_2，α_3），其中 α_1 和 α_2相互之间夹角为 180°，α_2 铁素体在 α_1 和 α_2 侧面形核。图 4.13（b）中存在两个夹杂物 B 与 C，EDS 能谱分析表明，该两个夹杂物成分仍是 Al-Mg-O+MnS，且 Al/Mg原子比约为 6，但是二者尺寸存在显著差异，夹杂物 B 的尺寸与夹杂物 A 类似，约为 3.0μm，而夹杂物 C 尺寸显著小于夹杂物 B，仅约为 1.0μm。由图 4.13（b）可知，夹杂物 B 周围形成了三个铁素体条（α_1，α_2，α_3），可以看出，α_1 和 α_2 均是形核于夹杂物 B 表面上，二者间的夹角近似 90°，α_3 依附于 α_1 表面生长，该类铁素体称之为感生形核铁素体[21-22]。夹杂物 C 周围并未形成 IAF，整个夹杂物位于粗大的铁素体基体中，可见，即使夹杂物成分相类似，但夹杂物尺寸过小（如小于 1.0μm）不利于 IAF 的形核。图 4.13（c）中夹杂物 D 仍为 Al-Mg-O+MnS，在夹杂物周围形成了 7 个 IAF 条（α_1，α_2，α_3，α_4，α_5，α_6，α_7），其中 α_1，α_2 和 α_3为直接依附于夹杂物 D 形核的铁素体，α_4，α_5，α_6 和 α_7 均为感生形核铁素体。图 4.14 是该类典型夹杂物面扫描分析结果，因此，从夹杂物成分看，在 S2 钢中具有诱导 IAF 形核的夹杂物均为 Al-Mg-O+MnS，夹杂物尺寸普遍位于 2.0～3.0μm。

由图 4.13 可知，夹杂物 A 和 B 周围的 IAF 均靠近珠光体，而 D 位于粗大的多边形铁素体中。现有研究结果表明，IAF 属于中温转变产物，形核温度应稍低

于 $P^{[23]}$，在相转变过程中，钢中过冷奥氏体分解形成珠光体和铁素体时，部分铁素体将以夹杂物为核心形成 IAF，因此，大量 IAF 和珠光体可同时存在某一位置，最终形成 IAF 和珠光体相间的组织。由于 IAF 周围的珠光体尺寸细小、呈零散分布，这将有助于珠光体的细化。不仅如此，由于 IAF 形核温度低于 $PF^{[2]}$。因此，在 IAF 形核前，PF 已经开始形核长大。当温度降低到 IAF 形核温度时，IAF 条将迅速在夹杂物表面形核长大，一旦接触到 PF，就会阻碍 PF 的进一步长大。产生的典型形貌如图 4.13（c）中的 PF1 和 PF2 受到了 α_1 和 α_4 两个 IAF 条的阻碍，最终使 PF 形状发生弯曲。

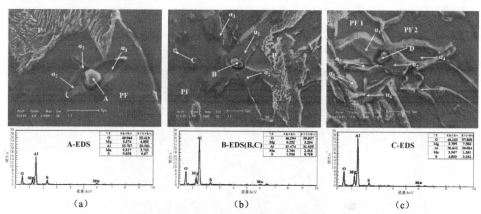

图 4.13　S2 钢中夹杂物诱导针状铁素体形核 SEM-EDS 检测结果

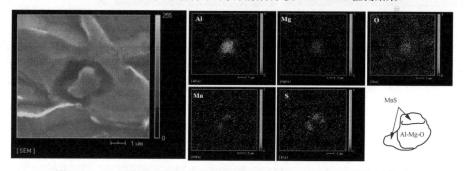

图 4.14　S2 钢中能诱导针状铁素体形核的典型夹杂物面扫描分析结果

图 4.15 是 S3 钢中夹杂物诱导 IAF 形核 SEM-EDS 检测结果。在更高镁处理（钢中镁含量为 0.0026%）钢中有效诱导 IAF 形核的夹杂物成分主要包括 3 类。

（1）Al-Mg-O 为主，附着极少量 MnS，典型形貌如图 4.15（a）所示，面扫描分析结果如图 4.16 所示。可以发现，该类夹杂物主要为氧化物相，表面仅附着少量 MnS，夹杂物尺寸约为 3.0μm，Al/Mg 原子比近似为 2.0。从形貌上看，夹杂物表面上形成了 4 个典型的 IAF 条（α_1，α_2，α_3，α_4），铁素体条间夹角近似为 90°，铁素体条长大较为充分。

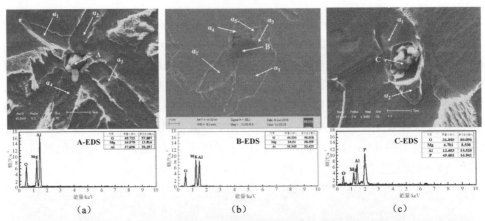

图 4.15 S3 钢中夹杂物诱导针状铁素体形核 SEM-EDS 检测结果

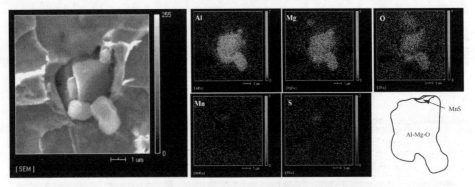

图 4.16 S3 钢中 Al-Mg-O 夹杂物面扫描结果

（2）Al-Mg-O+MnS，该类夹杂物核心为 Al-Mg-O，表面附着比较明显的 MnS。典型形貌如图 4.15（b）所示。图 4.17 为夹杂物的面扫描测试结果，该夹杂物核心为 Al-Mg-O，表面附着较多 MnS 的复合夹杂物，夹杂物尺寸约为 3.0μm，Al/Mg 原子比近似为 1.0。由图可知，在该夹杂物周围形成了 5 个 IAF 条（α_1，α_2，α_3，α_4，α_5），其中 α_1 和 α_2 长大比较充分，α_3、α_4 和 α_5 并未得到充分长大。所有 IAF 条均位于一个 PF 中，对 PF 进行分割。

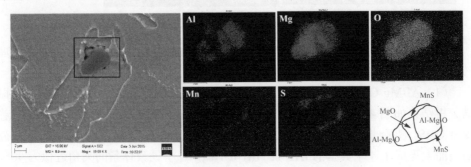

图 4.17 S3 钢中 Al-Mg-O+MnS 夹杂物面扫描结果

（3）Al-Mg-P-O+MnS，夹杂物尺寸为 2.0～3.0μm，典型形貌如图 4.15（c）所示。图 4.18 为夹杂物的面扫描测试结果。可以发现，P 元素均匀地分布在氧化物夹杂的核心，但该类夹杂物数量较少，20 个被检测的夹杂物中仅检测到 1 个，这主要是因为钢中磷含量仅为 80×10^{-6} 的缘故。现有的文献指出[24-26]，P 的析出导致夹杂物粒子与铁素体间的界面能比夹杂物粒子与奥氏体间界面能更低，利于铁素体在夹杂物上的形核。因此，P 的析出可进一步保证夹杂物诱导 IAF 形核的可能性。关于 Mg 与 P 的复合夹杂物，在先前文献中有所涉及。如在 1997 年孙文山等[27]明确提出，夹杂物中 Mg 含量较高往往也含有一定量的 P，因为 Mg 与 P 有着较强的相互作用。因此，研究认为，钢中 P 可富集到含 Mg 氧化物中，可以推测，该类夹杂物中依然存在 P 的富集区，即是说富磷区机制也可进一步确保该类夹杂物具有诱导 IAF 形核的能力。

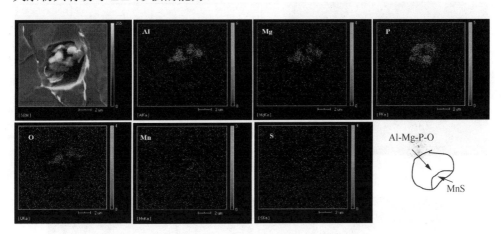

图 4.18　S3 钢中 Al-Mg-P-O+MnS 夹杂物面扫描结果

4.4.3　锆处理钢

图 4.19 和图 4.20 是 Zr 处理钢中 Al-Zr-O 系夹杂物在凝固组织中存在的典型位置，图 4.21 是 Al-Zr-O+MnS 的典型面扫描结果。可以发现，Al-Zr-O+MnS 复合夹杂物主要存在于两种位置，其一是位于粗大的 PF 中，典型形貌如图 4.19 所示，夹杂物尺寸为 1.5～2.0μm；其二是位于生长并不充分的 IAF 中（α_1），典型形貌如图 4.20 所示，夹杂物尺寸为 1.5～2.0μm。实际检测中，第一类形貌居多，Zr 处理实验钢凝固组织仍以 PF 和 P 为主。

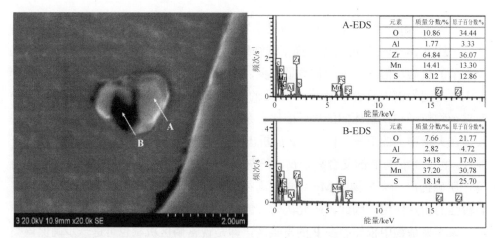

图 4.19　S5 钢中 Al-Zr-O+MnS 夹杂物周围形成的铁素体（PF）典型形貌

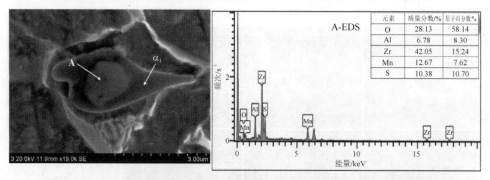

图 4.20　S5 钢中 Al-Zr-O+MnS 夹杂物周围形成的铁素体（IAF）典型形貌

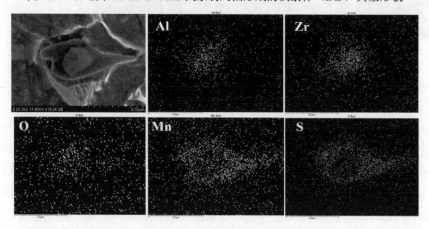

图 4.21　S5 钢中 Al-Zr-O+MnS 夹杂物面扫描结果

4.4.4　镁锆复合处理钢

图 4.22 是 S7 钢（低 Mg+低 Zr）中夹杂物诱导 IAF 形核 SEM-EDS 检测结果。

可以发现，钢样中诱导 IAF 形核的夹杂物成分均为 Al-Mg-O+MnS 复合相，夹杂物尺寸多位于 2.0～3.0μm。由于图 4.22（b）中 IAF 中心包含两部分夹杂物，因此对其进行了面扫描分析，结果如图 4.23 所示。可以发现，该两部分夹杂物分别为 Al-Mg-O+MnS 和 Al₂O₃，结合后文分析可知，在凝固组织中 Al₂O₃ 并不具有诱导 IAF 形核作用，因此主要发挥诱导作用的应该是 Al-Mg-O+MnS 复合相。

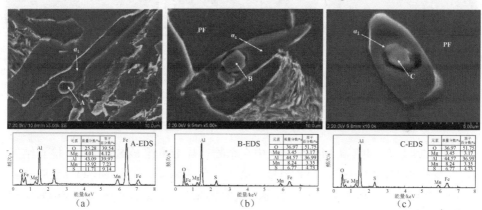

图 4.22　S7 钢中夹杂物诱导针状铁素体形核 SEM-EDS 检测结果

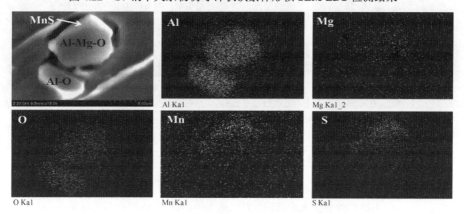

图 4.23　S7 钢中 Al-Mg-P-O+MnS 夹杂物面扫描结果

图 4.24 是 S8 钢（低 Mg+高 Zr）中夹杂物诱导 IAF 形核 SEM-EDS 检测结果。图 4.24（a）和图 4.24（b）中的夹杂物 A 和 B 均为 Al-Mg-O+MnS 复合相，夹杂物中 Al/Mg 原子比约为 6，尺寸为 1.5～2.0μm。以此夹杂物为核均形成了一长条 IAF，长宽比大于 10：1，能很好地分割粗大的 PF。夹杂物分析表明，S8 钢中由于 Zr 含量较 S7 较高，因此在钢中检测到一定数量的含 Zr 夹杂物。图 4.24（c）证实，钢中 Al-Mg-Zr-O+MnS 复合相也具有诱导 IAF 的能力，夹杂物尺寸为 2.0～3.0μm，以此夹杂物为核形成了两个 IAF 条（α₁，α₂），α₁ 和 α₂ 之间的夹角近似为

90°，对 PF 起到了很好的分割效果。

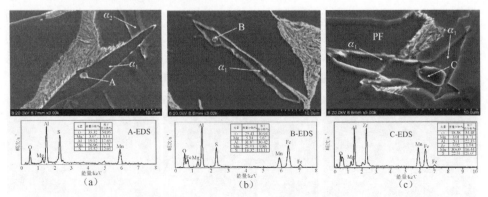

图 4.24　S8 钢中夹杂物诱导针状铁素体形核 SEM-EDS 检测结果

图 4.25 是 S9 钢（高 Mg+低 Zr）中夹杂物诱导 IAF 形核 SEM-EDS 检测结果。与 S8 钢样类似，钢中有效 IAF 形核核心主要包括两类：①Al-Mg-O+MnS，典型形貌如图 4.25（a）和图 4.25（b）所示，尺寸为 1.5～2.5μm。②Al-Mg-Zr-O+MnS，典型形貌如图 4.25（c）所示，尺寸为 3.0～4.0μm。

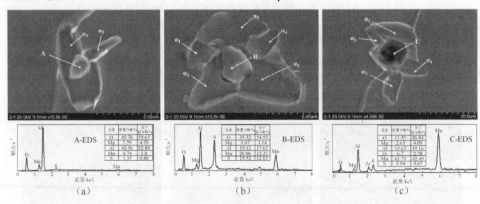

图 4.25　S9 钢中夹杂物诱导针状铁素体形核 SEM-EDS 检测结果

图 4.26 是 S10 钢（高 Mg+高 Zr）中夹杂物诱导 IAF 形核 SEM-EDS 检测结果。由图 4.26 可知，钢样中能诱导 IAF 形核的夹杂物主要分为两类：①Al-Mg-Zr-O+MnS，典型形貌如图 4.26（a）所示，其面扫描结果如图 4.27 所示。可以看出，该类夹杂物核心为 Al-Mg-Zr-O，表层附着少量 MnS。该类夹杂物尺寸为 2.5～3.0μm。以此夹杂物为核形成一长条 IAF（α_1）。②Al-Mg-Zr-O，典型形貌如图 4.26（b）和图 4.26（c）所示，其面扫描结果如图 4.28 所示。可以看出，该类夹杂物为 Al、Mg、Zr 的复合氧化物，且以上 3 个元素均匀分布在整个夹杂物中。该类夹杂物尺寸较第一类稍小，为 1.5～2.0μm。图 4.26（b）中夹杂物 B 周

围形成 3 个 IAF 条（α_1，α_2，α_3），α_1 为直接依附于夹杂物 B 形核的铁素体；α_2 和 α_3 为感生形核铁素体。图 4.26（c）中夹杂物 C 周围形成 2 个 IAF 条（α_1，α_2），α_1 和 α_2 直接形核于夹杂物 C，两者之间的夹角近似为 180°。

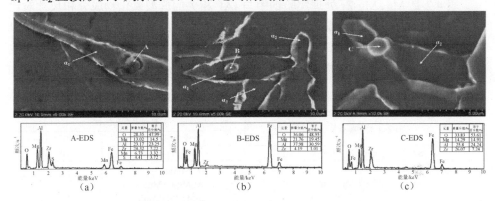

图 4.26　S10 钢中夹杂物诱导针状铁素体形核 SEM-EDS 检测结果

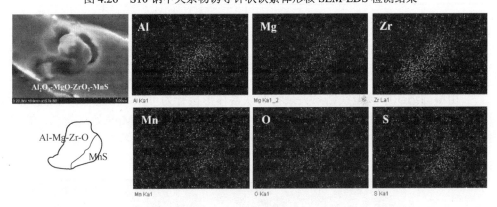

图 4.27　S10 钢中 Al-Mg-Zr-O+MnS 夹杂物面扫描结果

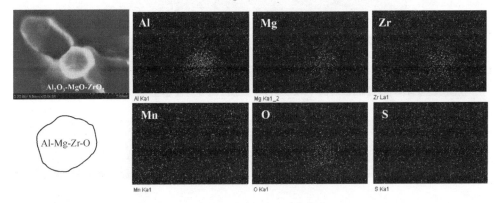

图 4.28　S10 钢中 Al-Mg-Zr-O 夹杂物面扫描结果

4.5　镁锆系夹杂物诱导 IAF 形核机理

表 4.2 是 Mg、Mg-Zr 处理实验钢中与 IAF 相关的典型氧化物成分和尺寸对比结果。可以看出，实验钢凝固组织中能诱导 IAF 形核的夹杂物成分绝大部分是氧化物+MnS 的复合相，少部分不含有 MnS 的 Al-Mg-O 和 Al-Mg-Zr-O 的夹杂物也能诱导 IAF 形核，且夹杂物尺寸多为 1.5～3.0μm。

表 4.2　实验钢凝固组织中与针状铁素体相关的夹杂物统计结果

钢号（工艺条件）	典型夹杂物特征	
	成分组成	平均尺寸/μm
S2（Al 脱氧+低 Mg 处理）	Al-Mg-O+MnS	2.0～3.0
S3（Al 脱氧+高 Mg 处理）	Al-Mg-O	2.0～3.0
	Al-Mg-O+MnS	2.0～3.0
	Al-Mg-P-O+MnS	2.5～3.0
S7（Al 脱氧+低 Mg-低 Zr 处理）	Al-Mg-O+MnS	2.0～3.0
S8（Al 脱氧+低 Mg-高 Zr 处理）	Al-Mg-O+MnS	1.5～2.0
	Al-Mg-Zr-O+MnS	2.0～3.0
S9（Al 脱氧+高 Mg-低 Zr 处理）	Al-Mg-O+MnS	1.5～2.5
	Al-Mg-Zr-O+MnS	3.0～4.0
S10（Al 脱氧+高 Mg-高 Zr 处理）	Al-Mg-Zr-O	2.5～3.0

由凝固组织中典型镁锆系夹杂物对铁素体形核行为可知，如图 4.29 和图 4.30 所示，IAF 主要依附于两个位置：其一，氧化物表面附着的 MnS 处；其二，氧化物表面，如 Al-Mg-O、Al-Mg-Zr-O。对比来看，Al-Zr-O 氧化物并未发挥诱导 IAF 形核作用。

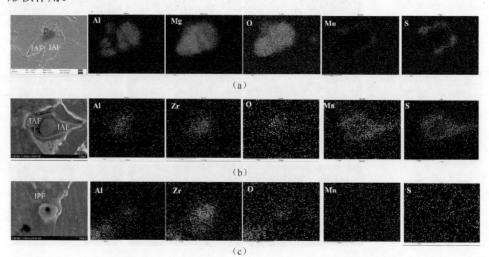

（a）

（b）

（c）

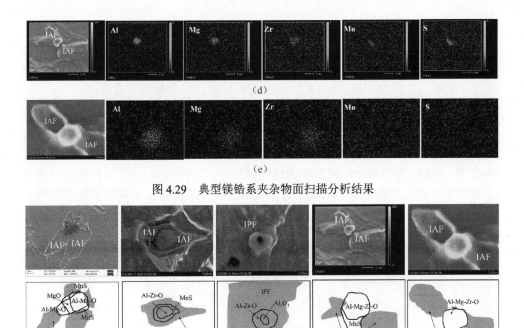

图4.29 典型镁锆系夹杂物面扫描分析结果

图4.30 铁素体在典型夹杂物上的形核位置

　　首先讨论一下依附于氧化物表面的 MnS 对 IAF 形核的作用。在 MnS 相关夹杂物诱导 IAF 形核机理研究方面，贫锰区机制讨论最为广泛。一般情况下，贫锰区机制经常用来解释 Ti_2O_3 对铁素体形核的促进作用[28]。贫锰区机制认为，Mn 属于奥氏体稳定元素，若夹杂物周围 Mn 浓度骤降将会降低此处奥氏体相的稳定性，从而确保夹杂物优先成为铁素体形核核心[29]。Byun 等[30]指出，当 Mn 含量由 1.6%降低至 0.6%时，A_{c3} 温度由 830℃增加至 862℃，700℃时的铁素体形核化学驱动力由 320J/mol 增加至 380J/mol。

　　由文献综述分析可知，Ti_2O_3 粒子周围形成贫锰区的解释大致存在两种：其一，冷却过程中 MnS 在 Ti_2O_3 上析出导致其周围出现局部的锰贫乏区[31]。其二，Ti_2O_3 本身具有许多阳离子空缺，会从 Fe 基中吸收原子大小类似的 Mn，由于 Mn 不及时扩散，在其周围将会出现锰元素的贫乏的区域[32-33]。如前所述，本研究中涉及的复合夹杂物中氧化物核心处并未发现明显的 Mn 元素分布，相反，Mn 元素均位于夹杂物表层。即是说 MnS 应是在钢液凝固过程中析出形成的。Wakoh 等[34]指出，当钢中硫含量低于 $100×10^{-6}$ 时，MnS 会在某些氧化物表面析出；当高于 $100×10^{-6}$ 时，几乎所有氧化物都能成为 MnS 析出核心。Lee 等[35]和 Tomita 等[36]还指出，能显著通过贫锰区机制促进 IAF 形核时对应的最佳 S 元素含量约为

$50×10^{-6}$。

　　从实验钢化学成分可看出，上述实验钢 S 含量均普遍为 $30×10^{-6}$～$60×10^{-6}$，接近现有研究提出的最佳范围内。尽管本研究中涉及的复合夹杂物不是 Ti_2O_3，但是也可推测出表面含 MnS 相的夹杂物周围也可能会产生相应的贫锰区。

　　为证实这一推测，本节采用 Ultra Plus-ZEISS 型场发射扫描显微镜对相关夹杂物（Al-Mg-O+MnS、Al-Zr-O+MnS 和 Al-Mg-Zr-O+MnS）周围元素分布进行了线扫描分析。图 4.31～图 4.33 分别为实验中涉及的典型 Al-Mg-O+MnS、Al-Zr-O+MnS 和 Al-Mg-Zr-O+MnS 夹杂物的线扫描结果。由图可知，在这 3 类典型的含 MnS 的复合相夹杂物周围均出现了较窄的 Mn 元素浓度稍低于基体浓度的区域。

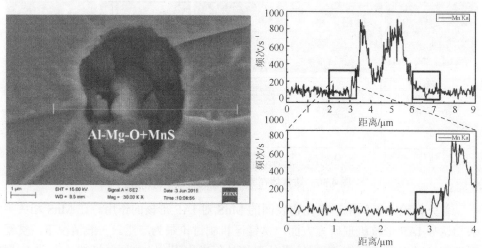

图 4.31　实验中 Al-Mg-O+MnS 夹杂物的线扫描结果

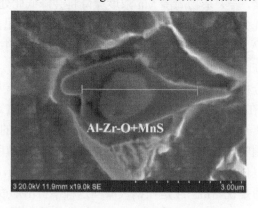

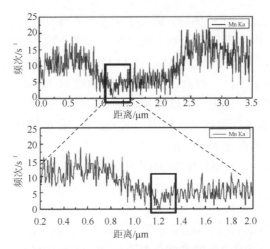

图 4.32　实验中 Al-Zr-O+MnS 夹杂物的线扫描结果

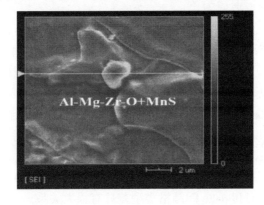

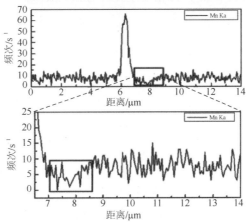

图 4.33　实验中 Al-Mg-Zr-O+MnS 夹杂物的线扫描结果

对比现有的研究结果可知，关于 **Al-Mg-O** 相周围是否能产生贫锰区仍存在较大分歧。Wen 等[37]在讨论 $MgAl_2O_4$ 促进 IAF 形核时指出，它并不是阳离子或阴离子空位型夹杂物，因此不能吸收钢中的 Mn，在夹杂物周围不能形成贫锰区。相反，Kong 等[38]研究发现（Mg,Al,Mn,Si）O-MnS 夹杂物能有效促进 IAF 的形核。$MgAl_2O_4$ 中存在 Mg 空位，因此该类夹杂物具有吸收 Mn 元素的作用，最终在夹杂物周围出现贫锰区，促进针状铁素体的形核。结合本研究结果，镁锆系夹杂物表面析出的 MnS 诱导产生贫锰区机制与 Kong 等[38]提出的贫锰区机制并非相同，因为氧化物核心并不存在 Mn 元素。

由于现有文献并未对 Al-Zr-O+MnS 和 Al-Mg-Zr-O+MnS 进行报道，因此在此不做对比。事实上，Tomita 等[36]、Deng 等[39]和 Song 等[40]也分别证实 TiN-MnS，（Ti,Si,Mn,Al,La,Ce）O-MnS 和（Ti,Mg）O-MnS 夹杂物能促进 IAF 形核，同时也认为对应夹杂物表面析出的 MnS 周围会出现局部的贫锰区。由此表明，该类含 MnS 的复合夹杂物周围出现的贫锰区是合理的，MnS 诱导产生的贫锰区也将成为其促进 IAF 形核的重要原因。

如上分析，对于不含有 MnS 的 Al-Mg-O 和 Al-Mg-Zr-O 的夹杂物也能发挥诱导 IAF 形核的作用。接下来探讨一下该类氧化物对铁素体的形核原因。

文献[41]指出，促进新相的异质形核需要满足点阵匹配原理，即要求母相与新相间的晶格相似、晶格常数相当。表 4.3 是从无机晶体结构数据库（inorganic crystal structure database，ICSD）中读取的相关夹杂物晶体结构。可以发现，不同 Al-Mg-O 化合物和 MnS 属立方晶系，而 Al_2O_3 属于三方晶系，现有的 Al-Zr-O 化合物属于六方晶系，表明 Al-Mg-O 与 α-Fe 的晶系相同，而 Al_2O_3 和 Al-Zr-O 与 α-Fe 的晶系并不相同。基于此，做出如下推测：凝固组织中，Al_2O_3 和 Al-Zr-O 诱导 IAF 形核能力较弱与它们和 α-Fe 间晶格类型差异有很大关系。

表 4.3　不同夹杂物晶体结构类型（ICSD）

夹杂物	晶体结构	晶格常数/Å		
		a	b	c
α-Fe	cubic（立方晶系）	2.8665	2.8665	2.8665
$Mg_{0.4}Al_{2.4}O_4$（Al/Mg≈6）	cubic（立方晶系）	7.9736	7.9736	7.9736
$Mg_{2.175}Al_{0.735}O_4$（Al/Mg≈3）	cubic（立方晶系）	8.0405	8.0405	8.0405
$MgAl_2O_4$（Al/Mg=2）	cubic（立方晶系）	8.1350	8.1350	8.1350
Al_2O_3	trigonal（三方晶系）	4.7570	4.7570	12.988
$Al_2Zr_5O_{0.34}$	hexagonal（六方晶系）	8.2480	8.2480	5.7060
MnS	cubic（立方晶系）	4.8950	4.8950	4.8950

利用母相和新相的原子间距数据，依据 Bramfitt[42]提出的公式，对立方晶系的 Al-Mg-O、MnS 与 α-Fe 间的晶格错配度进行计算。以 $MgAl_2O_4$ 为例，$MgAl_2O_4$ 中 O—O 键间距为 2.8829Å，O—Mg 键间距为 1.9319Å，O—Al 键间距为 1.9402Å。

在铁素体形核开始时，α-Fe 中的 Fe 原子与 MgAl$_2$O$_4$ 中的氧具有更强的亲和力，因此 Fe 倾向于在氧的位置聚集。MgAl$_2$O$_4$ 中的 O—O 键原子间距（2.8829Å）与 α-Fe 中原子间距（2.8665Å）间的错配度最低，相变引起的畸变能最小，根据 Bramfitt[42]提出的最低错配度原理可认为，α-Fe 会优先选择 MgAl$_2$O$_4$ 中 O—O 键存在的原子晶面发生形核，并沿着一定的方向长大形成 IAF 条。表 4.4 是采用该方法计算的结果，可以发现，不同 Al-Mg-O 化合物与 α-Fe 间晶格错配度均在 2.0%以下，显著低于 Bramfitt[42]提出的错配度标准（<6.0%），说明 Al-Mg-O 表面诱导 IAF 形核的可用最低错配度机制进行解释。基于 MnS 原子间距计算它与 α-Fe 间的晶格错配度约为 17%（Mn—Mn 原子间距为 4.8950Å，Mn—S 原子间距为 2.4475Å），显著大于 6.0%，因此，可以认为 IAF 依附于氧化物表面的 MnS 形核并非由最低错配度机制决定。

表 4.4　不同夹杂物与 α-Fe 间的错配度计算结果

夹杂物	O—O 原子间距/Å	O—Mg 原子间距/Å	O—Al 原子间距/Å	与 α-Fe 间晶格错配度/%
Mg$_{0.4}$Al$_{2.4}$O$_4$（Al/Mg≈6）	2.8212	1.8216	1.9399	1.6
Mg$_{2.175}$Al$_{0.735}$O$_4$（Al/Mg≈3）	2.8476	1.8843	1.9309	0.66
MgAl$_2$O$_4$（Al/Mg=2）	2.8829	1.9319	1.9402	0.57

注：α-Fe 中 Fe-Fe 原子间距为 2.8665Å。

为了便于分析，可将 Al-Mg-Zr-O 夹杂物看成锆离子对 Al-Mg-O 相中相关离子的取代而形成的。考虑到实验中 Al-Mg-Zr-O 夹杂物中很多 Al/Mg 原子百分比近似为 2.0，因此以锆离子对镁铝尖晶石中的相关离子的置换进行简单分析。在镁铝尖晶石结构中，氧离子做立方最紧密堆积，其中镁离子填充 1/8 的四面体间隙，铝离子填充 1/2 的八面体间隙。当锆离子取代镁铝尖晶石中相关离子，可能出现的情况如下：其一，锆离子取代铝离子，属于不等价置换作用，依据文献[43]，这种取代时，将会使镁铝尖晶石相的晶胞参数和晶胞体积出现较大变化。其二，锆离子取代镁离子，由于锆离子半径为 0.072 nm，镁离子半径约为 0.072 nm，二者离子半径几乎相同，因此，即使发生置换作用对镁铝尖晶石晶胞参数及晶胞体积的影响也不大。从实验数据可以看出，Al-Mg-Zr-O 夹杂物能很好地起到诱导 IAF 形核的作用，因此若发生第一种情况，考虑到镁铝尖晶石与 α-Fe 间共格关系良好，锆的引入势必显著改变其晶格参数，Al-Mg-Zr-O 诱导 IAF 就不能用最低错配度机制进行解释；若发生第二种情况，可以认为该类夹杂物在与 Al-Mg-O 相似的机理下，促进了 IAF 的形成。

4.6　本　章　小　结

（1）实验钢凝固组织主要由多边形铁素体和珠光体构成，镁处理和镁锆复合处理实验钢凝固组织中均含有不同比例的 IAF 组织。粒径为 1.5～3.0μm 范围内的 Al-Mg-O+MnS 和 Al-Mg-Zr-O+（MnS）可成为 IAF 组织的形核核心，而 Al_2O_3+MnS 和 Al-Zr-O+MnS 多位于多边形铁素体中，不能诱导 IAF 形核。

（2）IAF 既可在氧化物表面析出的 MnS 处形核生长，又可在氧化物表面形核生长，含镁氧化物诱发 IAF 形核可用贫锰区机制和最低错配度机制解释。

参 考 文 献

[1]　刘宏亮. 稀土对 X80 管线钢组织和性能的影响 [D]. 沈阳: 东北大学, 2011.

[2]　Krauss G, Thompson S W. Ferritic microstructure in continuously colled low- and ultralow-carbon steels [J]. ISIJ International, 1995, 35(8): 937-945.

[3]　毕宗岳. 管线钢管焊接技术 [M]. 北京:石油工业出版社, 2013: 15-21.

[4]　Smith Y E, Coldren A P, Cryderman R L. Toward Improved Ductility and Toughness [M]. Tokyo: Climax Molybdenum Company (Japan)Ltd., 1972: 119-142.

[5]　Badu S S, Bhadeshia H K D H. Transition from bainite to acicular ferrite in reheated Fe-Cr-C weld deposits [J]. Materials Science and Technology, 1990, 6(10): 1005-1020.

[6]　Badu S S, Bhadeshia H K D H. Stress and the acicular ferrite transformation [J]. Materials Science and Engineering A, 1992, 156(1): 1-9.

[7]　Rees G I, Bhadeshia H K D H. Thermodynamics of acicular ferrite nucleation [J]. Materials Science and Technology, 1994, 10(5): 353-358.

[8]　Kim Y M, Lee H, Kim N J. Transformation behavior and microstructural characteristicsof acicular ferrite in linepipe steels [J]. Materials Science and Engineering A,2008, 478(1-2): 361-370.

[9]　Jin H H, Shim J H, Cho Y W, et al. Formation of intragranular acicular ferrite grainsin a Ti-containing low carbon steel [J]. ISIJ International, 2003, 43(7): 1111-1113.

[10]　Yang Z B, Wang F M, Wang S, et al. Intragranular ferrite formation mechanism and mechanical properties of non-quenched-and-tempered medium carbon steels [J]. Steel Research International, 2008, 79(5): 390-395.

[11]　Wu K M, Yokomizo T, Enomoto M. Three-dimensional morphology and growth kinetics of intragranular ferrite idiomorphs formed in association with inclusions in an Fe-C-Mn alloy [J]. ISIJ International, 2002, 42(10): 1144-1149.

[12]　Enomoto M, Wu K M, Inagawa Y, et al. Three-dimensional observation of ferrite plate in low carbon steel weld [J]. ISIJ International, 2005, 45(5): 756-762.

[13]　Wu K M. Three-dimensional analysis of acicular ferrite in alow-carbon steel containing titanium [J]. Scripta Materialia, 2006, 54(4): 569-574.

[14]　吴开明, 李自刚. 低微合金钢中的晶内铁素体及组织控制[J]. 钢铁研究学报, 2007, 19(10): 1-5.

[15]　Cheng L, Wu K M. New insights into intragranular ferrite in a low-carbon low-alloy steel [J]. Acta Materialia, 2009, 57(13): 3754-3762.

[16]　Mu W Z, Jöonsson P G, Shibata H, et al. Inclusion and microstructure characteristics insteels with TiN additions [J]. Steel Research International, 2016, 87(3): 339-348.

[17]　Shim J H, Oh Y J, Suh J Y, et al. Ferrite nucleation potency of non-metallic inclusions in medium carbon steels [J]. Acta Materials, 2001, 49(12): 2115-2122.

[18]　Lee T K, Kim H J, Kang B Y, et al. Effect of inclusion size on nucleation of acicular ferrite in welds [J]. ISIJ International, 2000, 40(12): 1260-1268.

[19]　Takamura J, Mizoguchi S. Role of oxides in steels performance, metallurgy of oxides in steels [C]. Proceedings of

the 6th International Iron and Steel Congress. Nagoya: Japan, ISIJ International, 1990: 591-597.

[20] Shim J H, Byun J S, Cho Y W, et al. Effects of Si and Al on acicular ferrite formation in C-Mn steel [J]. Metallurgical and Materials Transactions A, 2001, 32(1): 75-83.

[21] 31Barbaro F J, Krauklis P, Easterling K E. Formation of acicular ferrite at oxide particles in steels [J]. Materials Science and Technology, 1989, 5(11): 1057-1068.

[22] 32Zhang D, Terasaki H, Komizo Y I. In situ observation of the formation of intragranular acicular ferrite at non-metallic inclusions in C-Mn steel [J]. Acta Materialia, 2010, 58(4): 1369-1378.

[23] Madariaga I, Gutiérrez I, Andrés C G, et al. Acicular ferriteformation in a medium carbon steel with a two stage continuouscooling [J]. Scripta Materialia, 1999, 41(3): 229-235.

[24] Liu Z Z, Kobayashi Y, Yin F, et al. Nucleation of acicular ferrite on sulfide inclusion during rapid solidification of low carbon steel [J]. ISIJ International, 2007, 47(12): 1781-1788.

[25] Umezawa O, Hirata K, Nagai K. Influence of phosphorus micro-segregation on ferrite structurein cast strips of 0.1 mass% C steel [J]. Materials Transactions, 2003, 44(7): 1266-1270.

[26] 69Yoshida N, Umezawa O, Nagai K. Influence of phosphorus on solidification structure incontinuously cast 0.1 mass% carbon steel [J]. ISIJ International, 2003, 43(3): 348-357.

[27] 孙文山, 丁桂荣, 罗铭蔚, 等. 镁在 35CrNi3MoV 钢中的作用 [J]. 兵器材料科学与工程, 1997, 20(4): 3-8.

[28] Grong Ø, Kolbeinsen L, Casper Van Der Eijk, et al. Microstructure control of steels through dispersoid metallurgy using novel grain refining alloys [J]. ISIJ International, 2006, 46(6): 824-831.

[29] Gregg J M, Bheadeshia H K D H. Titanium-rich mineral phases and the nucleation of bainite [J]. Metallurgical and Material Transaction A, 1994, 25(8): 1603-1611.

[30] Byun J S, J. H. Shim, Cho Y W, et al. Non-metallic inclusion and intra-granular nucleation of ferrite in Ti-killed C-Mn steel [J]. Acta Materialia, 2003, 51(6): 1593-1606.

[31] Yamamoto K, Hasegawa T, Takamura J. Effect of boron intra-granular ferrite formation Ti-oxide bearing steels [J]. ISIJ International, 1996, 36(1): 80-86.

[32] Farrar R A, Harrison P L. Acicular ferrite in carbon-manganese weld metals: an overview [J]. Journal of Materials Science, 1987, 22(11): 3812-3820.

[33] Li Y, Wan X L, Cheng L, et al. Effect of oxides on nucleation of ferrite:first principle modelling and experimentalapproach [J]. Materials Science and Technology, 2016, 32(1): 88-93.

[34] Wakoh M, Sawa T, Mizoguchi S. Effect of S content on the MnS precipitationin steel with oxidenuclei [J]. ISIJ International, 1996, 36(8): 1014-1021.

[35] Lee J L, Pan Y T. Effect of sulfur content on the microstructure and toughness of simulated heat-IAFfected zone in Ti-killed steels [J]. Metallurgical Transactions A, 1993, 24(6): 1399-1408.

[36] Tomita Y, Saito N, Tsuzuki T, et al. Improvement in HAZ toughness of steel by TiN-MnS addition[J]. ISIJ International, 1994, 34(10): 829-835.

[37] Wen B, Song B, Pan N, et al. Effect of SiMg alloy on inclusions andmicrostructures of 16Mn steel [J]. Ironmaking and Steelmaking, 2011, 38(8): 577-683.

[38] Kong H, Zhou Y H, Lin Hao, et al. The mechanism of intragranular acicular ferritenucleation induced by Mg-Al-O inclusions [J]. Advances in Materials Science and Engineering, 2015, 2015: 1-6.

[39] Deng X X, Jiang M, Wang X H. Mechanisms of inclusion evolution and intra-granular acicularferrite formation in steels containing rare earth elements [J]. Acta Metallurgica Sinica(English letters), 2012, 25(3): 241-248.

[40] Song M M, Song B, Hu C L, et al. Formation of acicular ferrite in Mg treated Ti-bearing C-Mn steel [J]. ISIJ International, 2015, 55(7): 1468-1473.

[41] 崔忠圻, 谭耀春. 金属学与热处理 [M]. 北京: 机械工业出版社, 2008.

[42] Bramfitt B L. The effect of carbide and nitride additions on the heterogeneous nucleation behavior of liquid iron [J]. Metallurgical and Materials Transactions, 1970, 1(7): 1987-1995.

[43] 罗旭东, 曲殿利, 张国栋. 二氧化锆对低品位菱镁矿制备镁铝尖晶石材料组成结构的影响 [J]. 硅酸盐通报, 2012, 31(1): 162-170.

5 镁锆处理船板钢的力学性能与轧制组织

本章以前期真空感应炉冶炼浇铸而成的铸锭为原料，在锻造的基础上，对实验钢进行 TMCP 轧制，进而对轧制钢板轧制组织和力学性能进行检测分析，并分析了镁锆系夹杂物在轧制过程中诱发 IAF 生成行为，在此基础上，结合实验钢析出相成分和组织显微形貌等检测结果，探究镁、锆处理对轧制钢板的强化机制。

5.1 研 究 方 案

5.1.1 实验材料

5.1.1.1 锻造工艺

为了改善钢锭内部组织结构，消除钢锭内原有的偏析、疏松、气孔、夹渣等缺陷，在钢锭轧制前先进行锻造。锻造过程采用 750kg 空气锤，具体参数如下：

（1）保温温度：1200℃，保温>30min。

（2）开锻温度：1150～1180℃。

（3）终锻温度：>850℃。

（4）终锻尺寸：100mm×100mm×（250～300）mm。

（5）冷却方式：空冷。

5.1.1.2 轧制工艺

实验钢采用东北大学自行研制的 450 型双辊可逆轧机轧制。轧辊直径：450mm，轧制线速度：1m/s。

参照某钢厂 FH40 船板钢 TMCP 轧制工艺参数，如图 5.1 所示。具体过程为：

（1）轧前准备。将锻料加热至 1200℃，保温 2h 后，以 5℃/s 冷速冷却至 1150℃左右。

（2）轧制。轧制过程分为两段，即再结晶温度以上初轧和再结晶温度以下的精轧。其中，再结晶温度（T_{nr}）采取经验公式[1]：$T_{nr}=887+464C+890Ti+363Al-357Si+6445Nb-644Nb^{1/2}+732V-230V^{1/2}$ 进行计算，计算结果约为 990℃；实验钢 A3 转变温度采用 Factsage 7.0 热力学计算软件进行计算，计算结果约为 840℃。轧制过程中，初轧 3 道次，变形量 50%，精轧 4 道次，变形量 70%，终轧温度≥880℃；

（3）冷却。在 820～450℃进行加速冷却，冷速控制在 10℃/s。在 450℃以后进行空冷。经轧制后，获得轧后钢板厚度 13mm。

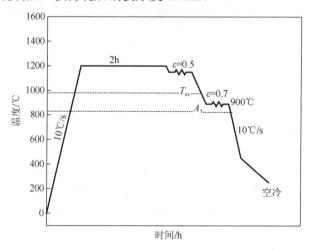

图 5.1　TMCP 轧制工艺路线

5.1.2　力学性能测试方法

5.1.2.1　冲击实验

依据国标 GB/T 2975—1998 从钢板横截面方向 1/4 处，沿垂直和平行于轧制方向切取冲击试样，用于测定钢板横向和纵向冲击功。依据国标 GB/T 229—2007 制备标准夏比 V 型槽冲击韧性试样 10mm×10mm×55mm。冲击实验采用 ZBC2502-D 美特斯摆锤式冲击试验机测试，冲击能量为 500J/cm^2，测试误差不大于测量数值的 2%。实验钢板冲击测试温度选择为-60℃，最终冲击功数值采用 3 次测试结果取平均获得。冲击后，采用 SSX-550^{TM} 扫描电子显微电镜对试样冲击断口进行检测，表征冲击试样断裂机制。

5.1.2.2　拉伸实验

依据国标 GB/T 2975—1998 从钢板沿轧制方向截取纵向拉伸试样，尺寸如图 5.2 所示。

依据《金属材料室温拉伸实验方法》（GB/T 228—2002），使用 CMT5105 微机控制电子万能试验机测试，实验温度为室温（25℃），拉伸速率为 3mm/min，测试误差为不大于测量数值的 5‰。可获得试样的工程应力-应变曲线，并读取试样的屈服强度 R_{eL}（$R_{t0.2}$）、抗拉强度 R_m 以及延伸率 A_5 等指标，实验结果采取 3 个试样的平均值。

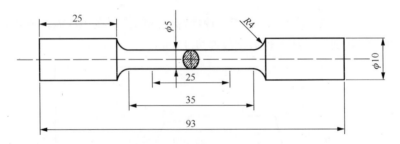

图 5.2　R7 标准拉伸试样尺寸（单位：mm）

5.1.3　轧制组织检测方法

将实验钢分别在钢板宽度 1/4 处截取尺寸为 12mm×12mm×10mm 的金相试样，经打磨抛光后，采用 3%硝酸酒精溶液对钢组织进行腐蚀，采用 SSX-550^{TM} 扫描电子显微电镜、ZEISS-Axio Imager M2m 金相显微镜对实验钢组织进行分析，结合 VNT.QuantLab-MG 和 ipp6.0 图像分析软件分别对实验钢组织中铁素体晶粒度级别与组织种类进行定量统计。

为了观察钢中位错、铁素体晶内精细组织，在光学显微镜和扫描电子显微镜检测的基础上，进一步采用 TECNAI G20 透射电镜上对轧制试样做了组织分析，具体过程为：采用线切割对镁锆处理钢板切割出 300μm 试样，然后将其磨制成 60μm 薄片，采用电解双喷法制备透射电镜试样，用于检测微观组织。

5.1.4　析出相检测方法

为表征镁锆处理实验钢中典型析出相成分特征，采用萃取复型透射电镜观察法，对实验钢轧制后试样中典型析出相成分和形貌进行分析。具体方法为：

（1）将待测样品制备成金相试样，经腐蚀后做喷碳处理，采用化学溶液浸泡的方法得到碳膜复型，将碳膜平整放置于 Φ3mm、直径 300 目的铜网上晾干；

（2）将载有萃取碳膜的铜网放在 TECNAI G20 型透射电镜下观察实验钢中典型析出相成分和形貌、析出相平均粒径等特征。

5.2　镁锆处理船板钢的力学性能

表 5.1 是 S1～S10 实验钢强度和低温冲击韧性测试结果，图 5.3 是 Mg、Zr、Mg-Zr 复合处理对钢强度、延伸率和冲击韧性的影响情况的对比结果。表 5.2 为中国船级社对 FH40 级船板钢力学性能要求。可以发现，实验钢力学性能均满足要求。经镁锆处理后实验钢轧制钢板力学性能存在如下规律：

（1）Mg 处理实验钢力学性能均优于基准钢，随着钢中 Mg 含量由 0.0008%增至 0.0026%，力学性能改善效果增强。在较高强度镁处理条件下（0.0026%Mg），钢的屈服强度和抗拉强度平均数值分别为 471MPa 和 606MPa，延伸率达到 36.5%，较基准钢分别提高了 36MPa、71MPa 和 8%。不仅如此，实验钢横向冲击功平均值由基准钢的 120J 提高至 188J，提高了 57%。与横向冲击韧性相比，实验钢纵向冲击韧性均保持同一水平。

表 5.1 实验钢强度和低温冲击韧性测试结果

钢号（工艺条件）	屈服强度 /MPa	抗拉强度 /MPa	屈强比	延伸率 /%	冲击功试验（-60℃）/J	
					纵向	横向
S1（Al 脱氧）	435±14	535±8	0.81	33.6±3.1	246±18	120±3
S2（Al 脱氧+低 Mg 处理）	463±6	569±2	0.81	34.1±1.5	247±11	121±5
S3（Al 脱氧+高 Mg 处理）	471±4	606±4	0.78	36.5±0.3	261±8	188±9
S4（Al 脱氧+低 Zr 处理）	446±1	538±4	0.83	33.2±0.1	270±4	144±15
S5（Al 脱氧+中 Zr 处理）	463±3	566±2	0.82	30.6±0.1	274±5	191±4
S6（Al 脱氧+高 Zr 处理）	483±11	573±4	0.84	31.8±1.1	250±19	121±2
S7（Al 脱氧+低 Mg-低 Zr 处理）	479±13	574±9	0.83	29.3±2.8	232±3	114±5
S8（Al 脱氧+低 Mg-高 Zr 处理）	476±15	576±2	0.83	31.1±1.0	244±7	133±2
S9（Al 脱氧+高 Mg-低 Zr 处理）	452±9	547±3	0.83	32.1±3.7	246±20	173±18
S10（Al 脱氧+高 Mg-高 Zr 处理）	486±8	611±9	0.80	33.8±1.1	257±3	156±3

表 5.2 FH40 级船板的力学性能要求[2]

牌号	屈服强度/MPa	抗拉强度/MPa	延伸率/%	冲击功试验		
				平均温度/℃	冲击功 A_{kv}/J	
					纵向	横向
FH40	≥390	510~660	≥20	-60	≥41	≥27

（2）Zr 处理实验钢力学性能改善情况与 Zr 含量有关。在较低强度锆处理条件下（0.0005%Zr），实验钢冲击韧性稍有改善，强度与基准钢保持相同水平。随着钢中 Zr 含量由 0.0005%增至 0.0050%，钢强度依次增加，但横向冲击韧性呈现出先增加后降低的趋势。当钢中 Zr 含量为 0.0022%时（S5 钢），钢材强度和韧性二者匹配程度较好。在延伸率方面，Zr 处理后并未得到改善，其数值较基准钢稍有降低。

（3）Mg-Zr 复合处理钢强度和韧性均优于基准钢，但延伸率普遍低于基准钢。较低强度镁处理条件下，随着钢中 Zr 含量由 0.0009%增至 0.0050%，试样屈服强度和抗拉强度基本不变，韧性稍有提高；在较高强度镁处理条件下，随着钢中 Zr 含量由 0.0012%增至 0.0054%，试样强度明显提高，但韧性稍有降低。当钢中 Mg 和 Zr 含量分别为 0.0024%和 0.0054%时（S10 钢），钢的屈服强度、抗拉强度和横向冲击功平均数值分别为 486MPa、611MPa 和 159J，具有良好的强度和韧性配比。

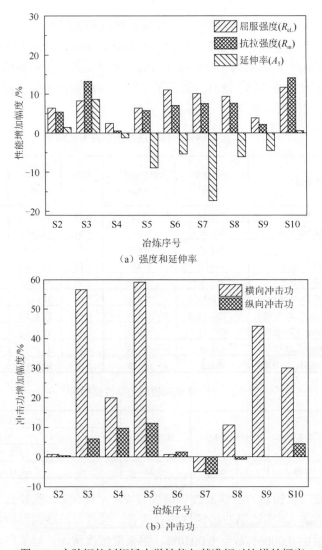

图 5.3　实验钢轧制钢板力学性能与基准钢对比增长幅度

　　为深入对比镁锆处理对实验钢力学性能的影响情况，进一步对基准钢（S1）、Mg 处理（S3）、Zr 处理（S5）和 Mg-Zr 复合处理（S10）4 组实验钢的力学性能参数进行综合对比。

　　图 5.4 是 4 种工艺实验钢的室温拉伸性能对比情况。图 5.4（a）和图 5.4（b）表明，所有实验钢工程应力-应变曲线中弹性变形阶段几乎重合，但是在屈服、塑性变形及缩颈变形阶段呈现出不同特征。对比发现，除 Mg 处理钢拉伸曲线屈服阶段近似连续屈服外，其他实验钢屈服现象均十分明显。

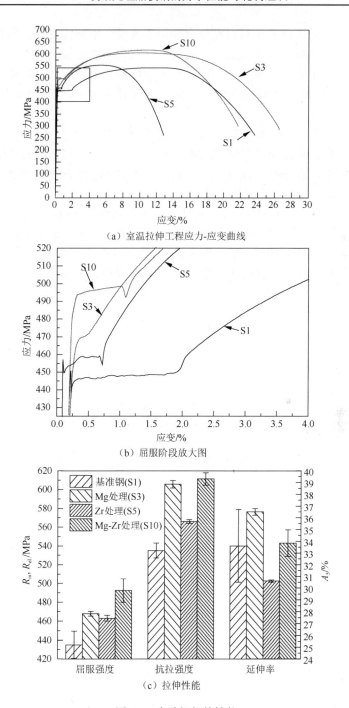

（a）室温拉伸工程应力-应变曲线

（b）屈服阶段放大图

（c）拉伸性能

图 5.4　实验钢拉伸性能

结合表 5.1 可知，4 种工艺实验钢屈强比均在 0.80 左右。屈强比表征钢材塑性变形能力，屈强比低表示材料在外力作用下容易产生塑性变形，因抗拉强度较高，材料不会轻易断裂；屈强比高表示材料的抗变形能力较强，不易发生塑性变形，但发生变形不久就会断裂。为保证船板钢结构安全稳定，一般要求钢材具有更低的屈强比[3]（低于 0.85）。对比可以看出，上述 4 种工艺实验钢均具有适宜的屈强比。

由图 5.4（c）可知，Mg-Zr 复合处理实验钢强度优于单一镁、锆处理方式对应的强度。在伸长率方面，表现为：Mg＞Mg-Zr＞未加 Mg/Zr＞Zr。Mg 处理钢的伸长率达 36.5%，较基准钢提高 27%。可见，单独 Mg 处理钢的塑性变形能力优于单独 Zr 和 Mg-Zr 复合处理的效果。

由表 5.1 可知，冲击韧性方面，4 种工艺实验钢均具有较高的纵向冲击功，区别并不十分明显，相反，横向冲击吸收功有较大差异。图 5.5 是上述 4 种工艺实验钢横向冲击韧性的对比情况，从图 5.5（a）和图 5.5（b）可见，无论是单独 Mg、Zr 处理还是 Mg-Zr 复合处理，均能提高实验钢的塑性功和裂纹扩展功（从对应的冲击韧性曲线中读取），有利于改善船板钢的冲击韧性。

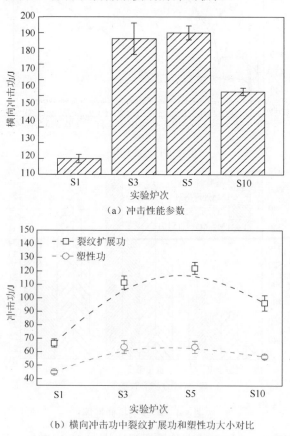

（a）冲击性能参数

（b）横向冲击功中裂纹扩展功和塑性功大小对比

图 5.5　实验钢冲击性能

图 5.6 是实验钢冲击断口 SEM 形貌。可见，基准钢、Mg 处理、Zr 处理和 Mg-Zr 复合处理钢，冲击断口均属于典型的韧窝-微孔聚集型韧性断裂。从断口韧窝数量和形貌看，基准钢冲击断口韧窝较浅，尺寸并不均匀，且撕裂棱较浅。经 Mg 处理后，断口韧窝尺寸较大，韧窝深度明显变深。经 Zr 处理后，断口韧窝数量显著增多，韧窝深度较浅。经 Mg-Zr 复合处理后，断口韧窝尺寸最大，且十分均匀，韧窝深度也较深，表现出良好的冲击韧性。

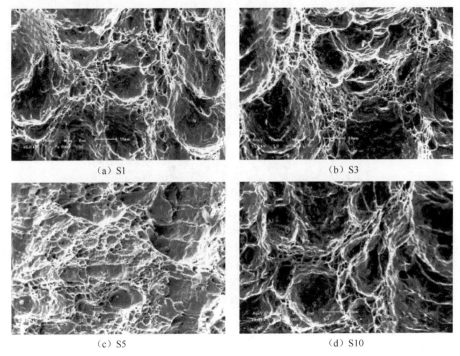

(a) S1

(b) S3

(c) S5

(d) S10

图 5.6　实验钢冲击断口形貌对比

5.3　镁锆处理船板钢的轧制组织

表 5.3 是镁锆处理实验钢铁素体晶粒度尺寸定量统计结果。可以看出，Mg、Zr、Mg-Zr 复合处理对船板钢轧制组织晶粒尺寸均有不同程度的细化。图 5.7 是 Al 脱氧工艺钢（S1 钢）轧制组织显微形貌。由图 5.7 可知，经 TMCP 轧制工艺后，基准钢组织中，主要由 PF 和 P 构成，定量统计结果表明，组织中铁素体面积分数约为 38.19%。因冷却速度较凝固过程高，组织中还出现了少量贝氏体。

表 5.3 实验钢组织铁素体晶粒尺寸定量统计结果

钢号（工艺条件）	铁素体晶粒平均尺寸/μm
S1（Al 脱氧）	9.69±2.52
S2（Al 脱氧+低 Mg 处理）	7.28±2.28
S3（Al 脱氧+高 Mg 处理）	4.31±0.35
S4（Al 脱氧+低 Zr 处理）	9.30±1.46
S5（Al 脱氧+中 Zr 处理）	8.46±1.02
S6（Al 脱氧+高 Zr 处理）	6.18±0.49
S7（Al 脱氧+低 Mg-低 Zr 处理）	6.93±0.73
S8（Al 脱氧+低 Mg-高 Zr 处理）	6.19±0.80
S9（Al 脱氧+高 Mg-低 Zr 处理）	6.83±1.25
S10（Al 脱氧+高 Mg-高 Zr 处理）	6.82±0.72

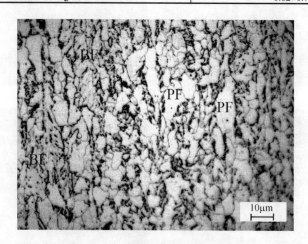

图 5.7 S1 钢轧制组织显微形貌

5.3.1 镁处理船板钢的轧制组织

图 5.8 是 S2 和 S3 钢轧制组织显微形貌。由表 5.3 可知，S1～S3 实验钢轧制组织晶粒平均尺寸依次为 9.69μm、7.28μm 和 4.31μm。可见，随着钢中镁含量由 0.0008%增加到 0.0026%时，轧制组织晶粒细化程度增强。从组织形貌和构成来看，当镁处理强度较低（0.0008%Mg）时，由图 5.8（a）可知，珠光体和铁素体带状分布现象并未完全消失，但组织中多边形铁素体量明显有所降低，贝氏体量有了明显提高。由图 5.8（b）可知，当镁处理强度较高（0.0026%Mg）时，珠光体和铁素体带状分布现象消失，组织已基本演变为贝氏体相，主要包括 GB 和 IAF 组织。

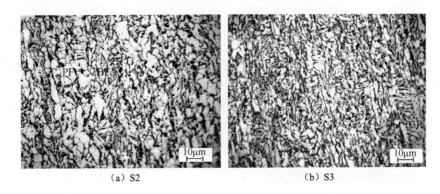

（a）S2　　　　　　　　　　　（b）S3

图5.8　Mg处理工艺钢轧制组织显微形貌

图5.9（a）是S3钢中典型的粒状贝氏体扫描电镜形貌，可知，粒状贝氏体小岛多附着于铁素体表面生长，且呈无序粒状，属于在较高温度转变的粒状贝氏体。粒状贝氏体属于过冷奥氏体的中温转变产物，一般在上贝氏体形成温度以上和奥氏体转变为贝氏体最高温度以下温度范围内形成，其特征是在大块状或针状铁素体内分布的一些颗粒状小岛，这些小岛在高温下是富碳奥氏体区。这些小岛无论是残留奥氏体、马氏体，还是奥氏体的分解产物都可起到第二相强化作用[4]。自Habraken[5]提出粒状贝氏体以来，研究者们对其进行了大量研究，目前关于粒状贝氏体强韧性问题仍存在分歧，有研究者认为这种组织韧性差，屈强比低；也有研究者认为粒状贝氏体中（M-A）岛弥散细小分布及板条基体的有效晶粒尺寸小时具有高强韧性。结合本节研究结果，认为研究中产生的细小粒状贝氏体可有效细化实验钢组织，由于其近似球形，各向同性，能起到第二相强化作用，显著改善了试样的力学性能。

图5.9（b）和图5.9（c）分别是S3钢中典型的IAF扫描电镜形貌和夹杂物的能谱分析结果。表明，夹杂物核心为Al-Mg-O+MnS，夹杂物尺寸为$1.5\sim2.0\mu m$，以此夹杂物为核心形成了4个IAF条（α_1，α_2，α_3，α_4）。由此证实，在该轧制工艺下，含Mg夹杂物也可成为IAF形核核心，促进IAF的形核，有益于组织的细化。

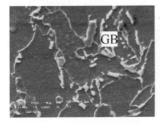
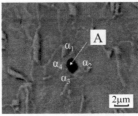
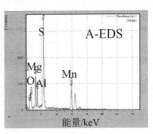

（a）粒状贝氏体　　　　　　　（b）针状铁素体　　　　　　（c）针状铁素体形核核心
　　　　　　　　　　　　　　　　　　　　　　　　　　　　　　夹杂物能谱分析

图5.9　S3钢中粒状贝氏体和针状铁素体扫描电镜形貌

总的看来，船板钢经 Mg 处理后轧制组织中 PF 受到显著抑制。当 Mg 处理量为 0.0026%时，轧制组织已基本演变为 IAF 和 GB 等贝氏体组织，因贝氏体的亚结构是位错，晶体中的位错密度较高，强化作用强，受力时位错之间的相互作用强烈，应变硬化的行为突出，所以含贝氏体较多的钢可能出现屈服阶段不明显的现象[6]。Mg 处理试样室温拉伸应力-应变曲线屈服阶段呈现出近似连续屈服的现象恰好证实了试样的组织特征。现有研究结果证实[7-11]，贝氏体相具有良好的强度、韧性和塑性配比，这是镁处理促使船板钢综合力学性能提高的重要原因。

5.3.2　锆处理船板钢的轧制组织

图 5.10 是 Zr 处理钢轧制组织显微形貌。由图 5.10 可知，随着处理强度的提高，钢中锆含量由 0.0005%增至 0.0050%时，轧制组织中始终均主要为铁素体和珠光体组织。从轧制组织晶粒尺寸看，S1、S4～S6 组织晶粒尺寸分别为 9.69μm、9.3μm、6.46μm 和 6.18μm，表明随着 Zr 处理量由 0.0005%增至 0.0050%，晶粒得到一定细化。

(a) S4　　　　　　　　(b) S5　　　　　　　　(c) S6

图 5.10　Zr 处理工艺钢轧制组织显微形貌

图 5.11 是 S5 钢轧制组织的扫描电镜形貌。试样显微组织中铁素体形貌高度不规则，且晶界相对模糊、不连续、呈锯齿状，基于低碳钢组织识别原则可将其

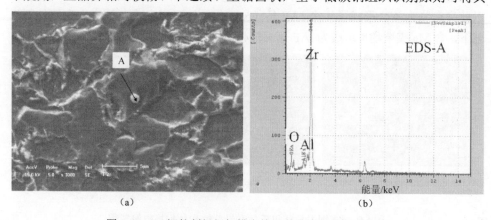

(a)　　　　　　　　　　　　　　(b)

图 5.11　S5 钢轧制组织扫描电镜形貌和夹杂物能谱分析

归为准多边形铁素体 QF。与此同时，也可发现一些 Al-Zr-O 系夹杂物粒子（如夹杂物 A）也位于准多边形铁素体内。表明在轧制工艺下，Al-Zr-O 夹杂物并未显著促进 IAF 的形核。此外，组织中也出现一些贝氏体铁素体 BF，亚结构多由板条束构成，并没出现 Mg 处理钢中弥散的小岛。

5.3.3　镁锆复合处理船板钢的轧制组织

图 5.12 是镁锆复合处理钢轧制组织显微形貌。由图 5.12（a）可知，对于低 Mg+低 Zr 钢（S7 钢），组织主要由 QF、贝氏体和少量珠光体构成，且组织中铁素体和珠光体带状分布现象明显。将 S7 钢中 Zr 处理量提高至 0.0050%（S8 钢）后，铁素体和珠光体带状分布现象消失，铁素体多呈等轴状，分布较为均匀，且组织晶粒尺寸由 5.93μm 降低至 5.19μm。对于高 Mg+低 Zr 钢（S9 钢），组织形貌与 S8 类似，但铁素体的量较 S8 稍高，组织晶粒尺寸也较 S8 钢有所增加。对于高 Mg+高 Zr 钢（S10 钢），铁素体带状特征完全消失，出现了 IAF 和 GB。

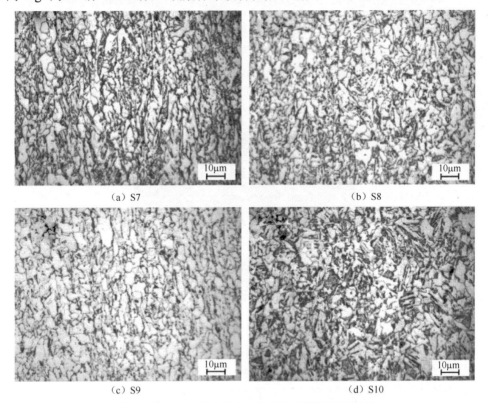

（a）S7　　　　　　　　　　　　　　（b）S8

（c）S9　　　　　　　　　　　　　　（d）S10

图 5.12　Mg-Zr 复合处理工艺钢轧制组织显微形貌

图 5.13 是 S10 钢中典型的 IAF 扫描电镜形貌和夹杂物的能谱分析结果。可以发现，在该轧制工艺下，钢中 Al-Mg-Zr-O 夹杂物能很好地发挥诱导 IAF 形核作

用。其中夹杂物 A 周围形成了四个铁素体条（α_1，α_2，α_3，α_4），夹杂物 B 周围形成了五个铁素体条（α_1，α_5，α_6，α_7，α_8），夹杂物 C 周围形成了 3 个铁素体条（α_9，α_{10}，α_{15}），此外，α_{11}，α_{12}，α_{13}，α_{14} 是依附于上述铁素体条感生形核的铁素体。可见，Al-Mg-Zr-O 夹杂物的存在很好地促进了 IAF 的形成，为实验钢组织的细化和获得良好的力学性能提供了保证。

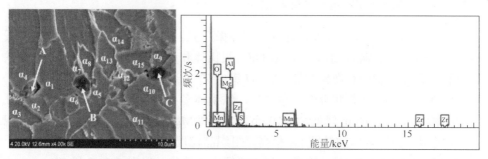

图 5.13　S10 钢中以 Al-Mg-Zr-O 夹杂物为核心长大的针状铁素体典型形貌

图 5.14 是 S10 钢中粒状贝氏体扫描电镜显微形貌。由图 5.14 可知，该类粒状贝氏体组织也是小岛附着于板条铁素体表面的，但小岛呈断续的块状，且粒径较 Mg 处理试样粒状贝氏体大。由于该类粒状小岛分布于板条间，且分布有序，因此可以认为是在较低温度下形成的粒状贝氏体。无论是何种粒状贝氏体都具有较高的强度和韧性[12]。

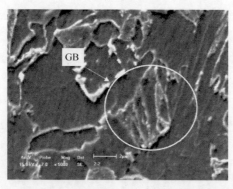

图 5.14　S10 钢中粒状贝氏体扫描电镜形貌

总的来看，对于 Mg-Zr 复合处理钢，较低强度 Mg 处理条件下，当钢中 Zr 含量由 0.0009%增至 0.0050%，试样屈服强度和抗拉强度基本不变，韧性稍有提高；在较高强度 Mg 处理条件下，当钢中 Zr 含量由 0.0012%增至 0.0054%，试样强度提高明显，但韧性稍有降低。可见，不同 Mg 处理强度条件下，随着 Zr 处理强度的增加，试样力学性能变化趋势并不相同。结合实验钢轧制组织特征可知，较低强度 Mg 处理条件下，增大 Zr 处理强度（S8 钢），轧制组织中铁素体和珠光体带状分布现象消失，铁素体多呈等轴状，分布较为均匀，这成为试样韧性改善的重要原因。在较高强度 Mg 处理条件下，增大 Zr 处理强度（S10 钢），试样组织中不仅铁素体带状特征完全消失，而且还出现了大量 IAF 和 GB 等贝氏体组织，从而确保了试样具有良好的强度和韧性配比。

5.4 镁锆处理船板钢的强化机制

文献[13]指出，钢铁材料的塑性变形取决于位错运动的能力，基于不同显微缺陷（固溶原子、位错、晶界或相界和第二相等）与位错的相互作用可将钢中强化方式大致分为 4 类：①固溶强化，主要是利用固溶原子与位错的交互作用。②位错强化，利用位错的交互作用和相互缠绕，使位错的可动性大大降低。③细晶强化，利用晶界或相界阻碍位错的运动，晶粒越细小，阻碍作用越明显。④析出强化或第二相强化，利用弥散分布的质点阻碍滑移过程的位错运动，质点越细、越多，阻碍作用越明显。

为了探究镁锆处理对船板钢的强化机制，进一步对基准钢、Mg 处理钢（0.0026%Mg）、Zr 处理钢（0.0022%Zr）和 Mg-Zr 复合处理钢（0.0024%Mg+0.0054%Zr）的轧制组织和析出相等方面进行深入分析。

根据 Hall 和 Petch 提出的材料强度与晶粒尺寸之间的关系式，即细晶强化强度增量 YS_G 与晶粒尺寸的关系式[14-15]：

$$YS_G = k_y d^{-1/2} \tag{5.1}$$

式中，d 为平均晶粒尺寸，mm；k_y 为比例系数，文献[13]指出，对钢铁材料的屈服强度而言，晶粒尺寸在 3μm 到数毫米范围时，钢铁材料中 k_y 的数值在 14.0～23.4 MPa·mm$^{1/2}$，低碳钢中常采用 17.4MPa·mm$^{1/2}$。

基于表 5.3 中实验钢轧制组织统计数据，对 Mg 处理钢（S3 钢）、Zr 处理钢（S5 钢）和 Mg-Zr 处理钢（S10 钢）细晶强化数值较基准钢增量进行计算，结果如表 5.4 所示。对比发现，细晶强化作用贡献（$YS_{G\ 处理} - YS_{G\ 基准}$）大小顺序为：Mg＞Mg-Zr＞Zr。表明单独 Mg 处理后细晶强化作用最为显著。细晶强化能在保证或提高钢材强度前提下，改善钢材的塑韧性[14-15]，促使 Mg 处理钢具有良好的强度、韧性和塑性配比。

表 5.4 镁锆处理实验钢中细晶强化贡献计算结果

钢号（工艺条件）	轧制组织类型	铁素体平均晶粒尺寸/×10^{-3}mm	（$YS_{G\ 处理} - YS_{G\ 基准}$）/MPa
S1（Al 脱氧）	F, P, 少量 B	9.69	0
S3（Al 脱氧+Mg 处理）	B 和少量 F	4.31	88
S5（Al 脱氧+Zr 处理）	F, P, 少量 B	8.46	12
S10（Al 脱氧+Mg-Zr 处理）	B 和 F	6.82	34

表 5.5 是不同处理工艺实验钢中主要析出相成分，不同典型析出相的形貌如图 5.15 所示。由于 C、N 原子量较低，即使析出相中存在该类元素也很难标定准确，因此在统计析出相成分时并未给出 C、N 含量。实验钢为 Nb 和 Ti 进行微合金化，因此实验钢中均含有大量方形的 Nb-Ti 复合析出相。可以看出，经适宜 Mg、Zr 和 Mg-Zr 复合处理后，钢中析出相除了 Nb-Ti 复合相外，出现了纳米级的含 Mg、Zr 或 Mg-Zr 等析出相。值得指出的是，Nb-Ti-Zr 复合相粒径普遍在 10nm 左右［图 5.15（c）］，多为球形。文献[16]对比了 C-Mn 微合金钢中含 Nb、含 Ti 和含 Zr 析出相的尺寸指出，（Zr,Nb,Ti）N 析出相多为方形，尺寸普遍在 0.1 至几微米之间。只有球形的 ZrC 析出相尺寸多为 10～100nm。文献[17]指出，富含 Ti 析出相形貌呈方形，而富含 Nb 析出相形貌呈球形。由图 5.15（c）可知，Ti 的峰值强度十分弱，基于此，做出如下推测，该类含 Zr 析出相应主要倾向为 Nb、Zr 的碳化物。

表 5.5　实验钢主要析出相统计结果

钢号（工艺条件）	钢中主要纳米级粒子成分与形貌
S1（Al 脱氧）	Nb-Ti 复合相（方形）
S3（Al 脱氧+高 Mg 处理）	Nb-Ti 复合相（方形），Nb-Ti-Mg 复合相（方形或球形）
S5（Al 脱氧+中 Zr 处理）	Nb-Ti 复合相（方形），Nb-Ti-Zr 复合相（球形）
S10（Al 脱氧+高 Mg-高 Zr 处理）	Nb-Ti 复合相（方形），Nb-Ti-Zr 复合相（球形），Nb-Ti-Mg 复合相（不规则形貌），Ti-Zr-Mg 复合相（近方形）

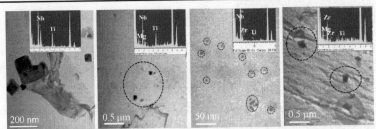

（a）Nb-Ti 复合相　（b）Nb-Ti-Mg 复合相　（c）Nb-Ti-Zr 复合相　（d）Ti-Zr-Mg 复合相

图 5.15　实验钢中典型析出相形貌和成分特点

本研究对镁锆处理钢轧制组织进行了透射电镜检测。图 5.16 是 Mg 处理钢（S3钢）轧制组织透射电镜典型形貌，由图 5.16（a）可知，Mg 处理后铁素体晶粒中存在高密度的位错线，钢中形成了大量相互缠结的位错线。将倍数放大后可以看到存在典型的析出相缠绕位错线的现象，见图 5.16（b）。经能谱分析后证实该类析出相是典型的 Nb-Ti-Mg 复合相。由此可见，Mg 处理后产生的含 Mg 析出相能很好地阻碍位错移动，发挥析出强化的作用。图 5.16（c）是在轧制过程中，位错运动缠结形成的典型位错墙形貌，位错墙是形成晶内位错胞的必要条件。图 5.16（d）表明，在铁素体晶粒基体中析出相数量较少。结合镁处理钢力学性能测试结果，研究认为，在该轧制工艺条件下，Mg 对船板钢的强化机制表现在细晶强化、位错强化和析出强化作用等方面，且以细晶强化为主。

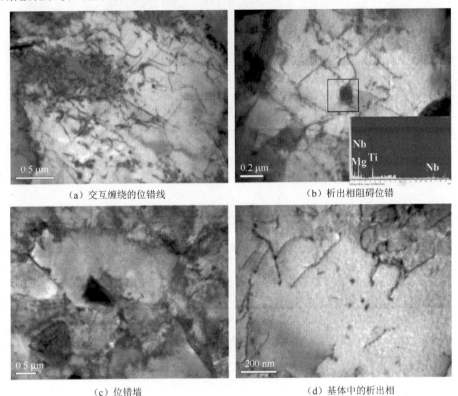

（a）交互缠绕的位错线　　　　　　　　（b）析出相阻碍位错

（c）位错墙　　　　　　　　　　　　（d）基体中的析出相

图 5.16　S3 钢中轧制组织透射电镜典型形貌

图 5.17 是 Zr 处理（S5 钢）轧制组织透射电镜典型形貌，由图 5.17（a）可知，铁素体晶粒基体中弥散分布着大量 10nm 左右的析出相，能谱分析证实，见图 5.17（b）。析出相主要为球形的 Nb-Ti-Zr 复合相，大量细小弥散分布的析出相将发挥阻碍位错的运动，发挥较强的析出强化作用。文献[18]给出了 Orowan 机制下钢中第二相强化（析出强化）增量随第二相体积分数和尺寸的变化规律，如图 5.18 所示。由图 5.18 可知，体积分数仅为 1% 的 10nm 左右的析出相引起的强化作用比体积分数为 16% 的 100nm 左右的析出相引起的强化作用还高。由图 5.17（c）可知，Zr 处理钢中铁素体晶粒中位错密度较低，推测这主要可能与 Zr 处理钢轧制组织中铁素体含量较高有关。结合锆处理钢力学性能测试结果表明，在该轧制工艺条件下，Zr 对船板钢的强化机制表现在析出强化、细晶强化和位错强化作用，且以析出强化作用为主。析出强化作用并不能同时改善钢材的强度和韧性，相反往往以牺牲钢材塑、韧性为代价提高钢材的强度。因此，较强的析出强化使钢材塑性较差，当 Zr 处理强度较大时，钢材韧性甚至出现了降低的现象。

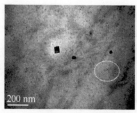

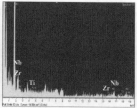
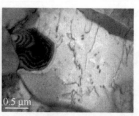

（a）基体中的析出相　　　（b）典型析出相能谱分析结果　　　（c）基体中的位错

图 5.17　S5 钢中轧制组织透射电镜典型形貌

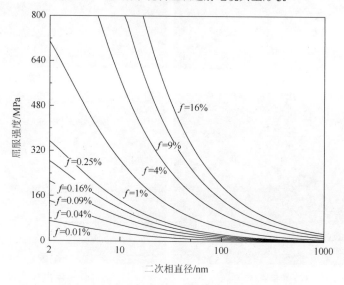

图 5.18　Orowan 机制下钢中第二相强化增量随第二相体积分数和尺寸的变化规律[18]

5.5　本　章　小　结

（1）在较低强度镁处理条件下（0.0008%Mg），船板钢的屈服强度、抗拉强度稍有提高，横向、纵向冲击韧性没有显著变化。在较高强度镁处理条件下（0.0026%Mg），船板钢屈服强度和抗拉强度分别达到 471MPa 和 606MPa，-60℃冲击韧性为 188J，伸长率为 36.5%，与未处理钢相比，分别提高了 38MPa、70MPa、68J 和 8%。随着 Zr 处理强度增大（锆含量 0.0005%升高到 0.0050%），船板钢强度稍有改善，韧性先增加后降低，钢材延伸率普遍低于未处理钢。经 Mg-Zr 复合处理后，当 Mg 和 Zr 含量分别为 0.0024%和 0.0054%时，钢的屈服强度、抗拉强度和横向冲击功平均数值分别为 486MPa、611MPa 和 159J，具有优异的强度和韧性配比。

（2）轧制组织中，随着 Mg 处理强度的增大，多边形铁素体受到了明显抑制，贝氏体转变愈加明显，组织细化程度增强；随着 Zr 处理强度的增大，轧制组织中铁素体转变愈加明显；镁锆复合处理时，当钢中 Mg 和 Zr 含量分别为 0.0024%和 0.0054%时，组织中存在的较多贝氏体，保证了钢材具有良好的强度和韧性配比。

（3）在本研究中的轧制工艺条件下，镁处理和镁锆复合处理后产生的 Al-Mg-O 和 Al-Mg-Zr-O 夹杂物均起到了诱导 IAF 形核的作用，而锆处理后产生的 Al-Zr-O 并未体现出显著的诱导 IAF 形核作用。

（4）在本研究中的轧制工艺条件下，Mg 对船板钢的强化机制表现在细晶强化、位错强化和析出强化作用，以细晶强化为主，使 Mg 处理钢具有优异的强度、韧性和塑性配比。Zr 对船板钢的强化机制表现在析出强化、细晶强化和位错强化作用，以析出强化作用为主。较强的析出强化使钢材塑性较差，当 Zr 量较大时，钢材韧性甚至出现了降低的现象。

参 考 文 献

[1] GorniA A, Cavalcanti C G. 7th International Conference on Steel Rolling 1998 [C]. Chiba: the Iron and Steel Institute of Japan, 1998: 629-633.

[2] 中国船级社. 材料与焊接规范 [M]. 北京: 人民交通出版社, 2006: 42-45.

[3] 宝山钢铁股份有限公司. 低屈强比可大线能量焊接高强高韧性钢板及其制造法. CN, 200710039741.0[DB/OL]. 2007-4-20[2008-10-22].

[4] 崔忠圻, 谭耀春. 金属学与热处理 [M]. 北京: 机械工业出版社, 2008: 43.

[5] Habraken L J. Bainitic transformation of steels [J]. Revue de Metallurgie, 1956, 53(12): 930-944.

[6] 陈兴银. HRB400 热轧带肋钢筋盘条无屈服现象问题的解决方法 [J]. 云南冶金, 2011, 40(5): 50-53.

[7] Edmonds D V, Cochrane R C. Structure-property relationships in bainitic steels [J]. Metallurgical Transactions A, 1990,21(6): 1527-1540.

[8] Bhadeshia H K D H. Alternatives to the ferrite-pearlite Microstructure [J]. Materials Science Forum, 1998, 284-286: 39-50.

[9] Wang X M, Shang C J, Yang S W, et al. The refinement technology for bainite and its application [J]. Materials Science and Engineering A, 2006, 438-440: 162-165.

[10] Choi E, Nam T H, Oh J T, et al. An isolation bearing for highway bridges using shape memory alloys [J]. Materials Science and Engineering A, 2006, 438-440: 1081-1084.

[11] Yakubtsov I A, Poruks P, Boyd J D. Microstructure and mechanical properties of bainitic low carbon high strength plate steels [J]. Materials Science and Engineering A, 2008, 480(1-2): 109-116.

[12] Krauss G, Thompson S W. Ferritic microstructure in continuously colled low- and ultralow-carbon steels [J]. ISIJ International, 1995, 35(8): 937-945.

[13] 雍岐龙. 钢铁材料中的第二相 [M]. 北京: 冶金工业出版社, 2006: 4.

[14] Hall E O. The deformation and ageing of mild steel: III discussion of results [J]. Proceedings of the Physical Society of London, Section B, 1951, 64: 747-753.

[15] Petch N J. The cleavage strength of polycrystals [J]. Journal of the Iron and Steel Institute, 1953, 174: 25-28.

[16] He K J, Baker T N. Effect of zirconium additions on austenite grain coarsening of C-Mn and microalloy steels [J]. Materials Science and Engineering A, 1998, 256(1-2): 111-119.

[17] Misra R D K, Weatherly G C, Hartmann J E, et al. Ultrahigh strength hot rolled microallyed steels: micostructural aspects of development [J]. Materials Science and Technology, 2001, 17: 1119-1129.

[18] 雍岐龙, 马鸣图, 吴宝榕. 微合金钢——物理和力学冶金 [M]. 北京: 机械工业出版社, 1989.

6 镁锆处理船板钢焊接热影响区组织与性能

本章以轧制钢板为原材料，综合采用焊接热模拟实验和埋弧焊接实验的方法，进一步研究镁锆处理对船板钢焊接热影响区组织和性能的影响，并探讨镁锆系夹杂物在焊接过程中诱导铁素体形核行为。

6.1 研 究 方 案

6.1.1 焊接热模拟实验

在焊接过程中，由于不同位置经历的焊接热循环不一样，可将 HAZ 分如下部分：①熔合区，峰值温度约 1450℃。②粗晶区（coarse grained heat affected zone，CGHAZ），峰值温度为 1450～1100℃，约 1.5mm。③重结晶区（fine grained heat affected zone，FGHAZ），峰值温度为 1100～Ac3（900℃），约 1.0mm。④不完全重结晶区（intercritical heat affected zone，ICHAZ），峰值温度为 Ac3（900℃）～Ac1（700℃）。⑤回火区（subcritical heat affected zone，SCHAZ），峰值温度为 Ac1（700℃）～母材回火温度（600℃），ICHAZ 和 SCHAZ 二者约 2.5mm，具体如图 6.1 所示。

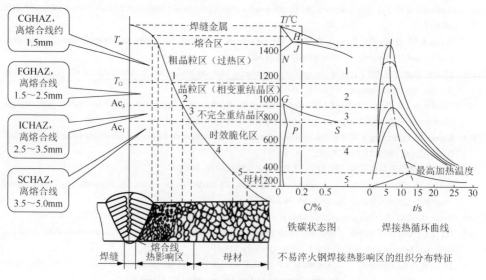

图 6.1　焊接热影响区组织及其温度分布

在实际焊接过程中，HAZ 一般只有几毫米，并在这几毫米范围内包括不同的区域。尽管随着焊接线能量的增加，热影响区宽度也会随之增加，但是仍是在毫米级范围。因此，为较为准确方便地对热影响区组织及性能特征进行表征，对原始工艺、Mg 处理工艺、Zr 处理工艺及 Mg-Zr 复合处理工艺实验钢板首先进行焊接热模拟实验，主要放大区域是 CGHAZ。

焊接热循环的主要参数是加热速度 ω_H，峰值温度 T_p，高温停留时间 t_H，冷却速度（ω_c 或冷却时间 $t_{8/5}$）。热模拟实验中最重要的控制参数是 T_p（焊接热影响粗晶区位置）和冷却时间 $t_{8/5}$（对应不同线能量）。

焊接热模拟对象为不同处理工艺中综合力学性能最佳的炉次，包括原始工艺、Mg 处理（0.0026%Mg）、Zr 处理（0.0022%Zr）和 Mg-Zr 复合处理（0.0024%Mg+0.0054%Zr）试样。具体过程如下：

（1）从钢板横截面方向 1/4 处，沿着平行于轧制方向截取 11mm×11mm×55mm 的试样。

（2）采用 MMS-300 型热模拟试验机进行试验。模拟厚度选择某钢厂提供的 FH40 级船板钢厚度 d=20mm，焊接热模拟时选用雷卡林二维模型，见式（6.1）。该式表示的是薄板焊接时，焊接热输入 E 与 $t_{8/5}$ 间的函数对应关系。

$$E = \sqrt{\frac{4\pi lc\rho t_{8/5}}{\dfrac{1}{(500-T_0)^2} - \dfrac{1}{(800-T_0)^2}}} \times d \qquad (6.1)$$

式中，l 为热导率，0.5W/（cm·℃）；c 为比热容，0.67 J/（g·℃）；ρ 为密度，7.8g/cm³；T_0 为母材初始温度，℃，不预热，取 T_0=20℃。

（3）试验过程。以 100℃/s 的加热速度将试样加热至 1350℃，保温 1s 后，分别以 800～500℃温度区间的冷却时间 $t_{8/5}$ 为 40s、85s 和 137.5s 的速度冷却，与之对应的模拟焊接线能量分别为 54 kJ/cm、80 kJ/cm 和 100 kJ/cm。每组做 3 次重复实验，实际热循环如图 6.2 所示。

热循环后，将试样加工成标准夏比 V 型冲击试样 10mm×10mm×55mm，试样缺口位于模拟试样的中心部位（热电偶偶点处），在 ZBC2502-D 美特斯摆锤式冲击试验机上进行-60℃冲击试验。对冲击断口形貌采用 SSX-550™ 扫描电镜分析，同时对热模拟试样用线切割机横切热电偶焊点处，对断面组织采用 Ultra Plus-ZEISS 型场发射扫描电子显微镜进行观察和检测。

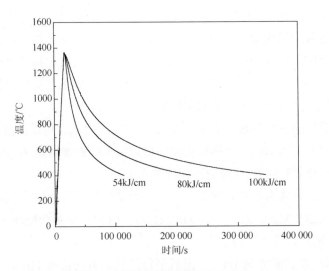

图 6.2　焊接热模拟热循环示意图

6.1.2　埋弧焊接实验

在热模拟的基础上,采用 MZ-1000 埋弧焊接实验机对实验钢板进行实际焊接。与焊接热模拟相对应,埋弧焊接对象为四组有代表性的实验钢,包括原始工艺 S1、Mg 处理 S3、Zr 处理 S5 及 Mg-Zr 复合处理工艺 S10。焊接坡口选择 I 型,焊接材料采用 H10Mn2 焊丝,焊丝规格 $\Phi4mm$,匹配焊剂为 SJ101,采用双面焊接,正面焊完后反面清理再埋弧焊接。焊前不预热,焊后不进行热处理。

埋弧焊接线能量计算式如下:

$$q/v = \eta UI/v \quad (\text{kJ/cm}) \tag{6.2}$$

式中,U 为焊接电压, V;I 为焊接电流, A;v 为焊接速度, cm/s;η 为热效率系数,对于埋弧焊热效率系数为 1.0。

由于实验钢板厚度过小,实际焊接时反面线能量超过 44 kJ/cm 工艺时,钢板已被穿透,因此,实际焊接并未得到模拟焊接的对应线能量。实际过程中,在保证钢板焊缝形状良好的条件下,得到如表 6.1 所示的焊接工艺参数。尽管实际焊接未能得到热模拟线能量,但 W1(正 20kJ/cm,反 30kJ/cm)和 W2(正 20kJ/cm,反 44kJ/cm)焊接工艺时对应的热影响区组织变化趋势可以与热模拟试样进行比较。埋弧焊接时两个焊接工艺正面焊线能量保持一致,反面焊采用更高的线能量。焊接后,对焊接试样焊接热影响区组织和低温冲击性能进行观察和测试。

表 6.1 埋弧焊接工艺参数

焊接工艺	焊接顺序	焊接电流/A	电弧电压/V	焊接速度/(m/h)	焊接速度/(cm/s)	线能量/(kJ/cm)
W1	正	545	31.1	30.4	0.844	20.08
	反	752	38.2	35.0	0.972	29.55
W2	正	545	31.7	30.5	0.839	20.21
	反	781	39.2	25.0	0.694	44.11

6.1.2.1　焊接热影响区组织观察

钢板焊接热影响区沿着熔合线外侧依次包括熔合区、粗晶区、重结晶区及不完全重结晶区。本节主要对焊接钢板的熔合区和粗晶区进行分析，用以探究实际焊接过程中，Mg、Zr 及 Mg-Zr 处理对焊接热影响区组织转变的作用，图 6.3 为焊接组织分析试样的取样位置。

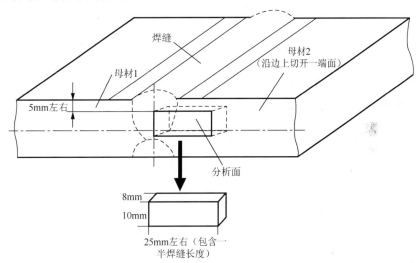

图 6.3　焊接组织分析试样取样示意图

6.1.2.2　焊接热影响区冲击韧性测试

通过对不同实验钢焊后热影响区组织形貌的观察，确定不同焊接线能量条件下对应的热影响区位置，加工出相应的标准夏比 V 型槽冲击韧性试样 10mm×10mm×55mm，取样部位如图 6.4 所示，图中位置 I 为 V 型槽位置。由于实际焊接后钢板 HAZ 呈如图 6.4 虚线所示的弯曲状。因此，很难保证 V 型槽位置完全穿过 HAZ 中的某一个区域。实际处理过程中，尽量使 V 型槽位置紧靠近焊缝最外沿，从最终截取的位置看，V 型槽始终穿过 HAZ。冲击实验采用 ZBC2502-D

美特斯摆锤式冲击试验机测试，冲击能量为 $500J/cm^2$。检测$-60℃$温度条件下的冲击功，实验结果采用 3 个试样的平均值。

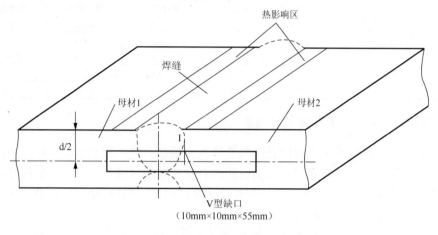

图 6.4　冲击试验取样位置示意图

6.2　焊接热影响区组织与性能

6.2.1　模拟焊接热影响区组织与性能

6.2.1.1　CGHAZ 冲击韧性

图 6.5 为 4 种工艺实验钢不同焊接线能量条件下对应的冲击吸收功（$-60℃$），其中焊接线能量 $E=0$ kJ/cm 时冲击功为母材对应的纵向冲击功，空心散点为 3 次测量的数值，实心点为 3 次测量对应的平均值。

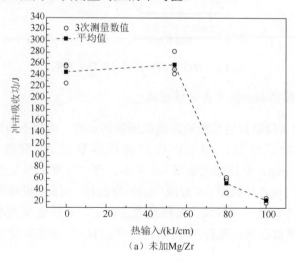

（a）未加Mg/Zr

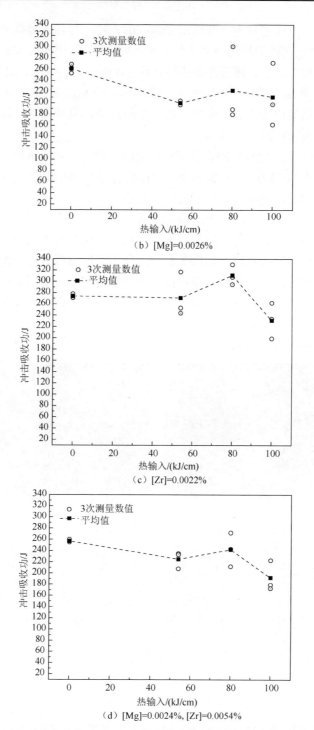

（b）[Mg]=0.0026%

（c）[Zr]=0.0022%

（d）[Mg]=0.0024%, [Zr]=0.0054%

图6.5　4种工艺实验钢CGHAZ不同焊接线能量条件下对应的冲击吸收功

由图可知，当线能量为 54kJ/cm（$t_{8/5}$=40s）时，与各自母材冲击功相比较，基准钢和 Zr 处理试样的平均冲击功数值变化并不明显，而单独 Mg 和 Mg-Zr 处理试样对应数值稍有降低。随着焊接线能量由 54kJ/cm（$t_{8/5}$=40s）增加至 100 kJ/cm（$t_{8/5}$=137.5s），基准钢试样冲击功数值持续降低，经 Mg、Zr 和 Mg-Zr 处理后，试样的平均冲击功数值均呈现出先增加后降低的趋势，且冲击功最高值所对应的焊接热输入均为 80 kJ/cm（$t_{8/5}$=85s）。

对比 4 种工艺的船板钢冲击功可知，当线能量为 54kJ/cm 时，4 种工艺试样平均冲击功分别为 259J、202J、285J 和 225J，数值均在 200J 以上。图 6.6 是 54kJ/cm 焊接热输入对应的典型冲击断口形貌对比结果，由图 6.6 可知，4 组试样冲击断口均属于典型的韧窝-微孔聚集型韧性断裂机制，表明在该焊接热输入条件下，4 组实验钢焊接性能均良好。对比发现，未经镁锆处理试样冲击断口韧窝数量多，分布较为均匀，韧窝深度较浅，如图 6.6（a）所示。经镁处理后，冲击断口韧窝粗大，韧窝均匀度较差，某些韧窝深度较深，撕裂棱明显，如图 6.6（b）所示。经锆处理后，冲击断口韧窝深度普遍较深，且分布较为均匀，撕裂棱也十分明显，如图 6.6（c）所示。经镁锆复合处理后，韧窝深度进一步加深，但韧窝均匀度有所降低，如图 6.6（d）所示。

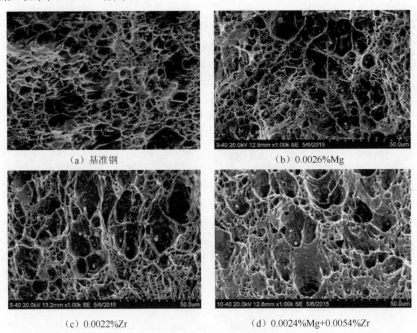

（a）基准钢　　　　　　　　　　（b）0.0026%Mg

（c）0.0022%Zr　　　　　　　　（d）0.0024%Mg+0.0054%Zr

图 6.6　实验钢经 54 kJ/cm 焊接后冲击断口形貌

当线能量增加至 80 kJ/cm 和 100 kJ/cm 后，基准钢平均冲击功数值显著降低，由 54kJ/cm 时的 259J 分别降低至 50J 和 22J，在 100kJ/cm 焊接热输入条件下的冲击功数值甚至低于船舶及海洋工程用结构钢国家标准 GB712—2011 规定的 41J。相反，采用 Mg、Zr 和 Mg-Zr 处理工艺实验钢冲击韧性良好，其中 Zr 处理工艺实验钢在 80kJ/cm 热输入条件下冲击功数值高达 300J。当线能量增加至 100 kJ/cm 时，对应的冲击功数值仍在 200J 左右。

图 6.7 是 100 kJ/cm 焊接热输入对应的典型冲击断口形貌对比结果，由图可知，不同成分试样的冲击断口形貌存在显著差异。未经镁锆处理试样，冲击断口中韧窝消失，断裂机制由韧性断裂转变为脆性断裂，表明试样性能严重恶化，如图 6.7（a）所示。经镁处理后，冲击断口为典型的韧窝-微孔聚集型韧性断裂机制，但韧窝尺寸分布均匀度较差，如图 6.7（b）所示。在部分韧窝中检测到的夹杂物主要是 Al-Mg-O+MnS 夹杂物，如图 6.8（a）。经锆处理后，冲击断口韧窝数量多，分布较为均匀，但韧窝深度较浅，如图 6.7（c）所示。在部分韧窝中检测到的夹杂物主要是 Al-Zr-O+MnS 夹杂物，如图 6.8（b）所示。经镁锆复合处理后，冲击断口韧窝数量多，但深度较浅，且断口局部存在明显的断裂痕，尽管如此，冲击断口断裂主要机制并未发生变化，仍以韧窝-微孔聚集型韧性断裂为主，如图 6.7（d）所示。在部分韧窝处也检测到夹杂物，典型成分为 Al-Mg-Zr-O+MnS，如图 6.8（c）所示。

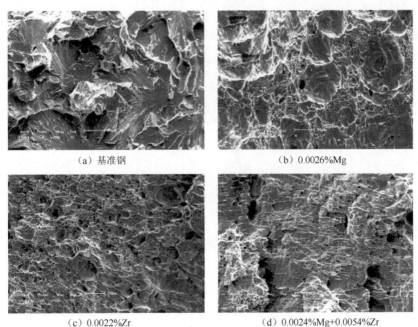

(a) 基准钢   (b) 0.0026%Mg

(c) 0.0022%Zr   (d) 0.0024%Mg+0.0054%Zr

图 6.7   实验钢经 100 kJ/cm 焊接后冲击断口形貌

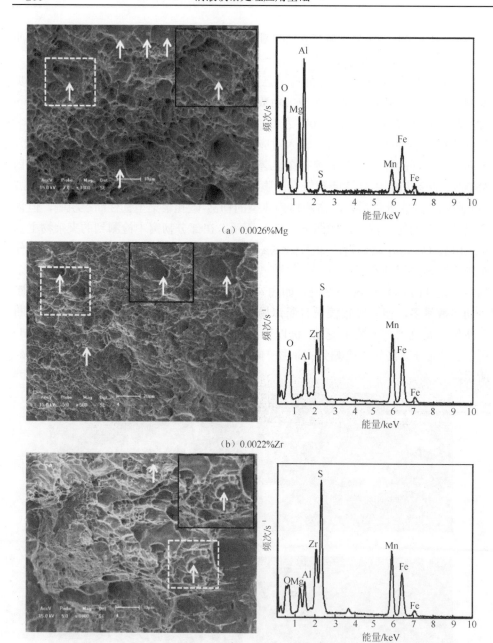

（a）0.0026%Mg

（b）0.0022%Zr

（c）0.0024%Mg+0.0054%Zr

图6.8　实验钢100 kJ/cm焊接后韧窝处夹杂物粒子的能谱分析

6.2.1.2　CGHAZ 组织形貌

（1）基准钢。

图6.9是基准钢经历不同线能量焊接热循环后的光学组织形貌。由图6.9（a）~

图 6.9（b）可知，当线能量为 54kJ/cm 时，试样热模拟组织以 BF 和 QF 为主，同时含有少量 GB，组织中并未发现 GBF，组织比较均匀细小。冲击韧性测试表明，该线能量条件下试样具有良好的冲击韧性。当线能量为 80kJ/cm 时，CGHAZ 组织出现了明显的沿晶界析出的 GBF 和沿晶界向晶内平行生长的 WF，如图 6.9（c）~图 6.9（d）所示。线能量增加至 100kJ/cm 时，沿晶界析出的 GBF 尺寸急剧增大，在原奥氏体晶粒内部出现一定数量的 PF 和 P，如图 6.9（e）~图 6.9（f）所示。

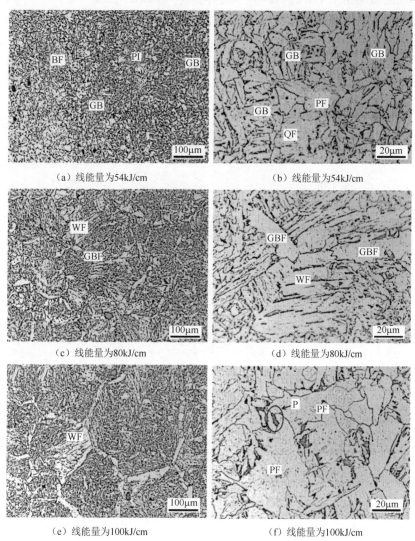

（a）线能量为54kJ/cm （b）线能量为54kJ/cm

（c）线能量为80kJ/cm （d）线能量为80kJ/cm

（e）线能量为100kJ/cm （f）线能量为100kJ/cm

图 6.9 基准钢不同焊接线能量时焊接热模拟试样的光学组织

（2）镁处理船板钢。

图 6.10 是 Mg 处理工艺实验钢（0.0026%Mg）经历不同线能量焊接热循环后的光学组织形貌。由图 6.10 可知，当线能量为 54kJ/cm 时，实验钢热模拟组织为 GB、BF 和少量 IAF，如图 6.10（a）和图 6.10（b）所示。线能量为 80kJ/cm 时，HAZ 组织以 IAF 为主，并含有少量 GB 和 BF，如图 6.10（c）～图 6.10（d）所示。当线能量增加至 100 kJ/cm 时，组织构成与 80kJ/cm 热循环条件下类似，但由于线能量的提高，试样冷却速度减慢，组织中出现了少量 QF，如图 6.10（e）～图 6.10（f）所示。

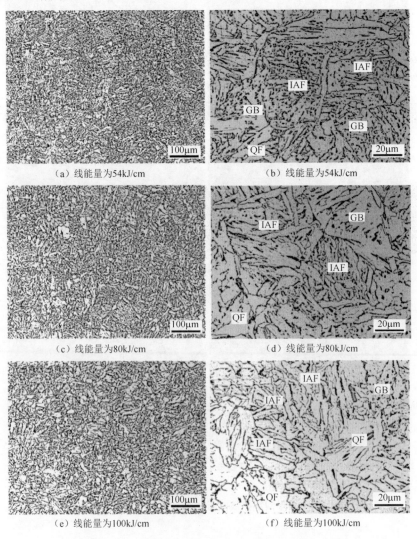

（a）线能量为54kJ/cm　　　　　　　　（b）线能量为54kJ/cm

（c）线能量为80kJ/cm　　　　　　　　（d）线能量为80kJ/cm

（e）线能量为100kJ/cm　　　　　　　　（f）线能量为100kJ/cm

图 6.10　Mg 处理工艺实验钢不同焊接线能量时焊接热模拟试样的光学组织

由镁处理船板钢热模拟试样冲击试验测试结果可知，随着焊接线能量由54kJ/cm 增加至 100kJ/cm，CGHAZ 冲击功呈现先增加后降低的趋势，但冲击功数值变化并不明显。结合试样组织特征可知，上述线能量条件下，对应的组织均以贝氏体相为主，主要包括 IAF、GB 和 BF，且并未出现沿晶界长大的 GBF 和 WF 组织。由此表明，正是由于 Mg 处理钢能在上述焊接线能量输入时获得贝氏体相（主要为 IAF 和 GB），CGHAZ 组织也更为细小，最终实现了改善 CGHAZ 冲击性能的目的。

（3）锆处理船板钢。

图 6.11 是 Zr 处理工艺实验钢（0.0022%Zr）经历不同线能量焊接热循环后的光学组织形貌。由图 6.11 可知，当线能量为 54kJ/cm 时，实验钢 CGHAZ 组织为 BF、GB、IAF 和少量 QF，如图 6.11（a）和图 6.11（b）所示。线能量为 80kJ/cm 时，组织中 BF、IAF 和 GB 量有所减少，铁素体量增加，如图 6.11（c）和图 6.11（d）所示。当线能量增加至 100kJ/cm 时，CGHAZ 组织以铁素体为主，贝氏体相较少，如图 6.11（e）和图 6.11（f）所示。与 Mg 处理工艺实验钢相比，Zr 处理工艺实验钢 CGHAZ 组织中 IAF 量相对较少，相反在 100kJ/cm 焊接热输入时，组织中以 QF 为主，而且铁素体晶粒较基准钢有显著的细化。此外，焊接线能量由 54kJ/cm 增加至 100kJ/cm，CGHAZ 组织中仍未发现 GBF 和 WF。

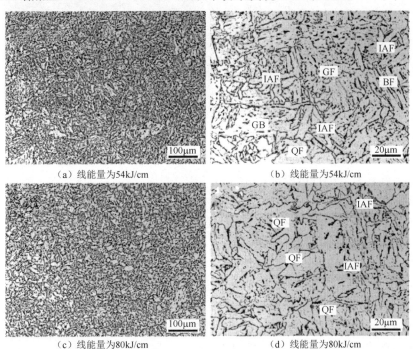

（a）线能量为54kJ/cm   （b）线能量为54kJ/cm

（c）线能量为80kJ/cm   （d）线能量为80kJ/cm

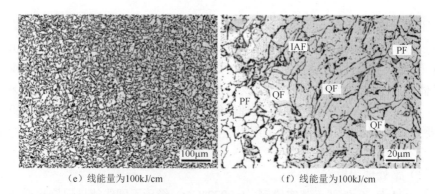

（e）线能量为100kJ/cm　　　　　　　　　　（f）线能量为100kJ/cm

图 6.11　Zr 处理工艺实验钢不同焊接线能量时焊接热模拟试样的光学组织

图 6.12 是 Zr 处理钢经历 100kJ/cm 焊接热循环后对应 CGHAZ 组织光学显微镜和透射电镜形貌，可以发现，该类 QF 以不同形状交错分布，内部有较高的位错密度和亚结构；部分 QF 之间也有细小的 M-A 岛状组织。这些组织特征使得 QF 有较好的强度和韧性。结合 Zr 处理工艺不同焊接线能量冲击功测试结果可知，CGHAZ 均具有优异的低温冲击性能，这也证实了上述分析结果。

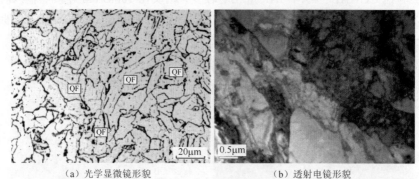

（a）光学显微镜形貌　　　　　　　　　　（b）透射电镜形貌

图 6.12　Zr 处理钢经历 100kJ/cm 焊接热循环后对应 CGHAZ 组织

（4）镁锆复合处理船板钢。

图 6.13 是 Mg-Zr 复合处理工艺实验钢（0.0024%Mg+0.0054%Zr）经历不同线能量焊接热循环后的光学组织形貌。当线能量为 54kJ/cm 时，CGHAZ 组织以 GB、BF 和 IAF 为主，如图 6.13（a）和图 6.13（b）所示。线能量为 80kJ/cm 时，CGHAZ 组织并未发生明显变化，组织仍以 GB、BF 和 IAF 为主，如图 6.13（c）和图 6.13（d）所示。结合性能分析可知，试样低温冲击功平均数值分别为 225J 和 242J，可见上述线能量条件下实验钢焊接性能并未发生明显变化。当线能量增加至 100kJ/cm 时，与单一 Mg、Zr 处理工艺实验钢不同的是，Mg-Zr 复合处理钢 CGHAZ 组织中出现了一定数量的 GBF，如图 6.13（e）和图 6.13（f）所示。

对比发现，采用 Mg-Zr 复合处理工艺后，CGHAZ 组织与单独 Mg、Zr 处理并不尽相同。在54kJ/cm和80kJ/cm焊接热输入时，组织存在GB和一定量的IAF，并未出现沿原奥氏体晶界生长的GBF。当线能量增至100kJ/cm，CGHAZ组织中出现了少量GBF，其尺寸显著小于原始工艺。尽管如此，从冲击性能测试和断口形貌结果看，试样冲击功仍保持在200J左右，且断裂机制仍为韧性断裂。

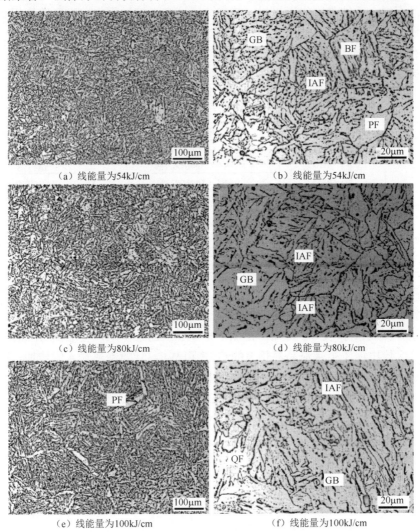

（a）线能量为54kJ/cm　　　　　　　　（b）线能量为54kJ/cm

（c）线能量为80kJ/cm　　　　　　　　（d）线能量为80kJ/cm

（e）线能量为100kJ/cm　　　　　　　　（f）线能量为100kJ/cm

图6.13　Mg-Zr处理工艺实验钢不同焊接线能量时焊接热模拟试样的光学组织

6.2.2　埋弧焊接热影响区组织与性能

6.2.2.1　组织形貌

焊接热影响区从焊接接头到母材包括熔合区、粗晶区、重结晶区和不完全重结晶区。熔合区距离焊缝近，峰值温度高，原奥氏体晶粒粗大。粗晶区由于峰值温度也较高，奥氏体晶粒长大时间长而变得粗大，粗大的奥氏体晶粒在随后的冷却过程中容易生成粗大的组织。重结晶区在焊接过程中组织发生奥氏体相变，由于温度不高，奥氏体晶粒没有发生明显的粗化，在随后的冷却过程中生成细小的晶粒。不完全重结晶区靠近母材，其部分区域在焊接过程中发生奥氏体相变，组织不均匀。为对焊接热模拟试验结果相对应，本节主要就焊接熔合区和粗晶区进行了分析比较。

表 6.2 是实验钢熔合区和粗晶区对应的主要组织汇总结果。

表 6.2　实验钢埋弧焊接热影响区中熔合区和粗晶区组织检测结果

焊接工艺	线能量/(kJ/cm)	钢号（工艺条件）	组织主要构成情况
W1	正：20.08 反：29.55	S1（基准钢）	GBF,WF,GB
		S3（Mg=0.0026%）	IAF,GB
		S5（Zr=0.0022%）	IAF,GB,QF
		S10（Mg=0.0024%,Zr=0.0054%）	IAF,GB,QF,BF
W2	正：20.21 反：44.11	S1（基准钢）	GBF,WF,GB,少量 IAF
		S3（Mg=0.0026%）	IAF,GB
		S5（Zr=0.0022%）	IAF,GB,QF
		S10（Mg=0.0024%,Zr=0.0054%）	IAF,GB,QF

图 6.14～图 6.17 是基准钢、镁处理、锆处理及镁锆复合处理工艺实验钢对应的埋弧焊接后熔合区和粗晶区金相形貌。

结合图 6.14 和表 6.2 可知，在 W1 和 W2 工艺条件下，基准钢对应的熔合区和粗晶区均出现了少量沿晶界长大的 GBF 和 WF，且随着热输入的增加，该类粗大的组织稍有增加，但 GBF 的量少于热模拟试样组织中的。熔合区和粗晶区这种组织特征与热模拟时 80kJ/cm 和 100kJ/cm 对应的 CGHAZ 组织演变规律基本吻合。不仅如此，W1 工艺条件时，连续冷却过程中熔合区和粗晶区组织中也出现了大量 GB。随着热输入增至 W2，熔合区和粗晶区还出现了一定量的先共析铁素体（PF，QF）和少量 IAF 组织。

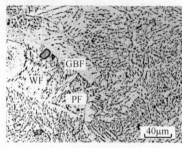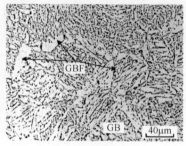

　　　　（a）W1：熔合区　　　　　　　　　　（b）W1：粗晶区

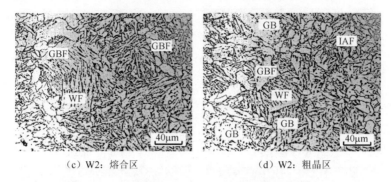

(c) W2：熔合区　　　　　　　　　(d) W2：粗晶区

图 6.14　基准钢热影响区中熔合区和粗晶区组织特征

图 6.15 是镁处理钢焊接热影响区中熔合区和粗晶区组织特征。可以看出，经 Mg 处理后，W1 和 W2 焊接工艺下熔合区和粗晶区中并未出现大量沿晶界析出的 GBF 和 WF，这与热模拟结果相吻合。且两工艺对应的组织组成类似，主要为贝氏体组织，包括 GB、IAF 和 BF。

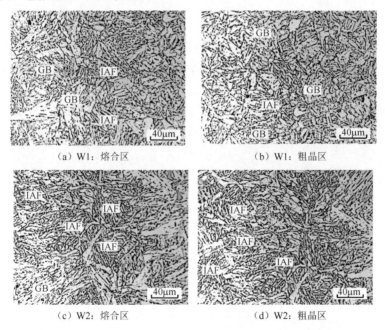

(a) W1：熔合区　　　　　　　　　(b) W1：粗晶区

(c) W2：熔合区　　　　　　　　　(d) W2：粗晶区

图 6.15　Mg 处理钢热影响区中熔合区和粗晶区组织特征

图 6.16 是锆处理钢焊接热影响区中熔合区和粗晶区组织特征。可以发现，与热模拟结果类似，经 Zr 处理后，W1 和 W2 焊接工艺下，熔合区和粗晶区也并未检测到大量 GBF 和 WF。该两个区域组织主要由 QF、GB 和 IAF 构成。进一步地，对比图 6.16（b）和图 6.16（d）组织特征可发现，随着热输入由 W1 增至 W2，粗晶区中铁素体（PF，QF）含量有了明显提高。

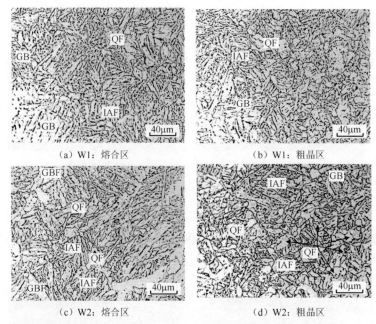

(a) W1: 熔合区　　　　　　　　　　　(b) W1: 粗晶区

(c) W2: 熔合区　　　　　　　　　　　(d) W2: 粗晶区

图 6.16　Zr 处理钢热影响区中熔合区和粗晶区组织特征

　　图 6.17 是镁锆复合处理钢焊接热影响区中熔合区和粗晶区组织特征。由图 6.17 可知，在 W1 工艺条件下，熔合区和粗晶区组织主要为 IAF、BF、GB 和少量 QF 构成，随着线能量提高至 W2 工艺，组织和 W1 工艺类似，仍主要为贝氏体组织。

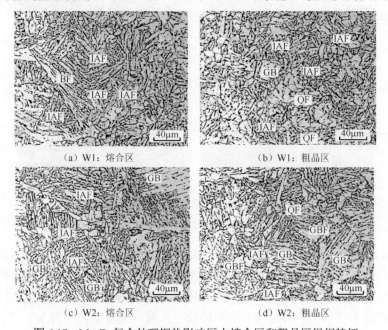

(a) W1: 熔合区　　　　　　　　　　　(b) W1: 粗晶区

(c) W2: 熔合区　　　　　　　　　　　(d) W2: 粗晶区

图 6.17　Mg-Zr 复合处理钢热影响区中熔合区和粗晶区组织特征

6.2.2.2　冲击韧性

图 6.18 是实验钢 W1 和 W2 埋弧焊接工艺后 HAZ 部分冲击功测试结果（-60℃）。由图可知，在 W1 和 W2 工艺条件下，4 种工艺实验钢 HAZ 冲击功数值均保持在 200J 以上。与热模拟相比，W1 工艺较低热输入时冲击功数值对应较好，但 W2 工艺对应较差，推测产生这种现象的原因可能是由于实际焊接时 HAZ 仅几毫米，且实际 HAZ 呈弯曲状分布，因此，很难保证 V 型槽位置完全穿过 HAZ 中的粗晶区区域。尽管如此，上述实验结果也可表明，在上述工艺时，实验钢均具有良好的焊接性能。

在 W1 和 W2 工艺条件下，Mg 处理钢 S3 平均值较基准钢分别提高 25J 和 43J，提高了 9%和 18%；Zr 处理钢 S5 分别提高 89J 和 82J，提高了 32%和 34%；Mg-Zr 处理钢 S10 分别提高 72J 和 58J，提高了 26%和 24%。表明，在本实验中上述处理工艺对应的埋弧焊接性能大小顺序为：Zr 处理＞Mg-Zr 复合处理＞Mg 处理＞基准钢。埋弧焊接实验结果表明，采用 Mg、Zr 和 Mg-Zr 复合处理后确能在不同程度改善钢板的焊接性能。

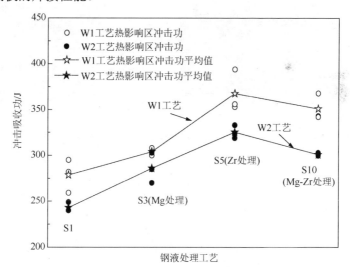

图 6.18　不同处理工艺实验钢埋弧焊接 HAZ 部分冲击功对比

6.3　焊接过程 IAF 的生成行为

焊接过程中，在峰值温度较高区域，由于奥氏体晶粒严重粗化，导致奥氏体-铁素体转变过程中铁素体更倾向于在奥氏体晶界处形核，最终形成粗大的 GBF 和 WF 组织。对于亚共析钢，GBF 和 WF 形核温度通常位于 A3 和 A1 线温度范围内，均为奥氏体-铁素体固态相变中的高温阶段的产物，通常认为对 CGHAZ 的韧性有着不利的影响[1]。Sarma 等[2]通过总结不同组织对裂纹扩展的阻碍作用后指出，WF 组织由于沿着奥氏体晶界呈平行束生长，晶粒取向一致，容易促进裂纹的继续扩展。此外，Shi 等[3]通过研究指出 GBF 也利于裂纹的传播，恶化试样的冲击韧性。

　　图 6.19 是未经镁锆处理实验钢经历 100kJ/cm 热循环后对应的 CGHAZ 组织中裂纹沿 GBF 和 WF 传播的典型形貌，由图 6.19 可知，裂纹扩展至 GBF 和 WF 时，并未受到阻碍，直接穿过组织进行扩展。因此，HAZ 组织中一旦出现大量的 GBF 和 WF 时，对应组织的韧性将会急剧降低。由此可见，在 80 kJ/cm 和 100 kJ/cm 时，原始工艺实验钢 CGHAZ 韧性恶化的根本原因是组织中存在大量的 GBF 和 WF。因此，如何抑制 GBF 和 WF 形核成为改善 CGHAZ 组织和韧性的重要途径。

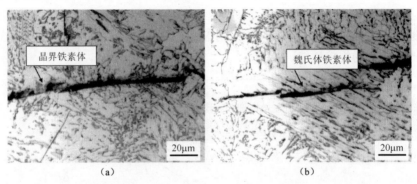

图 6.19　未经镁锆处理实验钢 CGHAZ 裂纹沿晶界铁素体魏氏体铁素体扩展形貌

　　现有的研究表明[4-5]，某些特殊的夹杂物可作为铁素体形核核心，在晶粒内部形成相互交错、呈连锁状、方位差较大的针状铁素体组织，该类组织能起到细化晶粒，提高 HAZ 韧性的作用。HAZ 中获得 IAF 的关键可以总结以下 3 点：①如何有效避免沿晶界分布的大块板状铁素体（主要为 GBF）、垂直晶界的条状铁素体（主要为 WF）及粗大的残余 M-A 岛等组分的形成。②如何得到数量适宜的满足铁素体异质形核条件的夹杂物粒子。③凝固组织分析表明，Al-Mg-O 和 Al-Mg-Zr-O 两类夹杂物具有较强的诱导 IAF 形核的能力。由于夹杂物诱导 IAF 形核受限于热循环条件（主要为 800～500℃ 的冷却速率）、原奥氏体晶粒特征及夹杂物本身特征等因素[2]，因此，仍有必要探究在焊接热循环过程中不同典型夹杂物对铁素体形核的影响。

　　关于 Mg、Zr 的研究，国内外学者主要开展了 Ti/Mg 脱氧[6-7]、Ti/Zr[8-9]、Mg 脱氧工艺[10-12]和 Zr 脱氧工艺[3,13-14]对钢材 HAZ 热影响区中 IAF 形核和低温韧性的影响，涉及夹杂物多为 Ti-Mg-O、Ti-Zr-O 或 MgO、ZrO$_2$。普遍观点认为，Ti-Mg-O+MnS[6]、Ti-Zr-O+MnS[9]、（Ti,Al,Zr）O-MnS[8]、ZrO$_2$+MnS[3,13-14]等夹杂物在焊接热循环过程中诱导 IAF 形核，进而改善钢材的焊接性能。在 Al 脱氧基础上采用适宜的 Mg、Zr 和 Mg-Zr 处理后对钢材 HAZ 组织和性能的研究几乎是空白。基于此，本节着重分析镁锆处理实验钢在焊接过程中 IAF 的生成行为，为实验钢焊接性能的演变提供可能解释。

图 6.20 是基准钢焊接试样 HAZ 中 Al$_2$O$_3$ 与铁素体间的典型位置关系。可以看出，焊接试样中 Al$_2$O$_3$ 与铁素体间的位置关系与其在凝固组织中的关系类似。Al$_2$O$_3$ 夹杂物依然多位于粗大的 PF 内，诱导 IAF 形核作用较弱。从上文未经镁锆处理实验钢热模拟和实际焊接 HAZ 组织宏观形貌也可得到印证，组织中针状铁素体量依然较少。

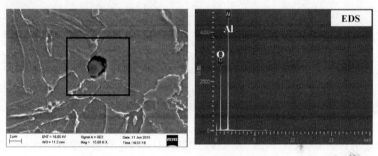

图 6.20 S1 钢焊接试样 HAZ 中 Al$_2$O$_3$ 与铁素体间的典型位置关系

文献[15]指出，IAF 与 PF 具有不同的断裂特征，当裂纹穿过 IAF 时，通过形变削减裂纹前端的应力集中，裂纹呈波浪起伏状扩展，形成撕裂韧窝状断口，冲击韧性较高。相反，PF 与邻近组织形变不协调，易在相界处萌生裂纹，并以解理断裂方式穿过铁素体，对应断口形成解理台阶，断口单元与相应显微组织中的多边形铁素体尺寸相当，其冲击韧性比 IAF 组织低。对于未经镁锆处理的实验钢，在经历较大焊接热循环后，奥氏体晶粒严重粗化，由于 Al$_2$O$_3$ 夹杂物促进 IAF 形核作用较弱，在冷却过程中和奥氏体-铁素体转变过程中，铁素体将优先在奥氏体晶界析出，最终形成沿晶界分布的大块板状铁素体（主要为 GBF）、垂直晶界的条状铁素体（主要为 WF），恶化了船板钢 HAZ 的低温韧性。

如前文所述，Mg 处理工艺实验钢焊接热模拟时，热输入为 80kJ/cm，对应的HAZ 组织基本演变为 IAF，进一步地，由 54kJ/cm 增加至 100kJ/cm，试样的平均冲击功数值呈现出先增加后降低的趋势，且冲击功最高值所对应的焊接热输入均为 80kJ/cm。由此可以认为，80kJ/cm 热输入时试样具有较高的冲击韧性与 IAF 组织具有重要关系。图 6.21 是 Mg 处理钢 80kJ/cm 焊接热输入后 CGHAZ 中 Al-Mg-O与铁素体间的典型位置关系。面扫描分析表明，Al 和 Mg 均匀分布在夹杂物中，表层附着 MnS 夹杂物，这与前文分析结果一致。夹杂物尺寸为 1.5～2.0μm。由图 6.21 可知，夹杂物 A 周围主要存在 4 个铁素体条（α_3，α_4，α_5，α_6），可以看出，α_3 和 α_5 均是形核于夹杂物 A 表面上，二者间的夹杂物近似 90°，α_4 和 α_6 分别为是依附于 α_3 和 α_5 表面生长的感生形核铁素体。夹杂物 B 周围主要存在六个铁素体条（α_1，α_2，α_3，α_6，α_7，α_8），其中 α_1，α_2，α_3 和 α_6 4 个铁素体条直接依附于夹杂物 B 形核长大，α_7 和 α_8 分别为是依附于 α_1 和 α_6 表面生长的感生形核铁素体。值得一提的是，α_3 和 α_6 铁素体条可以看作夹杂物 A 和 B 共同诱导形核产生的，进而形成相互交错、呈连锁状的 IAF，有效避免形成粗大的 GBF 和 WF。显然，有了这些相互交错形核的铁素体条的存在将会显著细化 HAZ 组织，有利于改善钢材的焊接性能。

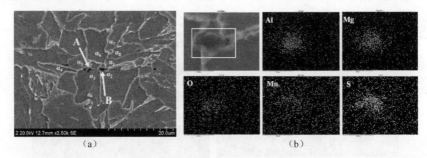

图 6.21　Mg 处理钢 80kJ/cm 焊接热输入后 CGHAZ 中 Al-Mg-O 与铁素体间的典型位置关系及 Al-Mg-O+MnS 夹杂物面扫描结果

由锆处理试样对应的 CGHAZ 组织特征可看出，线能量为 54kJ/cm 和 80kJ/cm 及 W1 和 W2 工艺下试样组织中存在 IAF 组织，因此，细小的 IAF 同样可为试样 HAZ 获得较高的冲击韧性提供条件。对比来看，热模拟线能量为 100kJ/cm 时，CGHAZ 组织主要为铁素体相，包括大量 QF 和少量 PF，IAF 含量较 80kJ/cm 低。进一步地，随着线能量由 80kJ/cm 提高至 100kJ/cm，试样冲击功降低数值较为明显，而 Mg 处理试样降低幅度并不明显。可以推测，尽管 QF 可具有较高的韧性，但由于在 100kJ/cm 热输入时 IAF 并未得到充分形核，导致试样冲击功出现降低的现象。可以认为，试样获得良好的低温韧性是细小均匀的 QF 和 IAF 组织共同作用的结果。

图 6.22 是 Zr 处理实验钢焊接试样 CGHAZ 中 Al-Zr-O 与铁素体间的典型位置关系。与铸态条件类似，Al-Zr-O 夹杂物主要也存在于两种位置，对比来看，焊接热循环条件下，Al-Zr-O 诱导形核产生的 IAF 量较凝固组织多。可以看出，夹杂物 A 位于粗大的 PF 中，类似成分的夹杂物 B 周围出现了 5 个针状铁素体条（α_1，α_2，α_3，α_4，α_5），且该 5 个铁素体条均直接依附于夹杂物 B 形核长大。

凝固组织分析表明，0.0005%～0.0050%Zr 处理条件下并未显著促进 IAF 的形核，组织仍为 PF 和 P 的混合相，且前文推论出 Al-Zr-O 夹杂物在凝固组织中诱导 IAF 形核作用较弱。可以发现，经适宜的焊接热循环后，某些 Al-Zr-O 夹杂物依然能成为 IAF 的形核核心。能否显著诱导针状铁素体的形核主要是由夹杂物具体成分和试样冷却条件等共同决定的，详细讨论将在第 7 章中阐述。

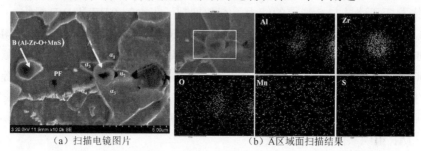

（a）扫描电镜图片　　　　　（b）A区域面扫描结果

图 6.22　Zr 处理钢焊接试样 CGHAZ 中 Al-Zr-O 与铁素体间的位置关系

图 6.23 是 Mg-Zr 处理实验钢焊接试样 CGHAZ 中 Al-Mg-Zr-O 与铁素体间的典型位置关系。可以看出，核心夹杂物 A 为 Al-Mg-Zr-O+MnS，其周围形成了 7 个铁素体条（α_1，α_2，α_3，α_4，α_5，α_6，α_7），其中 α_1，α_2，α_3，α_4，α_6 直接依附于夹杂物 A 形核长大，而 α_5 和 α_7 是感生形核铁素体。可见，在焊接热循环条件下，Al-Mg-Zr-O 夹杂物周围铁素体形核较为充分，表明该类夹杂物具有较强的诱导 IAF 形核能力。

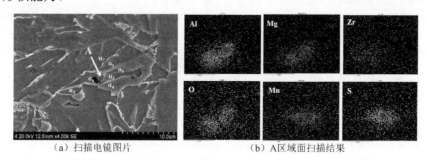

（a）扫描电镜图片　　　　　（b）A区域面扫描结果

图 6.23　Mg-Zr 处理钢焊接试样 CGHAZ 中 Al-Mg-Zr-O 与铁素体间的位置关系

综合来看，钢液在 Al 脱氧后进行适当的 Mg-Zr 复合处理，所生成的 Al-Mg-Zr-O 系夹杂物具有较强的诱导 IAF 形核的能力，可在确保实验钢母材获得良好力学性能的条件下，在一定程度上改善 54～100kJ/cm 线能量输入下对应的 CGHAZ 低温冲击韧性。

6.4　本章小结

（1）Mg 处理船板钢 CGHAZ 表现出了良好的低温韧性。在焊接线能量为 54～100 kJ/cm 时，焊接热模拟组织以 GB 和 IAF 为主，Mg 处理后产生的 Al-Mg-O+MnS 夹杂物发挥了诱导 IAF 形核的能力，有效抑制了粗大的 GBF 和 WF 组织。

（2）Zr 处理船板钢 CGHAZ 表现出良好的低温韧性。在焊接线能量为 54kJ/cm 和 80kJ/cm 时，焊接热模拟组织为 BF、GB、IAF 和 QF 的混合组织；焊接线能量为 100kJ/cm 时，焊接热模拟组织中产生大量的 QF，而 IAF 组织不明显。Zr 处理后产生的 Al-Zr-O+MnS 夹杂物与铁素体的位置关系主要可分为两种，分别是位于多边形铁素体和针状铁素体中。Zr 处理工艺获得良好的低温韧性是细小均匀的 QF 和 IAF 组织共同作用的效果。

（3）Mg-Zr 复合处理船板钢 CGHAZ 表现出良好的低温韧性。在焊接线能量为 54kJ/cm 和 80kJ/cm 时，焊接热模拟组织以 GB 和 IAF 为主；焊接线能量为 100kJ/cm 时，焊接热模拟组织中出现了少量 GBF。Mg-Zr 复合处理后产生的 Al-Mg-Zr-O+MnS 在焊接过程中诱导了 IAF 生成，有助于细化 CGHAZ 组织，改善了钢材的焊接性能。

参 考 文 献

[1]　陈延清. X80 高钢级管线钢埋弧焊丝的研究 [D]. 天津：天津大学, 2010.

[2]　Sarma D S, Karasev A V, Jonsson P G. On the role of non-metallic inclusions in the nucleation of acicular ferrite in steels [J]. ISIJ International, 2009, 49(7): 1063-1074.

[3]　Shi M H, Zhang P Y, Zhu F X. Toughness and microstructure of coarse grain heat affected zone with high heat input welding in Zr-bearing low carbon steel [J]. ISIJ International, 2014, 54(1): 188-192.

[4]　Farrar R A, Harrison P L. Acicular ferrite in carbon-manganese weld metals: an overview [J]. Journal of Materials Science, 1987, 22(11): 3812-3820.

[5]　Wan X L, Wei R, Wu K M. Effect of acicular ferrite formation on grain refinement in thecoarse-grained region of heat-affected zone [J]. Materials Characterization, 2010, 61(7): 726-731.

[6]　Chai F, Yang C F, Su H, et al. Effect of magnesium on inclusion formation in Ti-killed steels and micro-structural evolution in welding induced coarse-grained heat affected zone [J]. Journal of Iron and Steel Research International, 2009, 16(1): 69-74.

[7]　Yang J, Xu L Y, Zhu K, et al. Improvement of HAZ toughness of steel plate for high heat input welding by inclusion control with Mg deoxidation [J]. Steel Research international, 2015, 86(6): 619-625.

[8]　Chen Y T, Chen X, Ding Q F, et al. Microstructure and inclusion characterization in the simulated coarse-grain heat affected zone with large heat input of a Ti-Zr microalloyed HSLA steel [J]. Acta Metallurgica Sinica(English Letters), 2005, 18(2): 96-106.

[9]　Chai F, Yang C F, Su H, et al. Effect of zirconium addition to the Ti-killed steel on inclusions formation and microstructural evolution in welding induced coarse-grained heat affected zone [J]. Acta Metallurgical Sinica (English Letters), 2008, 21(3): 220-226.

[10]　Zhu K, Yang J, Wang R Z, et al. Effect of Mg addition on inhibiting austenite grain growth in heat affected zones of

Ti-bearing low carbon steels [J]. Journal of Iron and Steel Research, International, 2011, 18(9): 60-64.

[11]   Zhu K, Yang Z G. Effect of magnesium on the austenite grain growthof the heat-affected zone in low-carbon high-strength steels [J]. Metallurgical and Materials Transactions A, 2011, 42(8): 2207-2213.

[12]   Zhu K, Yang Z G. Effect of Mg addition on the ferrite grain boundaries misorientation in HAZ of low carbon steels [J]. Journal of Materials Science Technology, 2011, 27(3): 252-256.

[13]   Guo A M, Li S R, Guo J, et al.Effect of zirconium addition on the impact toughness of the heat affected zone in a high strength low alloy pipeline steel [J]. Materials Characterization, 2008, 59(2): 134-139.

[14]   Wang C, Misra R D K, Shi M H, et al. Transformation behavior of a Ti-Zr deoxidized steel: Microstructureand toughness of simulated coarse grain heat affected zone [J]. Materials Science and Engineering A, 2014, 594: 218-228.

[15]   李亚江, 王娟, 刘鹏. 低合金钢焊接及工程应用[M]. 北京: 化学工业出版社, 2003.

7 镁锆处理船板钢的相转变行为

第 4～6 章研究结果表明，凝固过程（空冷）和轧制过程中，镁处理和镁锆复合处理生成的 Al-Mg-O 和 Al-Mg-Zr-O 夹杂物均具有较强的诱导 IAF 生成能力，相反基准钢和锆处理后生成的 Al₂O₃ 和 Al-Zr-O 夹杂物并未显著促进 IAF 的生成。另一方面，焊接过程组织演变规律表明，Al-Mg-O、Al-Mg-Zr-O 和 Al-Zr-O 夹杂物均可成为 IAF 生成的诱导核心。尺寸为 $\Phi50mm\times100mm$ 的低铌钢空冷过程中，心部温度首先快速降低，随着时间的延续，温度降低速度减慢，在相变开始温度时对应的瞬时速率约为 1.08℃/s[1]。本章铸锭尺寸大于 $\Phi50mm\times100mm$，凝固过程冷却速率应稍大于 1.08℃/s。轧制过程中，相变过程冷速在 10℃/s；在焊接过程中，$t_{8/5}$ 为 40s、85s 和 137.5s 时对应的冷却速率分别约为 7.5、3.5 和 2.0℃/s。可以看出，在凝固、轧制和焊接过程中，固相转变过程中对应着不同的冷却速率。在诱导 IAF 生成方面，除了满足夹杂物成分、粒径等特征要求外，冷却速率很可能是影响其形核的重要因素。

基于此，本章在凝固、轧制和焊接组织研究的基础上，系统考察镁锆处理船板钢不同冷却速率条件下连续冷却转变行为，探究镁锆处理船板钢中 IAF 形核的生成条件，阐明镁锆处理对船板钢相变过程控制机理，为镁锆处理船板钢工业化应用提供指导。

7.1 研 究 方 案

7.1.1 钢连续冷却转变曲线简介

由于钢的正火、退火、淬火等热处理以及在铸、锻、轧、焊的冷却都是从高温连续冷却至低温，过冷奥氏体总是经历一个连续冷却转变过程，因此，实际过程中十分关注钢的连续冷却转变曲线（continuous cooling transformation，CCT）特征。钢连续冷却转变包括静态 CCT 和动态 CCT。静态 CCT 指连续降温前无变形，动态 CCT 曲线是指在连续降温前有变形的前提下得到的。为更真实地模拟实际过程中钢连续冷却转变特征，着重考察了实验钢动态 CCT 转变曲线。

通常采用膨胀法、金相法和热分析法测定过冷奥氏体的连续冷却转变图。利用快速膨胀仪可将待测试样真空感应加热到奥氏体状态，程序控制冷却速度，并能方便地从不同冷却速度的膨胀曲线上确定转变开始点、转变终了点所对应的温度和时间，将实验测得的数据标在温度-时间的对数坐标中，连接相同意义的点便得到过冷奥氏体连续冷却转变图。钢的 CCT 曲线是分析连续冷却过程中奥氏体转变过程及转变产物组织和性能的依据，也是制订钢的热处理工艺的重要参考资料。

7.1.2 相变温度确定原则

实验中依据 YB/T 5128—1993 标准，在 Origin8.5 软件中应用"切线法"和"杠杆定则"测量温度-膨胀量曲线上发生相变的温度点，根据各相组织的面积分数确定铁素体、珠光体和贝氏体相变点，并在 Origin8.5 中绘制出动态 CCT 图。

本章相开始转变温度和结束温度是基于钢高温相（γ 相）和低温相（α 相）间比容和膨胀系数相差很大的客观事实确定的。一般而言，钢基本相的比容关系是：马氏体＞贝氏体＞珠光体＞铁素体＞奥氏体＞碳化物；热膨胀系数则恰相反，是：奥氏体＞铁素体＞珠光体＞贝氏体＞马氏体。因此，在钢组织中，凡发生铁素体溶解，珠光体转变为奥氏体和马氏体转变为 α 相的过程将伴随体积的收缩；凡发生铁素体析出、奥氏体分解为珠光体或马氏体的过程将伴随体积的膨胀。即是说在发生相转变时，会同时存在相转变引起的体积效应和纯粹的热胀冷缩效应，破坏了膨胀量与温度间的线性关系。基于金属学原理，采用温度-膨胀量曲线上最先与直线偏离的那点所对应的温度来标定实验钢的各冷却速率下的相变开始和结束温度。

7.1.3 船板钢连续冷却过程组织转变区域认定

第 2 章已对 FH40 级船板钢可能形成的组织特征进行了分析，基于不同组织相变特征，通常认为多边形铁素体和准多边形铁素体为先共析铁素体相，粒状贝氏体和贝氏体铁素体归为贝氏体转变区域。然而，由现有的文献报道可知，针状铁素体的形核温度和归属范畴仍存在较大分歧。

截至目前，绝大多数的观点认为 IAF 属于中温转变，其相转变温度普遍位于 650～440℃，并将其归属于贝氏体转变温度范围。如 1971 年 Smith 等[2]最早对 IAF 进行的定义是"针状铁素体是在稍高于上贝氏体的温度范围，通过切变相变和扩散相变而形成的具有高密度位错的非等轴铁素体"。因此，从相转变机制看，Smith 等更倾向于将 IAF 定义为贝氏体范畴。再如，Babu[3]分析了钢从焊接温度冷却至室温过程中的相转变情况指出，在 800～300℃温度范围内的高温阶段，奥氏体首先会在 γ/γ 处形成晶界铁素体，进而覆盖这些奥氏体晶界。继续冷却，魏氏体铁素体会在 α/γ 界面处形核，并延伸至未转变的奥氏体晶粒内生长。在上述温度的低温阶段，针状铁素体将会在夹杂物上形核，如果晶粒内没有有效的夹杂物，残余的奥氏体相将会形成 BF，而不是 IAF。进一步冷却至室温，残余的奥氏体会全部或部分转变成马氏体相，这种混合的马氏体-奥氏体组织称之为 M-A 组分。基于 Badu 等[4-6]后续研究结果可知，他们一致认为 IAF 是形核于晶内夹杂物上的贝氏体。再如，Wan 等[7]研究了 IAF 对 CGHAZ 组织的细化作用的影响，得到了 IAF 和板条贝氏体，分别对上述组织回火至 650℃发现，IAF 的稳定性强于板条贝氏体，由此认为 IAF 形核温度应稍高于板条贝氏体形核温度。因此，IAF 形成倾向于在贝氏体开始形成点附近的温度范围。

然而，也有少部分学者将 IAF 转变温度归为高温转变区，转变温度位于珠光体转变之上。如 Yang 等[8]对含 Ti 非调质中碳钢中 IAF 形核进行了研究发现，在 2℃/s 冷却速度条件下能获得大量 IAF，在钢 CCT 曲线中作者将 IAF 转变区域归为高温转变，位于珠光体转变之上。同时他们认为能促进 IAF 转变的实验钢应具有较高的奥氏体分解温度，即认为能产生 IAF 的钢 CCT 曲线较不具有这种性质的实验钢 CCT 曲线有左移的趋势。再如，胡志勇等[9]采用高温共聚焦激光显微镜对含 Ti 复合夹杂物诱导 IAF 进行动态原位观察后指出，IAF 转变开始温度越接近 γ→α 相开始转变温度，越有利于其形核，可见他们仍将 IAF 归为高温转变产物。

相反，Ishikawa 等[10]通过研究高、低锰钢 CCT 曲线认为，CCT 曲线右移有助于获得 IAF。事实上，由珠光体和 Smith 等[2]提出的 IAF 形核机理可知，珠光体为扩散型相变，而 IAF 为半扩散和半切变相变，因此珠光体形核温度应高于 IAF 的形核温度。虽然退化珠光体的温度比珠光体的形核温度低，但仍应该高于 IAF 形核温度。Madariaga 等[11]研究了中碳钢连续冷却和等温过程中 IAF 形核情况，将 IAF 归为中温转变，位于珠光体转变之下。

综上，基于 IAF 组织本身的相转变特征，IAF 属于中温转变产物，形核温度应低于珠光体，且在贝氏体开始转变温度附近，并将其定义在贝氏体转变区域。

7.1.4　热模拟工艺

船板钢相转变行为研究对象选择四组有代表性的试样，包括原始工艺（未加 Mg/Zr）、Mg 处理（0.0026%Mg）、Zr 处理（0.0050%Zr）和 Mg-Zr 复合处理（0.0024%Mg+ 0.0054%Zr）试样。

将轧制后的钢板沿轧制方向采用线切割进行机械加工，试样尺寸 Φ8mm×12mm。使用 Gleeble3800 热模拟试验机，系统测定 0.1～30℃/s 冷速范围内实验钢连续冷却转变行为。具体过程为：将实验钢试样以 10℃/s 的速度加热到 1200℃，保温 5min 后以 5℃/s 的冷却速率冷却到 900℃，保温 20s 后进行变形量 0.4 单道次变形，变形速率为 1s^{-1}，然后分别以 0.1℃/s、0.5℃/s、1℃/s、2℃/s、5℃/s、10℃/s、20℃/s、30℃/s 的冷却速率冷却到室温，记录冷却过程中的热膨胀曲线，具体工艺如图 7.1 所示。将连续冷却后的试样沿轴向剖开观察显微组织，根据相变后的显微组织和热膨胀曲线绘制 CCT 曲线。

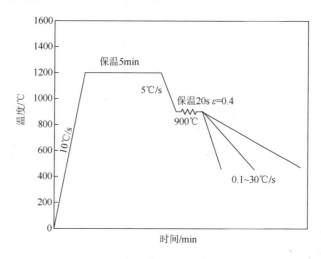

图 7.1 连续冷却转变工艺示意图

CCT 曲线制作时，使用维氏硬度计，在载荷为 **49N** 时测量热模拟试样热电偶所在位置硬度。测试时载荷保持时间为 10s。维氏硬度的压痕为菱形。每个试样测量 5 个以上硬度值，取其平均值作为材料的硬度值。

7.2 镁锆处理船板钢的连续冷却转变行为

7.2.1 镁锆处理船板钢的温度-膨胀量曲线

图 7.2 是实验钢热模拟实验中获得的不同冷却速率下对应的温度-膨胀量曲线对比情况。由图 7.2 可知，冷却速率为 0.1℃/s 时，四组实验钢热膨胀曲线均有明显的两个相变过程发生，结合后文显微组织特征分析可知，两个相变过程分别对应铁素体相变和珠光体相变。由于冷速较低，相变的过冷度较小，碳原子扩散速率大，在铁素体形核过程中将会向周围排碳，导致未转变奥氏体局部富碳，最终转变为珠光体相，但是实验钢中碳含量仅为 0.05%（质量分数），因此大部分相变仍是铁素体转变。随着冷却速率的增加，碳原子扩散能力减弱，奥氏体转变为各相是连续进行的，没有明显的分界点，所以温度-膨胀量曲线上呈现为单阶段。可以看出，随着冷却速率由 0.1℃/s 增至 30℃/s，过冷奥氏体开始转变温度均出现降低现象。

对比可知，低冷却速率下（0.1℃/s），Mg、Zr 单独和 Mg-Zr 复合处理均在一定程度上降低了实验钢珠光体开始转变温度。不同冷速下，Mg 单独和 Mg-Zr 复合处理略微降低了过冷奥氏体开始转变温度，相反，单独 Zr 处理钢对应的过冷奥氏体开始转变温度并没有降低，反而有增加趋势。

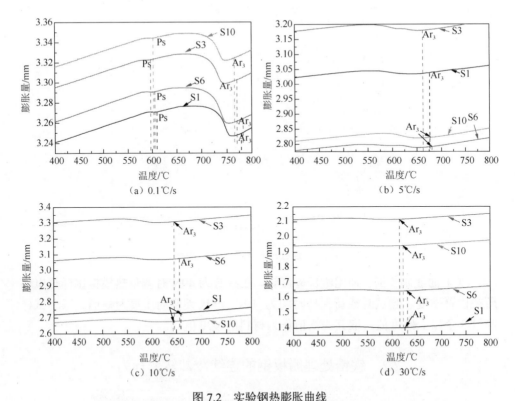

图 7.2　实验钢热膨胀曲线

Ar₃、Ps 分别为过冷奥氏体和珠光体开始转变温度

由现有的文献可知，关于 Zr 加入对钢相转变温度的影响仍存在较大分歧。在 1982 年，Pacey 等[12]报道了 Zr 对埋弧焊缝组织特征的影响。结果指出，添加少量 Zr 时能略微提高焊缝中针状铁素体的含量，而当 Zr 含量在 0.011%以上时，能显著促进贝氏体相，他们将产生这种现象归结为 Zr 添加降低了相转变温度。然而，Wang 等[13]在 2014 年报道了 Ti-Zr 脱氧微合金钢连续冷却转变行为，结果指出，含 Zr 钢冷却过程中相开始转变和结束转变温度均比基准钢高，这与 Pacey 等[12]报道的结果截然相反。

钢相转变理论表明[14]，强碳化物形成元素，当溶解在奥氏体中，能增加过冷奥氏体的稳定性，使等温转变曲线（TTT）右移。基于此原理 Zr 添加倾向降低 Ar₃温度。文献[14]同时指出，当钢中对应的强碳化物元素含量较多时，能在钢中形成稳定的碳化物，反而降低过冷奥氏体的稳定性，增加 Ar₃温度。Zr 处理钢析出相分析证实，Zr 处理钢中确实存在大量 10nm 左右的 Nb、Zr 的碳化物相。由此可见，Zr 处理钢具有较基准钢稍高的 Ar₃温度也是合理的。

7.2.2 镁锆处理船板钢的连续冷却组织

图 7.3 是 4 组实验钢在 0.1℃/s 冷却速率时对应组织的显微形貌。由图 7.3（a）可知，对于基准钢，在 0.1℃/s 冷却速率条件下，试样组织为典型的 PF 和 P 的混合相。由于冷速较低，珠光体产物存在明显的带状分布现象。经 Mg 处理后，试样组织仍是由 PF 和 P 构成，但珠光体呈零散分布，带状分布现象完全消失，如图 7.3（b）所示。经单独 Zr 和 Mg-Zr 处理试样中珠光体带状分布现象并未消失，与基准钢相比，珠光体带状条较细、条数更多，但在 Mg-Zr 复合处理试样中存在一些零散分布的珠光体，如图 7.3（c）和图 7.3（d）所示。随着冷却速率增至 0.5℃/s，基准钢［图 7.4（a）］和 Zr 处理钢［图 7.4（c）］珠光体带状分布现象稍有减弱，但仍存在较为明显的带状分布现象。值得一提的是，该冷却速率下，单独 Mg［图 7.4（b）］和 Mg-Zr 处理［图 7.4（d）］钢中带状分布现象消失，珠光体弥散分布在组织中。

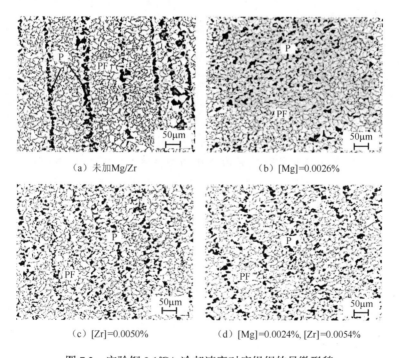

（a）未加Mg/Zr　　　　　　　（b）[Mg]=0.0026%

（c）[Zr]=0.0050%　　　　　　（d）[Mg]=0.0024%, [Zr]=0.0054%

图 7.3　实验钢 0.1℃/s 冷却速率对应组织的显微形貌

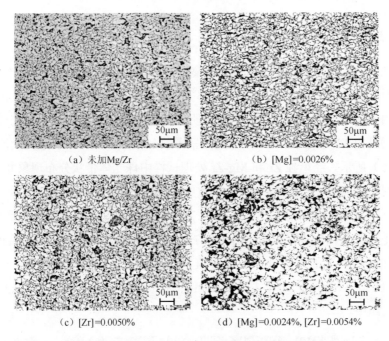

（a）未加Mg/Zr　　　　　　　　（b）[Mg]=0.0026%

（c）[Zr]=0.0050%　　　　　　（d）[Mg]=0.0024%，[Zr]=0.0054%

图 7.4　实验钢 0.5℃/s 冷却速率对应组织的显微形貌

当冷却速率增至 1℃/s 时，如图 7.5 所示，可以发现，基准钢、单独 Zr 及 Mg-Zr 复合处理钢中珠光体带状分布特征消失。因冷却速率的提高，相转变点温度降低，除了 PF 外，产生了一种形状接近于多边形，内部也无其细节，但边界极不规整的转变产物，即准多边形铁素体（QF）。对比来看，基准钢组织仍是以铁素体和 P 为主，如图 7.5（a）所示。经 Mg 处理后，试样中除了铁素体和 P 外，还出现了 IAF 组织，IAF 条间分布着粒状或短片状的珠光体，如图 7.5（b）所示。由此证实，经 Mg 处理后，试样能在相对较低的冷速条件下（1℃/s）获得 IAF。经 Zr 处理后，组织中仍以 PF 和 P 为主，并未出现 IAF。在一些多边形铁素体之间形成了粒状或短片状的珠光体，如图 7.5（c）所示。Mg 和 Zr 同时处理后，组织构成与单独 Zr 处理钢类似，也存在一些粒状或短片状的珠光体。不同的是，铁素体更加细小，且其形貌普遍为等轴状，如图 7.5（d）所示。

图 7.6 是不同处理工艺条件下的实验钢在 2℃/s 冷却速率对应组织的显微形貌。可以发现，冷速由 1℃/s 提高至 2℃/s，基准钢［图 7.6（a）］、Zr 处理钢［图 7.6（c）］和 Mg 处理钢［图 7.6（b）］热模拟组织构成并未发生明显变化，即基准钢和 Zr 处理钢均主要为铁素体和 P，而 Mg 处理钢主要包括 PF、IAF 和 P。值得指出的是，Mg-Zr 复合处理钢热模拟组织中除了 PF 和 P 外，也出现了一定量的 IAF。可见，经 Mg-Zr 复合处理后，也能在较低冷速下获得 IAF，如图 7.6（d）所示。

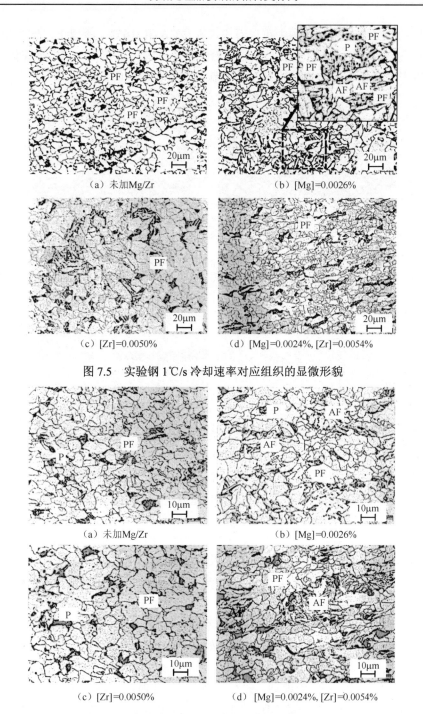

（a）未加Mg/Zr　　　　　　　　　（b）[Mg]=0.0026%

（c）[Zr]=0.0050%　　　　　　　（d）[Mg]=0.0024%, [Zr]=0.0054%

图 7.5　实验钢 1℃/s 冷却速率对应组织的显微形貌

（a）未加Mg/Zr　　　　　　　　　（b）[Mg]=0.0026%

（c）[Zr]=0.0050%　　　　　　　（d）[Mg]=0.0024%, [Zr]=0.0054%

图 7.6　实验钢 2℃/s 冷却速率对应组织的显微形貌

图 7.7 和图 7.8 分别是不同处理工艺条件下实验钢在 5℃/s 和 10℃/s 冷却速率

对应组织的显微形貌。从图中可以看出，在 5℃/s 和 10℃/s 冷速下，试样中珠光体相已几乎完全消失，这主要是由于随着连续冷却速度的提高，试样奥氏体-铁素体转变温度降低，导致连续冷却过程中珠光体转变受到明显限制。

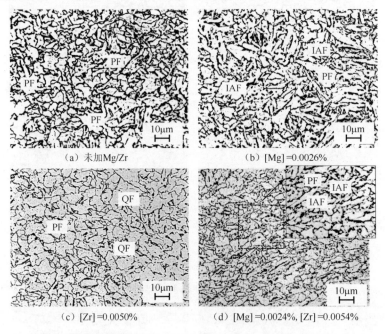

（a）未加Mg/Zr　　　　　　　　　　　　（b）[Mg] =0.0026%

（c）[Zr] =0.0050%　　　　　　　　（d）[Mg] =0.0024%, [Zr] =0.0054%

图 7.7　实验钢 5℃/s 冷却速率对应组织的显微形貌

从试样组织构成来看，当冷却速率为 5℃/s 时，基准钢组织中主要由 PF、QF 和少量 IAF 和 GB 构成，如图 7.7（a）所示。冷却速率提高至 10℃/s 后，奥氏体-铁素体转变温度的继续降低，试样中 PF 量减少，取而代之的是大量 QF 和少量贝氏体（主要为 IAF 和 GB），如图 7.8（a）所示。

经 Mg 处理后，冷却速率为 5℃/s 时，试样组织中主要包括 IAF、GB 及少量铁素体相，表明试样组织已基本演变为贝氏体相，如图 7.7（b）所示。冷却速率为 10℃/s，试样组织依然主要为贝氏体相，但是 GB 含量稍有增加，而 IAF 量有降低趋势，如图 7.8（b）所示。

经 Zr 处理后，与单独 Mg 处理试样不同，试样组织主要为铁素体相，主要包括 PF 和 QF，如图 7.7（c）所示。不仅如此，当冷却速率提高至 10℃/s，试样组织中除大量 QF 外，也出现了少量 IAF，如图 7.8（c）所示。

对于 Mg 和 Zr 复合处理钢，冷却速率为 5℃/s 时，等轴铁素体量有所降低，同时出现了大量 IAF 和少量 GB，如图 7.7（d）所示。冷却速率为 10℃/s 时，与 Mg 处理类似，试样组织已基本演变为贝氏体相，组织中也包括 IAF 和 GB，如图 7.8（d）所示。

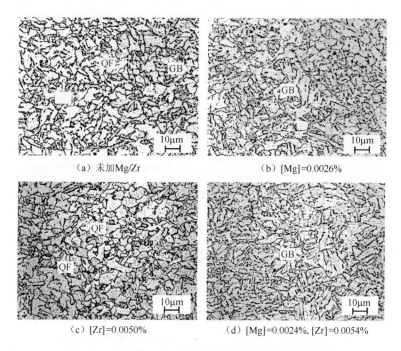

（a）未加Mg/Zr   （b）[Mg]=0.0026%

（c）[Zr]=0.0050%   （d）[Mg]=0.0024%, [Zr]=0.0054%

图 7.8 实验钢 10℃/s 冷却速率对应组织的显微形貌

图 7.9 是不同处理工艺条件下的实验钢在 20℃/s 冷却速率对应组织的显微形貌。对比来看，尽管冷却速度较高，但基准钢 ［图 7.9（a）］ 和 Zr 处理钢 ［图 7.9（c）］ 对应组织除了贝氏体外，仍存在少量铁素体相，且 Zr 处理钢较基准钢铁素体含量稍高。相反，经单独 Mg 和 Mg-Zr 处理后，该冷速下对应组织已完全演变为贝氏体相（主要为 GB 和 IAF）。由图 7.9（b）和图 7.9（d）可知，Mg 处理钢主要包括 IAF、GB 和 BF 组织，而 Mg-Zr 复合处理钢在该冷速下以 GB 为主。

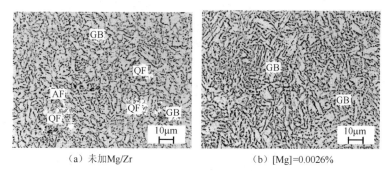

（a）未加Mg/Zr   （b）[Mg]=0.0026%

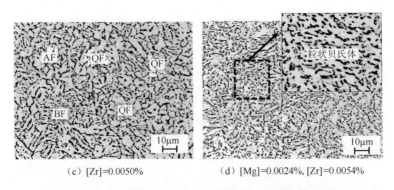

(c) [Zr]=0.0050%　　　　　　　　(d) [Mg]=0.0024%, [Zr]=0.0054%

图 7.9　实验钢 20℃/s 冷却速率对应组织的显微形貌

7.2.3　镁锆处理船板钢组织的显微硬度

　　为进一步验证 Mg、Zr 处理对船板钢连续冷却转变组织的作用效果，本节对上述试样在不同冷速对应的显微组织的硬度进行了测量，结果如图 7.10 所示。可以发现，在 0.1℃/s 冷却速率时，基准钢、单独 Mg、Zr 和 Mg-Zr 复合处理试样显微硬度平均数值分别为 120 HV0.2、156 HV0.2、132 HV0.2 和 138 HV0.2。结合试样显微组织可知，该冷速下，Mg 处理试样珠光体带状分布特征完全消失，保证了试样具有较高的显微硬度。单独 Zr 和 Mg-Zr 处理试样中带状分布并未完全消失，但与基准钢相比，珠光体带状条更细、条数较基准钢更多，这也进一步保证试样具有相对较高的显微硬度。

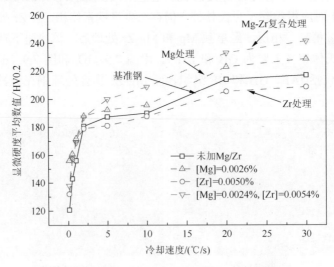

图 7.10　实验钢在不同冷速下对应的显微硬度数值

　　随着冷却速率增至 5℃/s 以后，上述实验钢显微硬度呈现出不同规律，4 组实验钢显微硬度平均数值大小顺序为：Mg-Zr＞Mg＞未加 Mg/Zr＞Zr。可见，单独

Mg 和 Mg-Zr 复合处理试样显微硬度普遍稍高于基准钢，相反，Zr 处理试样却低于基准钢。分析认为，冷速在 5～30℃/s 时，单独 Mg 和 Mg-Zr 复合处理试样已接近全贝氏体组织（主要包括 IAF、GB 和 BF），贝氏体相具有优异的强度和韧性配比，这是试样具有较高显微硬度的重要原因。然而，从 Zr 处理试样组织可看出，在该冷速范围内，试样组织中仍含有铁素体相，由于铁素体是一种软韧相，因此具有相对较低的显微硬度。综上，实验钢组织显微硬度测量结果表明，与实验钢组织构成具有较强的一致性。

7.2.4 镁锆处理船板钢的连续冷却转变曲线

基于不同工艺实验钢膨胀曲线和显微组织特征，绘制出了实验钢的连续冷却转变曲线，结果如图 7.11 所示。由图 7.11 可知，冷速在 0.1～30℃/s 范围内，实验钢 CCT 曲线普遍存在如下规律：①在较低冷速下，由于碳原子扩散能力较强，相转变温度较高，转变产物以铁素体 F 和珠光体 P 为主。②在较高冷速下，由于实验钢过冷度增大，碳原子扩散能力显著降低，先共析铁素体形核受到抑制，转变产物以贝氏体 B 为主。

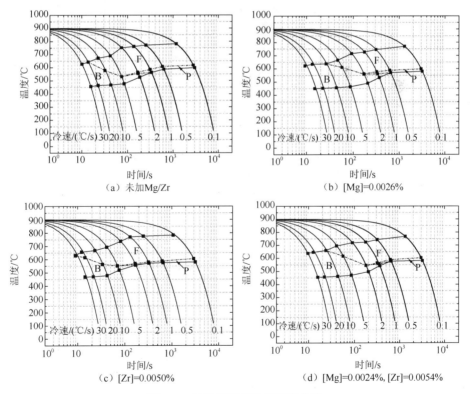

图 7.11 实验钢连续冷却转变曲线

由图 7.11（a）可知，未添加 Mg/Zr 钢在低冷却速率范围（低于 2℃/s），主要存在珠光体和先共析铁素体两个相变过程，冷却速率在 2℃/s 以上时，开始存在少许贝氏体转变，当冷却速率增至 20℃/s 后，转变产物才以贝氏体为主。

为深入分析单独 Mg、Zr 及 Mg-Zr 处理对实验钢 CCT 曲线的影响，将上述 CCT 曲线与基准钢对比结果绘制在同一幅图中进行讨论，对比结果如图 7.12 所示。

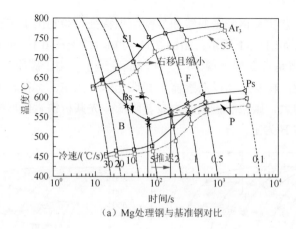

（a）Mg处理钢与基准钢对比

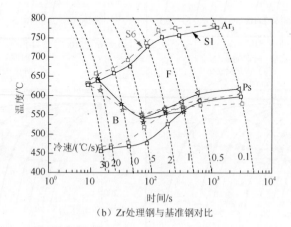

（b）Zr处理钢与基准钢对比

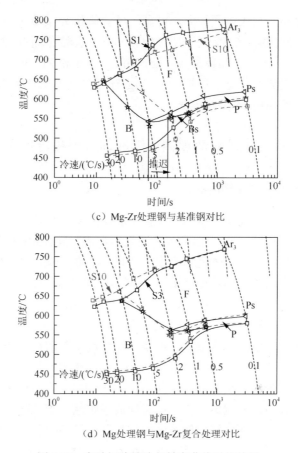

（c）Mg-Zr处理钢与基准钢对比

（d）Mg处理钢与Mg-Zr复合处理对比

图 7.12　实验钢连续冷却转变曲线对比结果

由图 7.12（a）可知，与基准钢相比，Mg 处理钢 CCT 曲线右移，具体特征如下：①转变曲线中相开始转变点有下降趋势（Ar₃），铁素体相区右移，且对应面积有缩小趋势，表明 Mg 添加在一定程度上抑制了先共析铁素体的析出。②珠光体区域面积有减少的趋势，且珠光体转变开始点降低，转变也出现了推迟趋势。③贝氏体区域面积有扩大趋势，在冷却速率低至 5℃/s、高至 30℃/s 时都可得到接近全贝氏体的转变组织。

由图 7.12（b）可知，与基准钢相比，Zr 处理钢 CCT 曲线左移，具体特征如下：①不同冷速下 Zr 的添加对过冷奥氏体开始转变温度并未降低，反而有略微增加的趋势。②Zr 添加后珠光体开始转变点降低，推迟作用不明显。③Zr 添加扩大了 CCT 曲线中铁素体相区，减小了贝氏体相区，冷却速度提高至 20℃/s 以上可得到以贝氏体为主的组织。

由图 7.12（c）可知，与基准钢相比，Mg 处理钢 CCT 曲线右移，具体特征如下：Mg、Zr 同时添加能降低奥氏体-铁素体转变开始点和珠光体转变开始点，使铁素体区右移缩小，贝氏体区扩大，可见，尽管单独 Zr 添加后实验钢 CCT 曲线中贝氏体区域面积有减少趋势，但添加 Mg 后，也可获得较大区间的贝氏体转变区。

由图 7.12（d）可知，与单独 Mg 处理相比，Mg 和 Zr 同时处理试样 CCT 曲线有略微左移的趋势。可见，尽管 Mg、Mg-Zr 添加均能降低奥氏体-铁素体转变开始点，但是降低作用 Mg>Mg-Zr。

7.3　镁锆处理对船板钢连续冷却过程相转变的影响

7.3.1　镁锆处理对珠光体相区的影响

研究证明，在较低冷速范围内，试样组织均为多边形铁素体和珠光体，但珠光体形貌特征并不相同。对比 0.1℃/s 冷速组织形貌，只有 Mg 处理完全消除了珠光体带状组织，最终使珠光体呈细小弥散分布。单独 Zr 和 Mg-Zr 处理条件下珠光体带状分布并未消失。随着冷速增至 0.5℃/s，单独 Zr 处理钢带状分布现象依然存在，而 Mg-Zr 复合处理钢带状分布现象消失，由此表明，低冷速下（0.1～0.5℃/s），镁锆处理对珠光体带状分布改善强弱顺序为：Mg>Mg-Zr>Zr。

影响钢中带状组织的因素很多，但是带状程度主要取决于合金元素的枝晶偏析、冷却速度（连续冷却）、奥氏体晶粒大小。锰和碳固态相变中发生不均匀的重新分布是钢中产生带状组织的主要原因[15]。由于钢在固态相变过程中形成枝晶间偏聚，在变形过程中成分偏聚区被变形延伸成条带状分布，冷却时锰或碳偏聚区的局部相变温度较低，而低锰或低碳区的相变温度较高，首先形成铁素体并导致碳和锰进一步富集到偏聚区，最后形成铁素体-珠光体带状组织。通常情况下，增加冷却速度使溶质富集区在形成珠光体之前完成奥氏体-铁素体相变，避免铁素体-珠光体带状组织产生。

结合现有的文献报道可知，不同学者也报道了 Mg 对钢中碳化物的细化作用。如，毛卫民等[16-17]指出，微量 Mg 可使高速钢中片状的 M_2C 型共晶碳化物转变为鱼骨状的 M_6C 型共晶碳化物，使其分布有所改善，且适量的 Ti 和 Mg 复合加入可进一步改善共晶碳化物的分布。再如，孙文山等[18]认为适量 Mg 能使 35CrNi₃MoV 钢晶内和晶界成条粗大的碳化物细化，改善了钢的显微组织和晶界状态，使晶内和晶界的裂纹不容易产生与扩展，利于钢力学性能的改善。再如，周德光等[19]研究指出，残留在钢中的 Mg 能起分散和细化碳化物的作用，使高温合金的塑性和热强度普遍提高。Mg 含量增加到 0.0015% 以上时，轴承钢的碳化物偏析明显改善。再如，王亮亮等[20]研究发现，含 Mg 模具钢中部分碳化物在 Mg-Al 夹杂物周围析出，呈球形、尺寸小于 10μm，有利于改善钢的性能。

基于此，可以认为，之所以 0.1～0.5℃/s 较低冷却速度时实验钢珠光体存在显著区别，与 Mg 和 Zr 对钢中碳元素的作用不同有很大关系。从元素间相互作用系数看，Mg 对 C 相互作用系数为正数[21]（0.07），它的引入会在一定程度上增加碳的活度系数（f_C，如式 7.1），使碳在珠光体转变前沿分布更加均匀，碳富集区减少，进而不利于形成珠光体带状组织。相反 Zr 对 C 相互作用系数为负数[21]（−0.07），它的引入却会在一定程度上降低碳的活度系数（f_C），不利于珠光体转变前沿碳元素的均匀分布，最终使珠光体仍呈现带状分布现象。Liu 等[22]基于类似的机理指出，由于 RE 与 C 间的相互作用系数为负数，最终使 RE 添加抑制了钢中碳元素的扩散。对比来看，Mg-Zr 复合添加时，尽管在 0.1℃/s 冷速下珠光体带状分布现象并未完全消失，但由于钢中 Mg 的存在，组织中部分珠光体也偏离带状分布区域，在 0.5℃/s 冷速下，珠光体带状分布现象消失。可见，尽管 0.0050%Zr 处理条件下未能在较低冷却速度下避免珠光体带状组织的产生，但由于 Mg 的加入，也能在相对较低的冷速条件下避免珠光体带状组织的产生。

$$\lg f_C = e_C^i [\text{pct } i] + e_C^M [\text{pct } M = \text{Mg}, \text{Zr}] \qquad (7.1)$$

式中，f_C 为活度系数；e_C^i 为钢中组元 i 对 C 的相互作用系数。

另一方面，对比镁锆处理船板钢珠光体转变区域特征可发现，单独 Mg、Zr 和 Mg-Zr 处理均降低了珠光体开始转变点。珠光体是铁素体和渗碳体的混合物，珠光体的形核包括铁素体和渗碳体的形核，且都可成为领先相。在珠光体转变过程中，领先相大多在奥氏体晶界上形核。这些区域缺陷较多、能量较高、原子容易扩散，容易满足形核所需的成分起伏、能量起伏和结构起伏条件。基于此，相转变过程中，奥氏体晶界特征成为影响珠光体转变的关键因素。

依据李玉清等[23-24]提出的溶质原子的原子错配度概念，分析 Mg、Zr 元素的晶界偏聚作用。文献[23]、[24]将钢中溶质原子与铁基体间的原子错配度定义为式（7.2）。

$$\delta_M = \frac{D_M - D_s}{D_s} \times 100\% \qquad (7.2)$$

式中，D_M 和 D_s 分别为 M 溶质原子直径和铁原子直径。

当 $\delta_M \neq 0$ 时，溶质原子将向晶界偏聚，并在晶界上找到适合其尺寸的空隙，降低其位能和晶界能，而且错配度愈大，它们向晶界偏聚的倾向就愈强。

表 7.1 是实验钢中 Mg、Zr 和 Fe 的原子半径和晶格常数对比，计算可知 Mg、Zr 溶质原子与 Fe 原子具有相同的错配度，约为 26%，两者向晶界偏聚能力相当，具有显著的晶界偏聚效应。

表 7.1　实验钢中 Mg、Zr 原子晶格常数[21]

物质	结构	原子直径/nm	与 Fe 原子错配度/%	晶格常数/nm
δ-Fe	bcc	0.2545	—	$a=0.2932$
γ-Fe	fcc	0.2525	—	$a=0.3656$
α-Fe	bcc	0.2545	—	$a=0.2886$
Mg	hcp	0.3206	26	$a=0.321$，$c=0.521$
Zr	hcp	0.3196	26	$a=0.323$，$c=0.514$

此外，刘宏亮[25]指出，当合金原子半径与基体原子半径差较小时，晶体点阵畸变能显著降低，则合金原子优先固溶于晶格内，而当原子半径差较大时，则合金原子倾向于偏聚晶界。Hume-Rothery 理论[26]也指出，有利于合金元素大量固溶的原子尺寸条件为合金两组元的原子半径差与基体原子半径的比不超过 15%原子半径（即原子错配度）。由于 Mg 和 Zr 与铁的原子错配度均为 26%，因此，基于Hume-Rothery 理论也可得出 Mg 和 Zr 的晶界偏聚倾向很大。尽管很难寻找适宜手段表征 Mg、Zr 在晶界的偏聚行为，但可根据本研究结果推测，珠光体的转变点降低现象与 Mg、Zr 具有较强的晶界聚集倾向有很大关系。

7.3.2　镁锆处理对 IAF 生成的影响

前文结果表明，粒径为 1.5～3.0μm 范围内的 Al-Mg-O+MnS 和 Al-Mg-Zr-O+（MnS）能促进 IAF 的形核，而 Al₂O₃+MnS 和 Al-Zr-O+MnS 多位于多边形铁素体中，诱导 IAF 形核能力较弱。通过对实验钢不同冷却速率中 IAF 形核情况的研究可知，冷却速率也将显著影响 IAF 的形核。

从不同冷速试样组织形貌看，Mg 处理和 Mg-Zr 复合处理钢在较低速下就出现了 IAF，它们分别在 1℃/s 和 2℃/s 就出现了 IAF，且试样能在 5～10℃/s 范围内获得大量 IAF。图 7.13 是 Mg 处理和 Mg-Zr 复合处理试样分别在 1℃/s 和 2℃/s

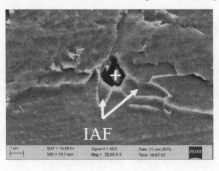
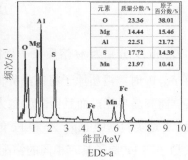

元素	质量分数/%	原子百分数/%
O	23.36	38.01
Mg	14.44	15.46
Al	22.51	21.72
S	17.72	14.39
Mn	21.97	10.41

EDS-a

（a）

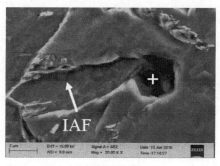
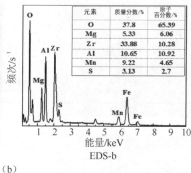

元素	质量分数/%	原子百分数/%
O	37.8	65.39
Mg	5.33	6.06
Zr	33.88	10.28
Al	10.65	10.92
Mn	9.22	4.65
S	3.13	2.7

（b）

图 7.13　Mg 处理试样 1℃/s 冷速对应的夹杂物诱导 IAF 形核（a）和 Mg-Zr 复合处理试样 2℃/s 冷速对应的夹杂物诱导 IAF 形核（b）

冷速时试样中的典型夹杂物诱导 IAF 形核扫描电镜形貌。可以证实，Al-Mg-O+MnS 和 Al-Mg-Zr-O+MnS 确实诱导了 IAF 形核，使试样能在较低冷速下获得 IAF，从而有利于提高贝氏体开始转变温度（B_s）。

　　对比来看，基准钢和 Zr 处理钢试样，在 1～2℃/s 冷速范围内，试样组织形貌依然为铁素体（包括 PF 和 QF）和珠光体，并未出现明显的 IAF 组织。推测产生这种现象的原因应该与钢中夹杂物促进 IAF 形核能力较弱有关，这与凝固组织研究结果一致。当冷速增至 5℃/s 时，基准钢试样组织中出现了少量 IAF，IAF 量显著少于 Mg 和 Mg-Zr 处理试样，其典型例子如图 7.14 所示。由图可知，即使在相同冷速条件下，Al_2O_3+MnS 诱导 IAF 生成的效果并非完全相同，如图 7.14（a）中 Al_2O_3+MnS 仍位于多边形铁素体中，其面扫描结果如图 7.15 所示，该类夹杂物成分主要为 Al_2O_3，表面并未附着明显的 MnS。相反，图 7.14（b）和图 7.14（c）

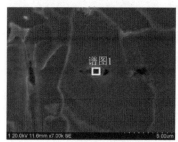
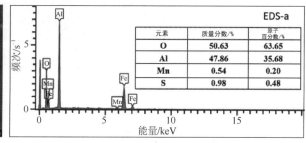

EDS-a

元素	质量分数/%	原子百分数/%
O	50.63	63.65
Al	47.86	35.68
Mn	0.54	0.20
S	0.98	0.48

（a）

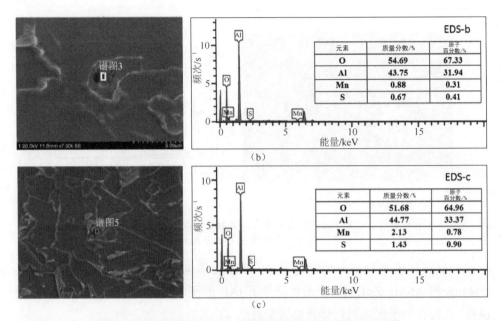

图 7.14 基准钢试样 5℃/s 冷速对应的夹杂物诱导 IAF 形核

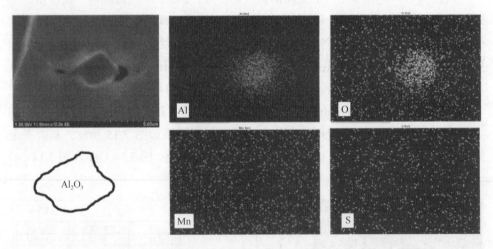

图 7.15 S1 钢中不能诱导针状铁素体形核的典型夹杂物面扫描分析结果

中 Al_2O_3+MnS 诱发了 IAF 形核，但图 7.14（b）中 IAF 并未得到充分长大。图 7.16 是上述 Al_2O_3+MnS 的面扫描结果，可以发现，IAF 是以 Al_2O_3 表面的 MnS 相存在位置形核长大的。对比可知，在该冷速下，Al_2O_3 依然未能促进 IAF 形核，而表面附着 MnS 的 Al_2O_3 一定冷速下能诱导 IAF 形核。基于第 2 章分析，可用贫锰区机制来解释 Al_2O_3+MnS 诱导 IAF 形核。

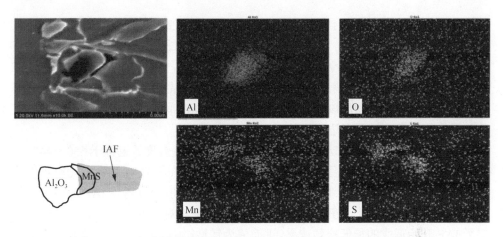

图 7.16　S1 钢中能诱导针状铁素体形核的典型夹杂物面扫描分析结果

对于 Zr 处理钢，在 1～2℃/s 范围内 IAF 组织并不明显，在 5℃/s 时出现极少量 IAF，典型例子如图 7.17 所示，其面扫描结果如图 7.18 所示。可以看出，Al-Zr-O+MnS 表面 IAF 主要依附于 MnS 和 Al-Zr-O 位置形核的，但从 IAF 形貌看，铁素体仍较大，针状并不十分明显。

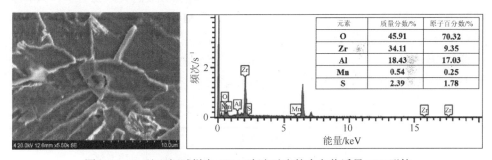

元素	质量分数/%	原子百分数/%
O	45.91	70.32
Zr	34.11	9.35
Al	18.43	17.03
Mn	0.54	0.25
S	2.39	1.78

图 7.17　Zr 处理钢试样在 5℃/s 冷速对应的夹杂物诱导 IAF 形核

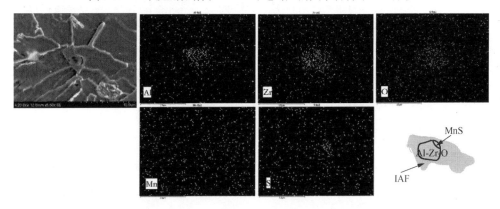

图 7.18　Zr 处理钢中能诱导针状铁素体形核的典型夹杂物面扫描分析结果

值得指出的是，在低于 1℃/s 冷速时，即使是单独 Mg 和 Mg-Zr 处理试样组织中也是以 PF 和 P 为主，并未出现 IAF。表明冷速过低时夹杂物诱导 IAF 形核能力较弱。事实上，较低冷却速度时，相变温度较高，尽管存在能显著诱导 IAF 形核的夹杂物粒子，但铁素体依然优先依附于奥氏体晶界形核形成 PF 组织，即使铁素体依附于夹杂物形核，较低冷却下高温停留时间长铁素体长大也将更加充分，最终使铁素体呈现多边形形貌。

绝大多数的观点认为 IAF 属于中温转变，其相转变温度普遍位于 650～440℃，并将其归属于贝氏体转变温度范围[27-31]。Gregg 等[32]在探究 Ti 系夹杂物对贝氏体转变的影响中指出，TiO_2、Ti_2O_3 和 TiO 三类夹杂物均能通过诱导 IAF 形核来促进贝氏体的形成。基于此，正是由于不同镁锆系夹杂物对 IAF 形核能力不同最终决定了 IAF 开始形成的最低冷却速率，进而成为镁锆影响实验钢 CCT 曲线中贝氏体转变区域的根本原因。

综合凝固过程、轧制过程、焊接过程以及联系冷却转变过程中镁锆系夹杂物诱导铁素体的形核行为，可归纳出本研究条件下具有诱导 IAF 形核功能的相关氧化物粒子的成分、粒度和冷却速度等条件，具体如表 7.2 所示。由表可知，IAF 形核至少应具备的两个条件是适宜的冷却速度和存在有效的夹杂物粒子，只有上述两个条件同时满足时 IAF 才能形核长大。Mg、Mg-Zr 处理条件下，IAF 形核冷速范围较宽，分别能在 1～20℃/s 和 2～10℃/s 获得。基准钢和 Zr 处理钢，IAF 形核范围较窄，在 5℃/s 才出现少量 IAF。也就是说，Al-Mg-O 和 Al-Mg-Zr-O 诱导 IAF 形核能力显著强于 Al_2O_3 和 Al-Zr-O。

表 7.2　本研究中相关氧化物粒子诱导 IAF 形核汇总

夹杂物	IAF 形核条件					说明
	成分	粒径/μm	冷速/(℃/s)	典型形貌	可能机制	
Al_2O_3	Al_2O_3+MnS	1.5～3.0	≥5		贫锰区机制	表面未附着 MnS 时诱导能力弱
Al-Mg-O	Al-Mg-O+（MnS）	1.5～3.0	1～20		贫锰区和最低错配度机制	低于 1℃/s 诱导能力弱
Al-Zr-O	Al-Zr-O+MnS	1.5～3.0	≥5		贫锰区机制	夹杂物普遍冷速下诱导能力较弱

夹杂物	IAF 形核条件					说明
	成分	粒径/μm	冷速/(℃/s)	典型形貌	可能机制	
Al-Mg-Zr-O	Al-Mg-Zr-O	1.5~2.0	2~10	Al-Mg-Zr-O IAF	—	低于 2℃/s 诱导能力弱，即使表面不附着 MnS 也能诱导 IAF 形核
	Al-Mg-Zr-O+MnS	1.5~3.0	2~10	Al-Mg-Zr-O MnS IAF	贫锰区机制	

7.3.3　凝固、轧制和焊接组织与热模拟组织的对比

为明确 Mg、Zr 对船板钢组织的作用规律，进一步对比了实验钢凝固、轧制和焊接与热模拟组织特征，以明确 Mg、Zr 对钢组织的影响，对比结果如表 7.3 所示。

表 7.3　镁锆处理船板钢在不同冶金过程中组织演变规律对比

工艺条件	凝固组织 （空冷）	轧制组织 /（10℃/s）	焊接组织 （7.5℃/s、3.5℃/s 和 2.0℃/s）	热模拟组织演变规律 （0.1~30℃/s）
Al 脱氧（S1）	PF+P	PF+P+少量 B	随着冷速降低，PF 增多	—
Al 脱氧+Mg 处理 （S3）	PF+P+IAF	B 为主	冷速范围，IAF+GB	铁素体相区呈缩小，贝氏体相区呈扩大趋势，能在较低冷速下获得 IAF
Al 脱氧+Zr 处理（S6）	PF+P	PF+QF+少量 P	随着冷速降低，QF 增多	铁素体相区呈扩大趋势，IAF 形核冷速范围较窄
Al 脱氧+Mg-Zr 处理 （S10）	PF+P+IAF	PF+B	冷速范围，IAF+GB	铁素体相区呈缩小，贝氏体相区呈扩大趋势，能在较低冷速下获得 IAF

凝固过程中，冷却速率较低，因 Al_2O_3 和 Al-Zr-O 诱导 IAF 形核能力弱，基准钢和 Zr 处理钢组织为 PF 和 P，并未出现明显的 IAF。而 Mg 和 Mg-Zr 复合处理钢组织中除了 PF 和 P 外，还形成了一定量的 IAF。也就是说，Mg 和 Mg-Zr 处理钢能在较低冷却速率下获得 IAF。基于镁锆处理实验钢连续冷却转变行为，可估测本研究中铸锭在空冷过程中相变温度区冷却速率近似在 1.0~2.0℃/s 冷速范围，与前文分析一致。此外，根据 Vanovsek 等[33]的研究结果可知，凝固过程与焊接过程冷却条件类似，因此，凝固组织中出现 IAF 也可为焊接过程出现 IAF 提供有力保证。

轧制过程中，$\gamma \rightarrow \alpha$ 相变时对应的冷却速率是 10℃/s。组织检测表明，基准钢和 Zr 处理钢组织中 IAF 量较少，仍存在较多的铁素体，而 Mg 和 Mg-Zr 处理钢

组织中存在大量的贝氏体相，且组织中多边形铁素体受到了明显抑制，这与热模拟 10℃/s 冷却条件下获得的组织特征吻合。

焊接过程中，$t_{8/5}$ 为 40s、85s 和 137.5s 时对应的冷却速率分别约为 7.5℃/s、3.5℃/s 和 2.0℃/s。可以发现，随着 $t_{8/5}$ 的增加，基准钢和 Zr 处理钢组织中铁素体量增加，$t_{8/5}$ 为 137.5s 时，基准钢出现了大量粗大的 PF，而 Zr 处理钢组织以 QF 为主。相反，Mg 和 Mg-Zr 处理钢在三个线能量输入条件下存在大量的 IAF 和 GB，而 PF 和 QF 量较少，这与热模拟结果变化趋势基本吻合。

综上所述，虽然凝固、轧制和焊接等冶金过程与热模拟条件存在一定差异，但从冷却速率方面分析看，本研究得到的 Mg、Zr 对船板钢组织的作用规律是一致的。

7.4　本　章　小　结

（1）当钢中镁含量为 0.0026% 时，船板钢能在较低冷却速度（如 0.1℃/s 和 0.5℃/s）条件下抑制珠光体带状组织产生，珠光体呈细小弥散分布。镁处理后产生的 Al-Mg-O 夹杂物具有较强的诱导 IAF 形核能力，使船板钢能在 1～20℃/s 较宽冷速范围内获得 IAF，促使船板钢连续冷却转变曲线中贝氏体相区呈现扩大的趋势，而先共析铁素体区呈现缩小的趋势。

（2）当钢中锆含量为 0.0050% 时，与未处理钢类似，在较低冷却速度下仍存在珠光体带状组织。锆处理后产生的 Al-Zr-O 夹杂物诱导 IAF 形核能力较弱，船板钢连续冷却过程中 IAF 形核冷速范围较窄，在 5℃/s 才出现少量的 IAF。经锆处理后，船板钢连续冷却转变曲线中先共析铁素体相区呈现扩大趋势，贝氏体转变相区有缩小趋势。

（3）当钢中镁锆含量分别为 0.0024%Mg 和 0.0054%Zr 时，船板钢能在 0.5℃/s 冷却速率时抑制珠光体带状组织的产生。镁锆复合处理后产生的 Al-Mg-Zr-O 夹杂物具有较强的诱导 IAF 形核能力，使船板钢能在 2～10℃/s 冷却速率范围内获得 IAF，最终促使船板钢连续冷却转变曲线中贝氏体相区呈现扩大的趋势，而先共析铁素体区呈现缩小的趋势。

（4）以上研究结果表明，配合适当的加工工艺，适当的镁处理、镁锆复合处理均可在一定程度上控制钢材组织，进而改善钢材的力学性能，在低碳微合金钢，特别是焊接用钢领域具有广阔的应用前景。

参 考 文 献

[1]　刘毅. 空冷条件下金属相变潜热对组织转变的影响研究[D]. 唐山: 河北理工大学, 2010.

[2]　Smith Y E, Coldren A P, Cryderman R L. Toward improved ductility and toughness [M]. Tokyo: Climax

Molybdenum Company (Japan)Ltd., 1972: 119-142.

[3] Babu S S. The mechanism of acicular ferrite in weld deposits [J]. Current Opinion in Solid State and Materials Science, 2004, 8(3-4): 267-278.

[4] Badu S S, Bhadeshia H K D H. Transition from bainite to acicular ferrite in reheated Fe-Cr-C weld deposits [J]. Materials Science and Technology, 1990, 6(10): 1005-1020.

[5] Badu S S, Bhadeshia H K D H. Stress and the acicular ferrite transformation [J]. Materials Science and Engineering A, 1992, 156(1): 1-9.

[6] Rees G I, Bhadeshia H K D H. Thermodynamics of acicular ferrite nucleation [J]. Materials Science and Technology, 1994, 10(5): 353-358.

[7] Wan X L, Wei R, Wu K M. Effect of acicular ferrite formation on grain refinement in thecoarse-grained region of heat-affected zone [J]. Materials Characterization, 2010, 61(7): 726-731.

[8] Yang Z B, Wang F M, Wang S, et al. Intragranular ferrite formation mechanism and mechanical properties of non-quenched-and-tempered medium carbon steels [J]. Steel Research International, 2008, 79(5): 390-395.

[9] 胡志勇, 杨成威, 姜敏, 等.Ti 脱氧钢含 Ti 复合夹杂物诱导晶内针状铁素体的原位观察[J]. 金属学报, 2011, 47(8): 971-977.

[10] Ishikawa F, Takahashi T. The formation of intragranular ferrite plates in medium-carbon steels for hot-forging and its effect on the toughness [J]. ISIJ International, 1995, 35(9): 1128-1133.

[11] Madariaga I, Gutiérrez I, Andrés C G, et al. Acicular ferrite formation in a medium carbon steel with a two stage continuous cooling[J]. Script Materialia, 1999, 41(3): 229-235.

[12] Pacey A J, Kayali S, Kerr H W. The effects of Mo, Zr and Ti additions on submerged ARC weld metal I. microstructure [J]. Canadian Metallurgical Quarterly, 1982, 21(3): 309-318.

[13] Wang C, Misra R D K, Shi M H, et al. Transformation behavior of a Ti-Zr deoxidized steel: Microstructureand toughness of simulated coarse grain heat affected zone [J]. Materials Science and Engineering A, 2014, 594: 218-228.

[14] 崔忠圻, 谭耀春. 金属学与热处理 [M]. 北京: 机械工业出版社, 2008.

[15] Offerman S E, Vandijk N H, Rekveldt M T, et al. Ferrite/pearlite band formation in hot rolledmedium carbon steel [J]. Materials Science and Technology, 2002, 18(3): 297-303.

[16] 毛卫民, 钟雪友. 微量 Mg 在 M2 高速钢中的作用 [J]. 金属学报, 1993, 29(11): 492-495.

[17] 毛卫民, 钟雪友. Ti, N, Mg 对 M2 高速钢凝固组织和硬度的影响 [J]. 钢铁研究学报, 1994, 6(2): 54-59.

[18] 孙文山, 丁桂荣, 罗铭蔚, 等. 镁在 35CrNi3MoV 钢中的作用 [J]. 兵器材料科学与工程, 1997, 20(4): 3-8.

[19] 周德光, 傅杰, 李晶, 等. 轴承钢中镁的控制及作用研究 [J]. 钢铁, 2002, 37(7): 23-25.

[20] 王亮亮, 李晶, 李勇勇, 等. Mg 对热作模具钢 H13 组织和力学性能的影响 [J]. 特殊钢, 2013, 34(5): 68-70.

[21] 陈家祥. 炼钢常用图表数据手册[M]. 2 版. 北京: 冶金工业出版社, 2010: 758-759.

[22] Liu H L, Liu C J, Jiang M F. Effect of rare earths on impact toughness of a low-carbon steel [J]. Materials and Design, 2012, 33: 306-312.

[23] 李玉清, 陈国胜, 张家福, 等. 高温合金中微量元素对晶界的作用 [J]. 自然科学进展, 1999, 9(12): 1173-1182.

[24] Li Y Q, Chen G S, Zhang J F, et al. Effect of traceelements on the grain boundaries in some superalloys [J]. Progress in Natural Science, 2000, 10, 331-341.

[25] 刘宏亮. 稀土对 X80 管线钢组织和性能的影响[D]. 沈阳: 东北大学, 2011: 32.

[26] 石德珂. 材料科学基础[M]. 北京: 机械工业出版社. 2003: 78-95.

[27] Harrison P L, Farrar R L. Influence of oxygen-rich inclusions on the γ-α phase transformation in high-strength low-alloy (HSLA)steel weld metals[J]. Journal of Materials Science,1981,16:2218-2226.

[28] Thewlis G. Effect of cerium sulphide particle dispersionson acicular ferrite microstructure developmentin steels [J]. Materials Science and Technology, 2006, 22(2): 153-166.

[29] Mazancová E. Jonšta Z, Buzek Z, et al. Physical metallurgy analysis of acicular ferrite nucleation parameters in

low-carbon steels [J]. Acta Metallurgica Slovaca, 2003, 9(3): 191-197.

[30]　Farrar R A, Zhang Z, Bannister, et al. The effect of prior austenite grain size on the transformation behaviour of C-Mn-Ni weld metal [J]. Journal of Materials Science, 1993, 28(5): 1385-1390.

[31]　Krauss G, Thompson S W. Ferritic microstructure in continuously colled low- and ultralow-carbon steels [J]. ISIJ International, 1995, 35(8): 937-945.

[32]　Gregg J M, Bheadeshia H K D H. Titanium-rich mineral phases and the nucleation of bainite [J]. Metallurgical and Material Transaction A, 1994, 25(8): 1603-1611.

[33]　Vanovsek W, Bernhar C, Fiedler M, et al.Effectof titanium on the solidification and postsolidification microstructure of high-strength steel welds [J]. Weld World, 2013, 57(5): 665-674.